高等院校信息技术教材

C语言程序设计

（第2版）

马秀丽 李筠 刘志妩 冯艳君 胡玉兰 虞闯 编著

清華大学出版社
北京

内容简介

本书较全面和详细地介绍了C语言的语法规则，并以语法规则为基本知识点，通过大量的举例应用和程序分析，重点讲解语法规则的运用和编程的解题思路，目的是培养读者掌握C语言的程序分析和编程设计能力。本书开篇以简单的C语言程序入手，详细介绍了C语言程序的基本结构，以及在常用的 Turbo C、Visual C ++ 6.0 及 CodeBlocks 环境下的控制台应用程序的开发过程，使读者很快就能上机编程。

本书内容全面、概念清楚、结构合理、实例丰富、逻辑性强、文字通俗易懂。教师可以从清华大学出版社网站 www.tup.com.cn 上下载本书的电子课件、所有例程代码、习题解答及编程题程序代码及其注释。

本书可作为高等院校计算机及其相关专业的本科生教材，也可作为C语言的初学者和程序设计人员的参考书。

图书在版编目(CIP)数据

C语言程序设计/马秀丽等编著. —2版. —北京：清华大学出版社，2020.7(2024.7重印)
高等院校信息技术规划教材
ISBN 978-7-302-55534-6

Ⅰ. ①C… Ⅱ. ①马… Ⅲ. ①C语言－程序设计－高等学校－教材 Ⅳ. ①TP312

中国版本图书馆 CIP 数据核字(2020)第 085760 号

责任编辑：袁勤勇　杨　枫
封面设计：常雪影
责任校对：焦丽丽
责任印制：宋　林

出版发行：清华大学出版社
网　　址：https://www.tup.com.cn, https://www.wqxuetang.com
地　　址：北京清华大学学研大厦A座　　**邮　　编**：100084
社 总 机：010-83470000　　**邮　　购**：010-62786544
投稿与读者服务：010-62776969，c-service@tup.tsinghua.edu.cn
质量反馈：010-62772015，zhiliang@tup.tsinghua.edu.cn
课件下载：https://www.tup.com.cn，010-83470236
印 装 者：三河市君旺印务有限公司
经　　销：全国新华书店
开　　本：185mm×260mm　　**印　　张**：23.75　　**字　　数**：546千字
版　　次：2008年3月第1版　2020年8月第2版　　**印　　次**：2024年7月第7次印刷
定　　价：68.00元

产品编号：087575-03

前言 Foreword

《C语言程序设计》与课程思政的融合关乎学生的专业素养和道德教育，本书在修订时结合党的二十大报告的相关内容，设计了具有时代特色的思政题目和案例，引导学生在学习C语言知识的同时接受思政教育。不仅深刻挖掘中华民族传统文化、现实社会中学生密切关注的社会问题中的思政元素，还将之完美地嵌入学习任务中，让学生在潜移默化中受到教育，帮助塑造学生的价值观和人生观。本书在系统讲解C语言程序设计的同时，结合C语言的程序特点，形成带有思政元素的独特知识点，并分布在各章中，使学生在学习专业知识的过程中，也能体会到思想政治教育的知识性、时代性和创新性，培养学生科技强国、守正创新、大国工匠精神等，达到寓教于学的目的。

C语言是一种被广泛应用的面向过程的程序设计语言，它不仅是学习面向对象的C++程序设计语言的基础，也是从事以单片机或嵌入式内核处理器为核心的硬件产品开发过程中程序设计的必备工具。所以，从事计算机及其外围设备的软硬件开发的技术人员一定要学好C语言。

C语言是一种人与机器对话的语言工具，因此学好C语言就应遵循学习一门编程语言的方法和规律。首先，学好C语言一定要理解和记忆，即要掌握C语言的语法规则、关键字和运算符的使用规则。语法规则主要包括3方面：数据类型(包括整型、实型、字符型、数组、指针、结构体、共用体、枚举类型)的定义规则，语句(主要包括9种控制语句)的语法规则，函数的定义和调用规则；关键字有32个；运算符有34个。其次，学好C语言一定要实践，即动手编程和上机实践。编程包括设计算法和编写程序代码两方面：设计算法要按照面向过程的程序设计方法进行(即自顶向下，逐步细化的设计方法，以及任何复杂的问题都可以描述成由3种基本结构组成的设计思想)；编写程序代码是将设计好的算法翻译成C语言代码的过程，也是将前面记忆的语法知识依照算法的逻辑结构加以运用的过程。上机实践是最终实现人机对话的过程，也是检验程序设计方法和程序代码(即知识的运用)正确与否的过程。最后要牢记的是,记忆和实践不是孤立的两个方面,而是在学习过程中不断交替和循环进行的两个方面。对于初学者,一定要边学习、边记忆、边实践。

本书作为学习C语言的教材和参考书,内容系统全面,讲解深入浅出,配套资源丰富。在本书的编写过程中,笔者力求通过对C语言语法规则的程序举例与分析,帮助读者掌握语法规则的运用,理解程序设计思路,掌握程序设计方法,从而培养程序设计能力。

本书的特色体现在以下4方面。

(1) 强化基础知识及运用。

本书较全面和详细地介绍了C语言的语法规则,并以语法规则为基本知识点,通过举例强化语法规则的运用。

在学习基础知识的过程中,要抓住重点。基本数据类型、控制语句、数组和函数是面向过程的程序设计的重要基础,也是掌握C语言程序结构和程序设计方法的重点内容,这方面内容的讲解较为详细,举例由浅入深,循序渐进。指针是C语言的重要概念,是C语言的精华和关键,正确而灵活地运用指针,在程序设计中可以收到事半功倍的效果。本书对这方面的内容重点讲解,并通过程序分析和编程举例加深读者的理解。结构体和链表是数据结构的基础,也是灵活运用C语言解决实际问题的重要方法和工具。本书通过图解形式,详细讲解链表的操作方法,结构清晰,易于理解。

(2) 强调算法的重要性。

一个好的程序设计离不开好的算法,算法是程序设计的方法,是核心和灵魂,语法是程序设计的工具。读者既要了解语法工具和学会使用工具,更要掌握程序设计的方法。

(3) 强调动手实践。

本书详细介绍常用的Turbo C、Visual C++ 6.0和CodeBlocks三个环境下的控制台应用程序的开发过程;书中所有相关例程均在Visual C++ 6.0或CodeBlocks环境下调试通过,并给出了运行结果。

(4) 配套资源丰富。

本书配有电子课件、所有相关例程源代码、习题解答及编程题的程序源代码,并且在程序的关键部分加以注释,既适合作为教材供教师和学生使用,也适合自学。

本书增加了当前流行的CodeBlocks开发环境的使用,对第1版中的部分章节的内容和例题进行了校对和调整,同时对各章习题加以补充和丰富。

本书第1、4、6、10、11章和附录由马秀丽、冯艳君和虞闯编写,第2、5、7、8章由刘志妩、虞闯、胡玉兰和冯艳君编写,第9、12章由李筠编写,第3章由刘志妩、李筠和胡玉兰共同编写,崔宁海参加了其中部分章节的编写。在此特别感谢使用本书的教师提出的宝贵建议,同时感谢本书所列参考文献的作者。感谢为本书出版付出辛勤劳动的清华大学出版社的工作人员。感谢读者选择本书,欢迎对本书内容提出建议,对此我们将深表感谢。

作　者
2023年7月于沈阳

目录 Contents

第1章 chapter 1

C语言概述

本章要点：

- C语言的特点。
- 简单C程序的结构。
- C程序的设计过程和上机步骤。

C语言是国际上广泛流行的一种程序设计语言，它的应用范围十分广泛，适合作为系统描述语言，既可用于编写系统软件，也可用于编写应用软件。

1.1 C语言简介

思政1

C语言是1972年由贝尔实验室的Dennis Ritchie在B语言的基础上开发出来的。最初的C语言是作为UNIX操作系统的开发语言而被人们所认识。此后，贝尔实验室对C语言进行了多次改进和版本的公布，C语言的优点才引起人们的普遍注意。随着UNIX操作系统在各种机器上的广泛使用，使C语言得到了迅速推广。1978年由Brian W. Kernighan和Dennis M. Ritchit合著了*The C Programming Language*一书，该书对C语言做了详细的描述，这本书对C语言的发展影响深远，并成为后来C语言版本的基础，称为标准C。随后C语言在各种计算机上快速得以推广，并导致了许多C语言版本的出现。

1983年，美国国家标准化学会(ANSI)对各种C语言版本进行统一和改进，制定了新的C语言标准，称为ANSI C，ANSI C比标准C有了很大发展，它进一步明确地定义了与机器无关的C语言。1987年ANSI又公布了新的标准，称为87 ANSI C。1990年国际标准化组织ISO接受了87 ANSI C，称为ISO C标准。目前流行的C编译系统都是以它为基础的。

现在常用的C语言编译系统有Microsoft C、Turbo C、Quick C和Borland C等，这些编译系统之间略有差异，因此，用户在使用时要注意了解自己的计算机配置了哪种C语言编译系统。

C语言是一种结构化的程序设计语言。1983年贝尔实验室在C的基础上，又推出了C++，在经历了三次改进和修订后，1994年，由美国国家标准化学会制定了ANSI C++

标准的草案。此后,C ++ 又经过不断完善,并在不断发展中。

C 语言是建立 C ++ 的基础,C ++ 包含了整个 C,并在 C 的基础上添加了对面向对象编程的支持,使 C ++ 成为一种面向对象的程序设计语言。

C 语言之所以应用广泛,主要是其具有如下特点。

(1) C 语言只有 32 个关键字(见附录 A),9 种控制语句,语言简洁、紧凑,使用方便、灵活,程序书写形式自由。

(2) C 语言运算符丰富。C 语言共有 34 种运算符(见附录 B)。

(3) 数据结构丰富,能够实现各种复杂的数据结构的运算。

(4) 具有结构化的控制语句,用函数作为程序的模块单位,因此,它是理想的结构化程序设计语言。

(5) C 语言能直接访问内存地址,能直接对硬件进行操作,能实现汇编语言的大部分功能。因此,可用于编写系统软件。

(6) 生成的代码质量高,程序运行效率高。

(7) C 语言程序的可移植性好。

总之,使用 C 语言编写程序功能强、限制少、灵活性大,适合编写任何类型的程序。但 C 语言对程序员的要求也较高,使用者需要认真学习和多加练习。

1.2 C 程序的设计过程

C 程序的设计过程通常要经过程序设计、程序编写和上机实现这三大过程。

1.2.1 程序设计

C 语言是一种结构化的程序设计语言,它特别适合于面向过程的程序设计。面向过程的程序设计思路是自顶向下,逐步细化。其方法是将一个复杂问题的解题过程分阶段进行,再将每个阶段的处理过程分解成若干个相对容易处理的子过程,每个子过程的处理方法还可以逐步细化,直到将整个问题的各个环节的处理方法都具体规划设计好为止。

规划好程序的设计方法之后,需要将它描述出来,在描述一个面向过程的程序设计方法(程序的设计方法又称为算法)时,无论一个实际问题的解题过程多么复杂,都可以由顺序结构、选择结构和循环结构这 3 种基本结构,按自上而下的顺序用算法描述语言(如流程图、N-S 流程图等)描述出来。

当描述好一个 C 程序的算法之后,接下来的工作就是用 C 语言表示这个算法。

1.2.2 程序编写

用 C 语言代码表示算法的过程就是 C 程序的编写过程。在 C 程序的编写过程中必须严格按照 C 语言的语法规则进行,编写好的 C 程序称为源程序,将源程序输入计算机中,将生成源代码程序文件。

在编写C程序时，如果程序的算法简单，可以编写成一个由主函数构成的简单C程序；如果程序的算法复杂，通常将一个复杂的算法按功能划分为若干模块，每个模块的功能可以用C语言编写成一个子函数来表示，而整个算法被编写成一个调用若干子函数的主函数。因此，一个复杂的C程序就是由一个主函数和若干子函数构成的。可见，函数是构成C程序的基本单位。

C程序中的函数通常由两部分组成：函数的首部和函数体。函数的首部是反映函数的名称、类型、属性和参数。函数体是反映函数的作用和功能。

函数体一般包括两个部分：数据的声明部分和功能的执行部分。

数据的声明部分是定义所使用的变量的数据类型和大小，用来存放数据。对于采用C的基本数据类型（如整型、实型和字符型）和指针类型的变量，定义时只指定变量的数据类型就可以了；而对于采用数组类型的变量，定义时要同时指定变量的数据类型和大小；对于采用C的构造数据类型（如结构体、共用体）和枚举类型等的变量，在定义变量之前还要定义该变量的构造模型。

功能的执行部分是由若干个语句组成的。C语言的语句通常分为5大类：过程控制语句、表达式语句、函数调用语句、空语句和复合语句。过程控制语句（有9种）是用于完成一定的过程控制功能的，用C语言表示算法中的3种基本结构时，主要靠这9种过程控制语句来完成。表达式语句是只有表达式构成的语句，主要用于数值计算和变量赋值。函数调用语句主要用于在主函数中实现对子函数的调用。空语句是不执行任何操作的语句，它的作用是延迟程序的继续执行。复合语句是上述几种语句的包装组合。

在C语句中通常含有各种类型的表达式。表达式是由运算符、运算对象（又叫作操作数）和标点符号组成的式子，其中的运算符是用于各种运算的符号，运算对象可以是常量，也可以是变量。表达式的作用是用于算术或逻辑计算，因此，表达式的值有数值型和逻辑型两种。C语言中没有专门用于表示逻辑型数据的变量，它借用数值型数据表示逻辑值，因此，逻辑运算的结果也是一个数值（1或0），1表示逻辑运算结果为逻辑真，0表示逻辑假。

当一个C程序大到函数、小到C语句甚至表达式都编写好之后，就可以上机实现了。而有些简单的C程序可以事先想好思路直接上机实现。

1.2.3 上机实现

C程序的上机实现过程就是编辑、调试和运行程序，从而获得问题结果的过程。在上机实现过程中，调试是一个非常重要的手段和环节，它反映了程序员发现问题和解决问题的能力。初学者常常会遇到下面一些情况：在调试程序时，一旦程序出错，或者看不懂编译不通时的错误提示，不知道程序错在哪里；或者编译通过，程序可以运行，但是结果不对，不知道怎样调试来发现程序问题；或者知道问题在哪里，但是不知道出现问题的原因，找不到解决方法。这些情况都会随着C语言知识的深入理解、不断地上机实践及总结和学习而逐步减少。但愿这些问题成为激发我们进一步探寻C程序设计奥秘的动力。

1.3 简单C程序介绍

下面从最简单的C语言程序来分析C程序的结构。

【例1.1】 在屏幕上显示一句话。

```
/*c01_01.c*/
#include<stdio.h>                    /*文件包含部分*/
main()                               /*主函数*/
{                                    /*函数体*/
   printf("Hello,everyone!\n");
}
```

程序运行结果为显示下面一行句子：

```
Hello,everyone!
```

这个C程序的第1行是一个注释语句,注释语句是用/*和*/包含起来的一段文字,用于对程序的功能进行说明,它在C程序中起到说明的作用,以便于程序的阅读和理解。

第2行是一个文件包含句子,#include是C语言用来实现文件包含的命令(在以后章节详细介绍),stdio.h是一个被包含的文件的名字,它是一个"标准输入输出"文件。把文件stdio.h包含到程序中的作用是可以在程序中实现数据的输入和输出,有了这个文件包含句子,第5行的数据输出才能被执行。

第3行是主函数名main(),它和数学中的函数$\phi(\xi)$类似,只是在括弧中省略了变量(在C程序中称为参数)。

main()叫作"main函数",又叫作"主函数",每个C和C++程序都必须有一个main()函数,它是C和C++程序的入口,因为每个C和C++程序都是从main函数开始执行和结束的。

第4行的{和第6行的}及它们所包含起来的部分是main()函数的函数体(即main()函数的实体部分)。一个main()函数的完整书写形式为

```
main()
{
程序语句;
}
```

第5行是一个输出语句,printf()是C语言中的输出函数,它的功能定义在stdio.h这个头文件中,所以程序开头用文件包含命令#include把它包含进来。printf()函数的含义是按一定格式输出数据,这里的输出是指在显示器上输出。程序的运行结果即在显示器上输出：

```
Hello,everyone!
```

上面这个C程序在C语言中就叫作一个“源程序”,它是最简单的一个C程序。

下面再看一个C程序例子。

【例1.2】 求3个整数a、b、c的和。

```
/*c01_02.c*/
#include<stdio.h>                        /*文件包含部分*/
main ()                                  /*主函数*/
{                                        /*函数体*/
  int a,b,c;                             /*数据声明部分*/
  scanf ("%d,%d,%d",&a,&b,&c);           /*执行部分*/
  c=a+b+c;
  printf("sum=%d\n",c);
}
```

这个程序的结构与前面的程序一样,只是增加了函数体部分的内容而已。

程序中第3~9行是main()函数,第4~9行是main()函数的函数体部分内容,其中第5行是数据声明部分,用来定义程序中所用到的变量。程序中用到了3个变量a、b、c,分别用于存放3个整数,3个整数之和的结果存放到变量c中(即将原来的一个整数值覆盖)。

第6行是一个数据输入语句,scanf()是C语言中的输入函数,它的功能定义在头文件stdio.h中,所以程序开头要用文件包含命令#include把它包含进来。scanf()函数的含义是按一定格式输入数据,这里的输入是指从显示屏上显示的a、b和c的值。

第7行是一个表达式语句,用于计算3个整数的和。

第8行是一个数据输出语句,用于输出结果c的值。

运行此程序时,先输入3个变量a、b、c的值,若分别输入1,2,3,程序的执行结果是在显示器上输出:

```
sum=6
```

在这个程序的第1~6行的后面,都有/*和*/包含起来的一段文字,这是程序的注释部分。

上面的程序还可以编写成如下的形式。

【例1.3】 求3个整数a、b、c的和,采用主函数调用子函数的方法。

```
/*c01_03.c*/
#include<stdio.h>                        /*文件包含部分*/
int sum(int x,int y);                    /*子函数的声明*/
main ()                                  /*主函数*/
{                                        /*函数体*/
  int a,b,c;                             /*数据声明部分*/
  scanf ("%d,%d,%d",&a,&b,&c);           /*以下是执行部分*/
```

```
  a=sum(a,b);                          /* 调用子函数,求 a 和 b 两个数的和 */
  c=sum(a,c);                          /* 调用子函数,求 a,b 的和数再与 c 的和 */
  printf("sum=%d\n",c);
}
/* 以下是子函数的定义 */
int sum(int x,int y)                   /* 子函数的首部 */
{                                      /* 子函数的函数体 */
  int z;                               /* 子函数的数据声明部分 */
  z=x+y;                               /* 子函数的执行部分 */
  return (z);                          /* 将子函数的值返回给调用的位置 */
}
```

在这个程序编写中,把实现两个数求和的功能,用一个子函数 sum()来实现,整个程序由一个主函数 main()和一个子函数 sum()组成。在主函数的执行过程中,通过调用两次子函数 sum(),来完成三个整数的求和。

该程序也可以编写成由一个主函数和一个实现三个数求和功能的子函数 sum()组成,这个问题交给读者尝试编写。

通过以上例子,可以看到如下内容。

(1) 函数是构成 C 程序的主要成分。

一个 C 程序中必须有一个主函数,主函数的名称规定为 main()。

一个 C 程序总是从 main()函数开始执行,到 main()函数的结尾结束。

一个 C 程序的主函数是由函数名 main()和函数体两部分组成的。函数体是函数名 main()下面由一对花括号括起来的部分,它包括数据声明部分(程序无变量的话,可以没有声明部分)和执行部分(若干条语句)。

一个 C 程序的主函数可以调用一个或若干个子函数,子函数是一个完成具体功能的程序单位。

C 程序中的子函数通常由函数的首部和函数体两部分组成。

函数的首部即函数定义的第一行,它包括函数名称、函数类型、函数参数的名称和参数类型的信息。

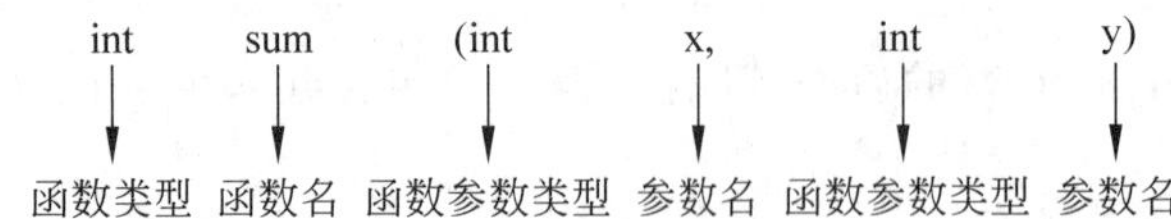

子函数的函数体也是由一对花括号包围起来的部分。它也是由两部分:数据声明部分和功能执行部分组成。在使用子函数时需要注意的是,子函数的定义要放在调用子函数的位置之前(本例子中要放在 main()函数之前)进行,如果子函数的定义放在了调用子函数的位置之后(如本例子),就需要在调用子函数的位置之前做子函数的声明。这部分内容在函数一章将详细介绍。

(2) 函数体内的每个语句和数据的声明后面都必须有一个分号";"。

(3) C 程序中可以有注释。

C 程序的注释是以/*开头、*/结束的任意字符串或文字。用于对程序功能、算法和数据等进行说明，提高程序的可读性。注释可以在程序中的任何位置，但是C程序的注释不允许嵌套出现，即不能在注释中间又有注释。如“/＊…… /＊……＊/……＊/”是不允许的。

(4) C程序书写格式自由，一行内可以写几个语句(注意：每个语句都要有分号结尾)，一个语句可以分写在多行上。

(5) C语言中的数据输入和输出的操作都是由输入输出函数scanf()和printf()等来完成的。

1.4 C程序的上机步骤

一般来说，利用高级语言编写的程序，叫作源程序，它是不能直接被计算机识别和执行的，需要在一个编译环境下，将源程序翻译成计算机可识别和执行的二进制指令(翻译后的二进制程序叫作目标程序)，然后，将该目标程序与系统函数库和其他目标程序连接起来，形成可执行的目标程序，最后就可以在编译环境下执行这个程序了。

用C语言编写的源程序同样需要在C的编译环境下，通过建立程序(即编辑程序)、编译、连接和调试无错之后，才能被运行，这个过程就是C程序的上机过程，如图1.1所示。

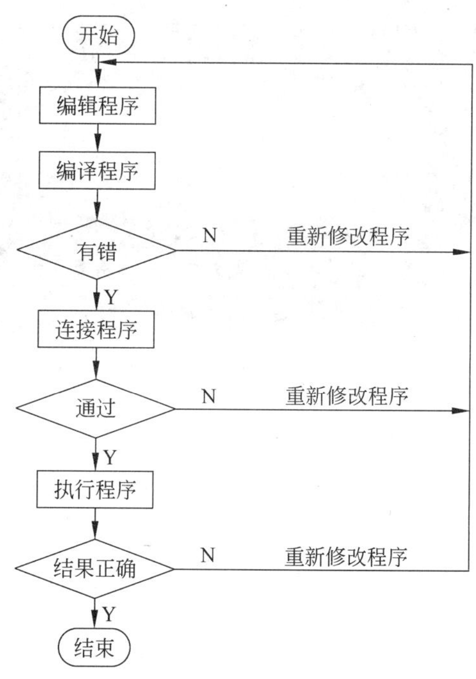

图1.1 C程序上机过程

源程序编辑好之后，生成后缀是.c的源程序文件；源程序编译无错会自动生成后缀是obj的目标程序；程序连接通过会自动生成后缀是.exe的可执行文件。

C程序的编译环境有多种，下面介绍常用的几种编译环境下的C程序上机过程。

1.4.1 在 Turbo C 环境下建立和运行 C 程序的步骤

Turbo C 是一个集成开发环境,它可以完成一个 C 程序的编辑、编译、连接和运行的全过程,而不必脱离 Turbo C 环境。它是在计算机上广泛使用的编译程序。具体上机步骤如下。

1. 启动 Turbo C 2.0 程序

首先把 Turbo C 2.0 安装在 D:\TURBOC2 目录中(也可以安装在其他目录中),在该目录中再创建名为 File 的目录来保存编写的 C 程序。现在 Turbo C 2.0 安装后的目录结构如图 1.2 所示。

```
D:TURBOC2──┬─Include
           ├─Lib
           └─File
```

图 1.2 Turbo C 2.0 安装后的目录结构

在 Windows 环境下,打开命令提示符窗口,输入 D:\TURBOC2\TC 命令后按 Enter 键,就启动了 Turbo C 2.0。如果用户的计算机安装了 DOS 环境,也可以在 DOS 环境下,进入安装 Turbo C 2.0 的根目录 D:\TURBOC2 下,输入 TC 命令后按 Enter 键,也可以启动 Turbo C 2.0。在屏幕上会显示如图 1.3 所示的主菜单窗口。

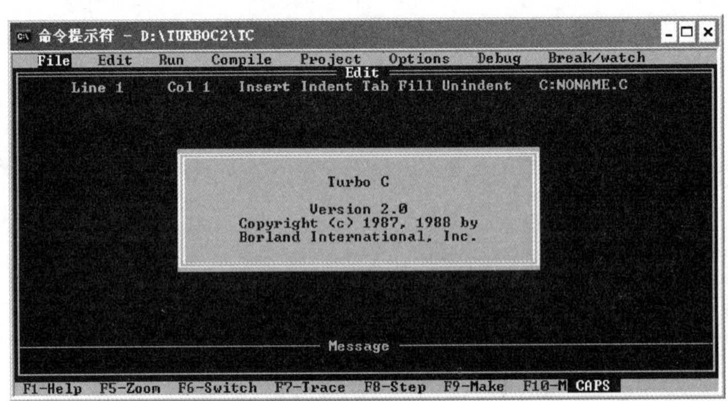

图 1.3 Turbo C 2.0 的窗口

在编写程序前,需要对编译环境的路径进行设置。方法是在 Turbo C 2.0 主菜单窗口下,执行 Options→Directories 命令,如图 1.4 所示。然后在子菜单中选择 Include directories 命令,输入 D:\TURBOC2\ Include 后按 Enter 键,就设置好了 Include 文件夹路径。

再选中 Oibrary directories 命令,输入 D:\TURBOC2\ Lib 后按 Enter 键,就设置好了 Lib 文件夹路径。

再选中 Output directory 命令,输入 D:\TURBOC2\ File 后按 Enter 键,就设置好了用于保存自己编写的 C 程序的 File 文件夹路径。

再选中 Turbo C directory 命令,输入 D:\TURBOC2 后按 Enter 键,表示 Turbo C 工作路径就在根目录 D:\TURBOC2 下。

这样路径就设置好了,按 Esc 键退出后,就可以编写程序了。

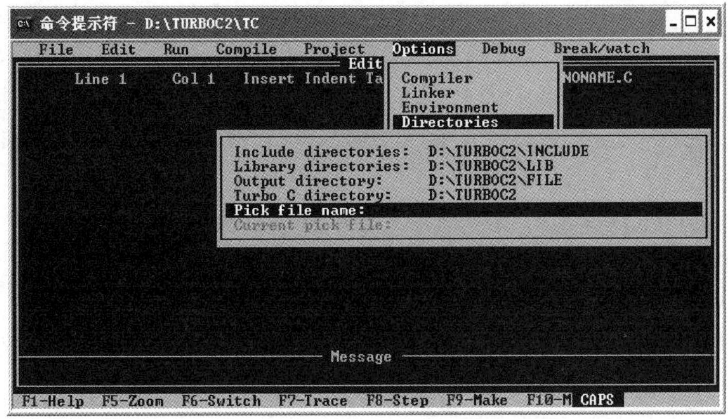

图 1.4 Turbo C 2.0 的路径设置

2. 编写源程序

如果是新建源程序，在主菜单窗口中执行 File→New 命令，就可以在源程序编辑框中编写程序了，如图 1.5 所示。

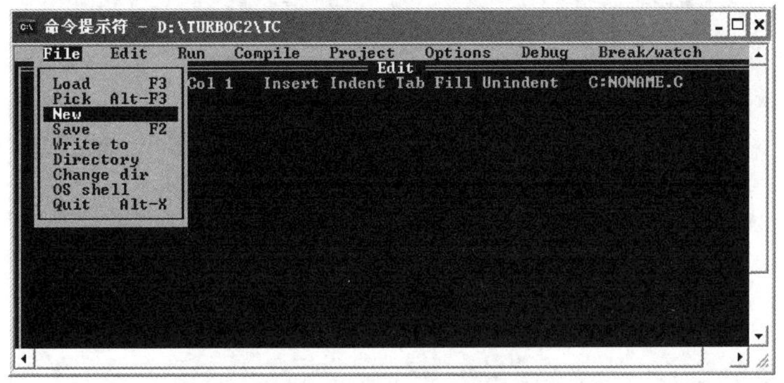

图 1.5 在 Turbo C 2.0 下新建源程序

如果想打开一个已存在的 C 程序，在主菜单窗口中执行 File→Load 命令，这时在提示框中显示"＊.C"，按 Enter 键，Turbo C 就会列出当前目录中的 C 程序清单（如果想打开的 C 程序不在当前目录中，则在提示框中显示"＊.C"时，输入想打开的 C 程序所在的路径，如 F:\file\＊.C。按 Enter 键，Turbo C 便会列出 F:\file 目录中的所有 C 程序清单），选择想打开的一个 C 程序文件，然后按 Enter 键，该程序就打开了。

在编写源程序过程中，可以用主窗口中 Edit 菜单中的编辑功能进行修剪和复制。当程序编写好后，执行 File→Save 命令进行保存，此时编写好的 C 程序已保存在 D:\TURBOC2\File 中。

3. 编译、连接和运行程序

当程序编写好之后，就可以编译、连接和运行程序了。编译程序时，可以在主菜单窗口中执行 Compile→Compile to OBJ 命令，将源程序翻译成机器可执行的目标程序。

由于C程序一般都包含有形式为 *.h 的头文件,并且有些C程序还可能由多个源程序文件所组成(这部分内容在函数一章详细讲解),因此编译好的程序必须与项目中的其他文件(如头文件,或者该项目中的其他源程序文件)进行连接。连接时,可以在主菜单窗口中执行 Compile→Link EXE file 命令,将一个C程序连接成形式为 *.exe 的可执行程序。

以上编译和连接过程,还可以通过在主菜单窗口中执行 Compile→Make EXE file 命令,将编译和连接过程一次完成。

在编译和连接过程中,窗口会弹出是否有错的提示信息。如果程序编写无错,就可以在主菜单窗口中执行 Run→Run 命令运行该程序了,如图1.6所示。程序运行完毕,Turbo C会直接回到程序编辑状态(即主菜单窗口)。此时,若想清楚地看到程序输出结果,可以在主菜单窗口中执行 Run→User screen 命令,然后按 Enter 键,如图1.7所示。若要返回到程序编辑状态,再按 Enter 键。

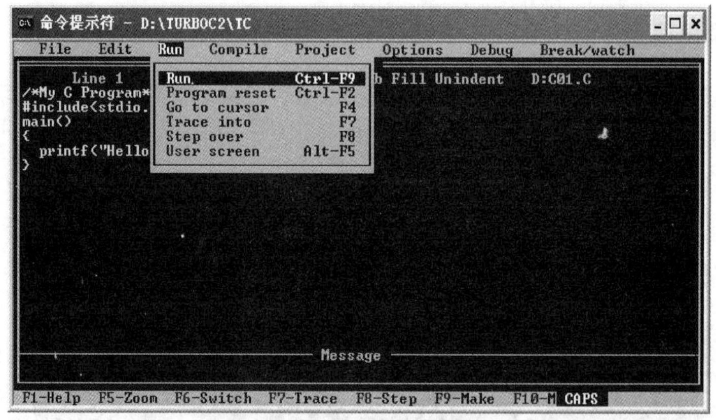

图1.6 运行源程序界面

图1.7 程序运行结果

如果程序编写有错误,在编译、连接过程中,会弹出一个提示框显示所发现的错误信息的数量。按 Enter 键后,主窗口编辑区就被分成上下两部分,上方是源程序文件,下方是具体的错误提示信息,此时可以根据错误提示修改源程序,重新编译、连接和运行程序。

上述编译、连接和运行程序的过程,也可以通过在主菜单窗口中执行 Run→Run 命令连续进行。

4. 退出 Turbo C

退出 Turbo C 2.0 时,按 Alt+X 快捷键就可以了,也可在主菜单窗口下执行 File→Quit 命令。

5. 调试和帮助信息

主菜单窗口中的 Debug 菜单是程序调试时所需要的命令菜单。

另外，在编写程序时，可以按 F1 键获得 Turbo C 的帮助信息。

1.4.2 在 Visual C++ 环境下建立和运行 C 程序的步骤

Visual C ++ 是一个非常好的可视化的 C ++ 开发环境，在此环境下也可以开发 C 程序，下面介绍在 Visual C ++ 6.0 环境下建立和运行 C 程序的步骤。

安装好 Visual C ++ 6.0 之后，启动 Visual C ++ 6.0，进入 Visual C ++ 6.0 界面，如图 1.8 所示。

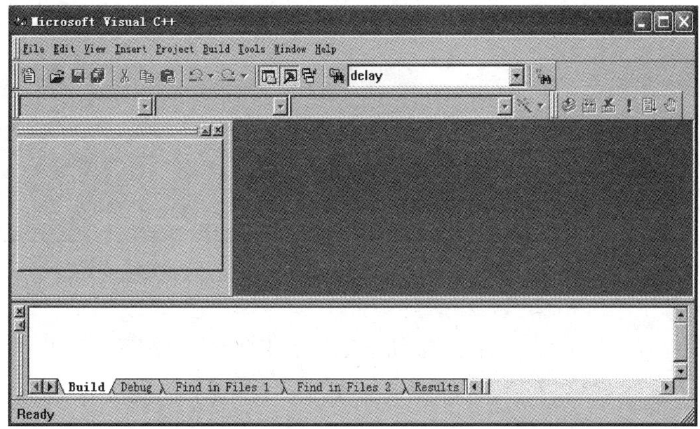

图 1.8　打开 Visual C ++ 6.0 的界面

1. 建立一个 C 程序项目

(1) 在主菜单窗口中执行 File→New 命令，打开如图 1.9 所示的对话框。

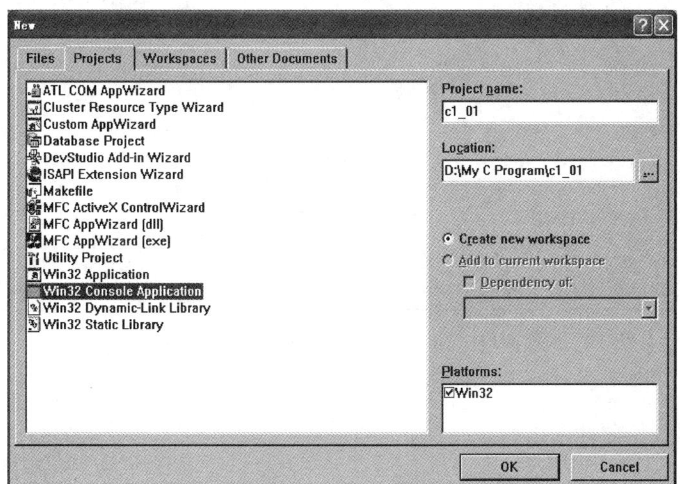

图 1.9　Visual C ++ 6.0 的 New 对话框

(2) 选择 Projects 选项卡,选择其中的 Win32 Console Application 选项,并在右边的 Project name 文本框中输入 C 程序项目名称,在 Location 文本框中输入当前程序所存放的路径,单击右边的"…"按钮可以选择目录进行更改,然后单击 OK 按钮,打开如图 1.10 所示的对话框。

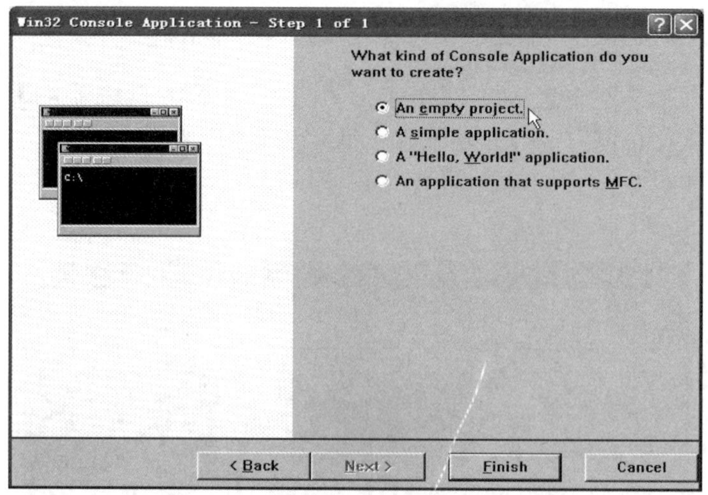

图 1.10 Win32 Console Application 的对话框

(3) 选择 An empty project 单选按钮,然后单击 Finish 按钮,打开如图 1.11 所示的提示框,单击 OK 按钮就可以了。现在一个名为 c1_01 的 C 程序项目文件就建立好了,如图 1.12 所示。

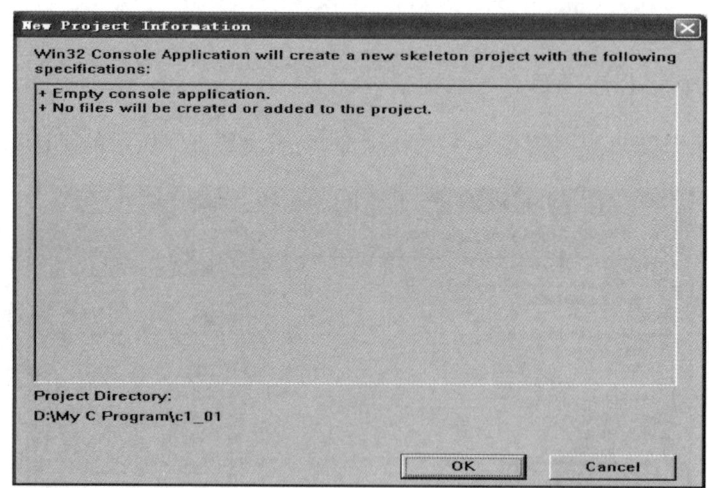

图 1.11 New Project Information 对话框

2. 添加源程序文件

新建的项目是空的,还没有源程序文件,下面来添加一个源程序文件。

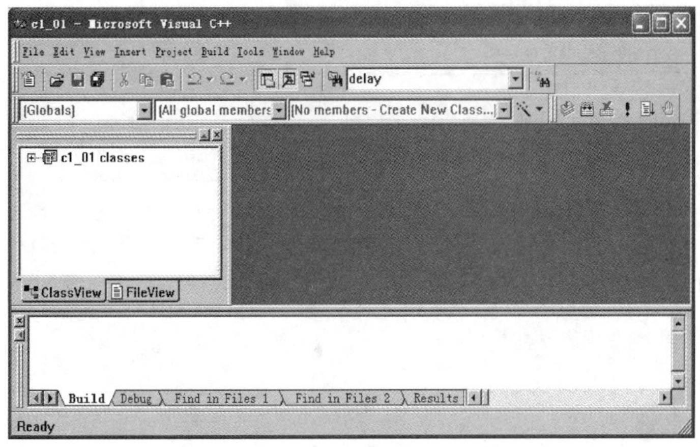

图 1.12 新建项目窗口

(1) 在 Visual C ++ 6.0 环境下,一个 C 程序项目文件的结构如图 1.13 所示,单击 FileView 按钮可以看到。

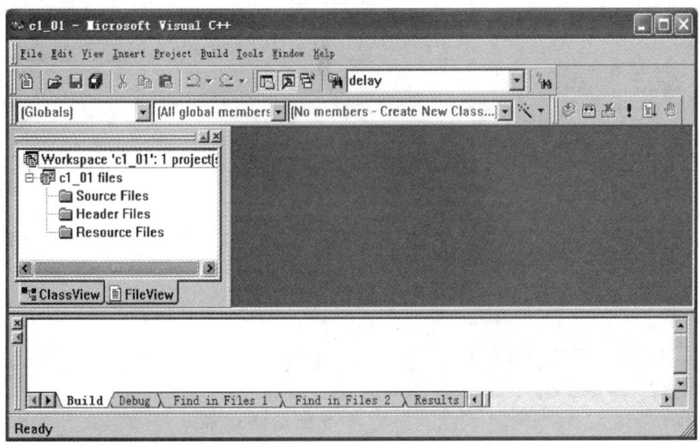

图 1.13 新建项目文件列表窗口

其中的 Source Files 文件夹里包含着项目中的源程序文件,Header Files 文件夹里包含着项目中的头文件,Resource Files 文件夹里包含着项目中的资源文件。现在要在 Source Files 文件夹里添加一个源程序文件。执行 File→New 命令,打开如图 1.14 所示的对话框。

(2) 在 Files 选项卡中选择 C ++ Source File 选项,并在右边的 File 文本框中输入源程序文件名,确认 Add to project 和 Location 文本框中的项目名和路径,然后单击 OK 按钮,打开如图 1.15 所示的编辑窗口。

(3) 在右边的程序文件编辑窗口输入源程序代码,如图 1.16 所示。然后,单击工具栏上的 Save 按钮保存。这里,提醒 C 语言的初学者,C 程序中的字母大小写是有区别的,就是说 C 语言中认为:大写字母和小写字母是两个不同的字母。因此,在编写 C 程序时一定要注意这一点。

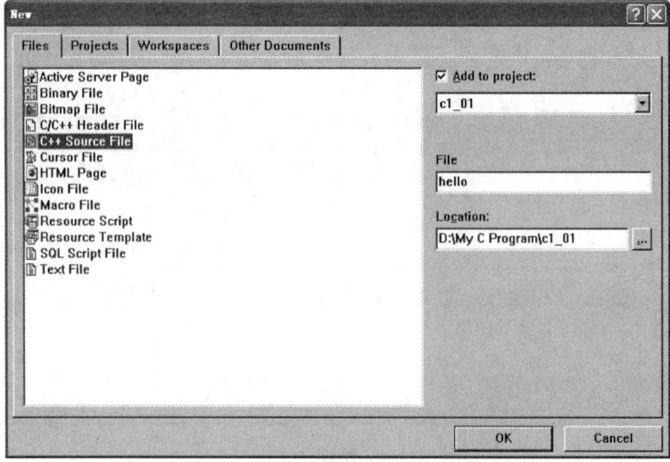

图 1.14　添加程序文件对话框

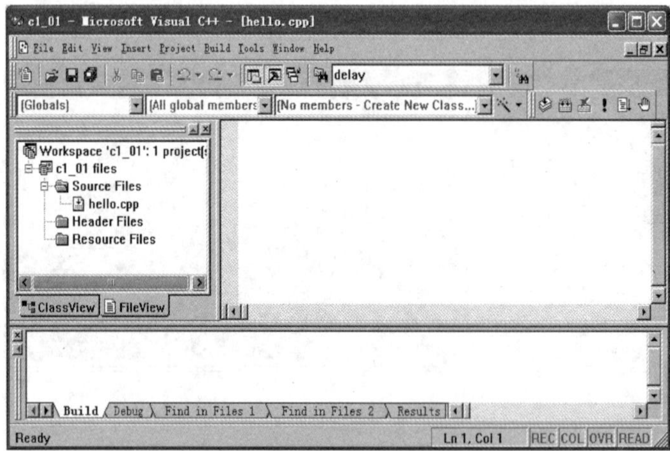

图 1.15　源程序文件编辑界面

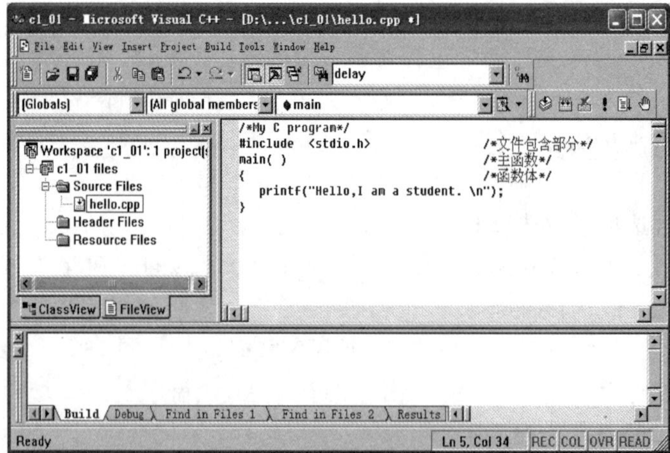

图 1.16　所编辑的源程序文件

3. 编译、连接和运行程序

源程序编写好之后，单击工具栏上的!按钮，Visual C ++ 6.0 就开始编译、连接和运行这个程序了。程序在编译、连接和运行过程中，在图 1.16 的下半部分窗口中会提示编译和连接进展状态，以及错误提示信息。如果程序编译和连接无错，就会弹出一个黑色的控制台窗口(或称为 DOS 窗口)显示程序运行结果，如图 1.17 所示。

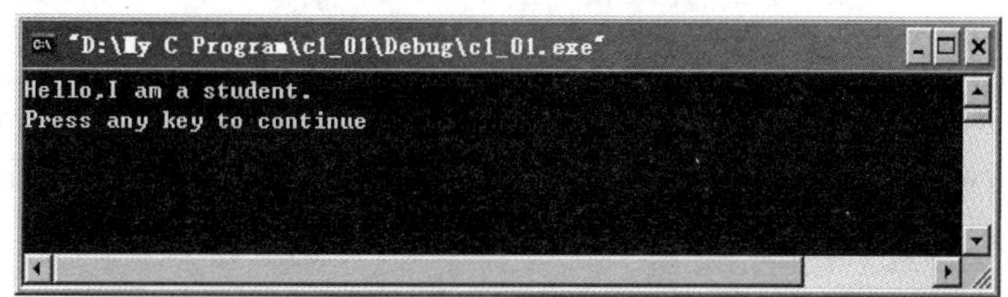

图 1.17　程序运行结果

如果运行结果有错，按任意键返回到程序编辑窗口，修改程序后继续编译、连接和运行过程，直到得到满意的结果。至此，已经在 Visual C ++ 6.0 下编写和运行了一个 C 程序。

现在，来看看新建的项目路径 D：\My C Program\c1_01 中的文件列表，如图 1.18 所示。其中 c1_01.dsw 为项目文件，双击它可以直接打开 Visual C ++ 6.0 进入 c1_01 项目。hello.cpp 是 c1_01 项目中的一个 C 源程序文件。注意：在 Visual C ++ 6.0 下编写的源程序文件的后缀都是.cpp。其他文件暂不需要管。

那么，编译和连接后得到的执行文件在哪里呢？就在图 1.18 所示文件列表中的 Debug 文件夹里。

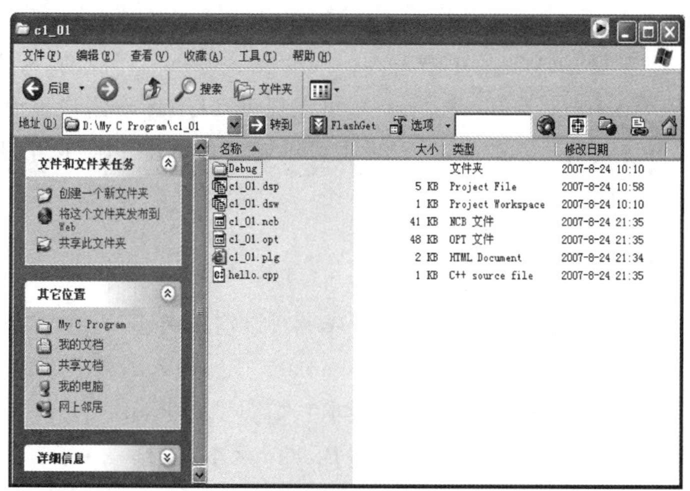

图 1.18　项目 c1_01 中的文件列表

对于初学者，最好在编译环境下进行习题的编写和运行的练习，才能大大提高编程能力。

1.4.3 在 Code::Blocks 环境下建立和运行 C 程序的步骤

Code::Blocks 是一个开源、免费、跨平台的 C/C++ 集成开发环境(IDE)。它采用 C++ 语言开发,使用了著名的图形界面库 wxWidgets 库,捆绑了 MinGW 编译器,还可以当作其他语言的编辑器来使用,其主要特点如下。

Code::Blocks 提供了许多工程模板,包括控制台应用、Direct/X 应用、动态链接库、FLTK 应用、GLFW 应用、Irrlicht 工程、Ogre 应用、OpenGL 应用、QT 应用、SDCC 应用、SDL 应用、SmartWin 应用、静态库、Win32 GUI 应用、wxWidgets 应用和 wxSmith 工程,另外它还支持用户自定义工程模板。在 wxWidgets 应用中选择 UNICODE 支持中文。

Code::Blocks 支持语法彩色醒目显示,支持代码完成,支持工程管理、项目构建及调试。

Code::Blocks 支持插件,包括代码格式化工具 AStyle、代码分析器、类向导、代码补全、代码统计、编译器选择、复制字符串到剪贴板、调试器、文件扩展处理器、Dev -C ++ DevPak 更新/安装器、DragScroll、源码导出器、帮助插件、键盘快捷键配置、插件向导、To-Do 列表、wxSmith、wxSmith MIME 插件、wsSmith 工程向导插件、Windows 7 外观。

Code::Blocks 具有灵活而强大的配置功能,除支持自身的工程文件、C/C ++ 文件外,还支持 AngelScript、批处理、CSS 文件、D 语言文件、Diff/Patch 文件、FORTRANR 77 文件、GameMonkey 脚本文件、Hitachi 汇编文件、Lua 文件、MASM 汇编文件、MATLAB 文件、NSIS 开源安装程序文件、Ogre Compositor 脚本文件、Ogre Material 脚本文件、OpenGL Shading 语言文件、Python 文件、Windows 资源文件、XBase 文件、XML 文件、nVidia cg 文件。识别 Dev -C ++ 工程和 MS VS 6.0-7.0 工程文件,以及工作空间和解决方案文件。

Code::Blocks 基于 wxWidgets 开发。wxWidgets 是一个开源的、跨平台的 C ++ 构架库(主页 http://www.wxwidgets.org/),可以提供 GUI(图形用户界面)和其他工具。wxWidgets 拥有许多其他语言的绑定,开发者可以通过 C ++ 或其他语言编写的程序使用 wxWidgets。

1. Code::Blocks 下载与安装

首先,在浏览器上搜索 CodeBlocks 官网或者直接输入网址 http://www.codeblocks.org/ 进入 CodeBlocks 官网。然后,单击 Downloads 按钮进入下载页面,这里一般选择第一个 Download the binary release(二进制版本),如图 1.19 所示。

进入下载页面之后,会出现很多 Code::Blocks 版本,选择一个合适的版本,一般都会下载自带编译器的版本 codeblocks-17.12mingw-setup.exe,如图 1.20 所示。然后再选择带 C/C ++ 编译器的 Code Blocks Windows Installer(GNU C/C ++ Compiler and Debugger)下载并保存文件即可,如图 1.21 所示。

图 1.19 CodeBlocks 官网下载界面

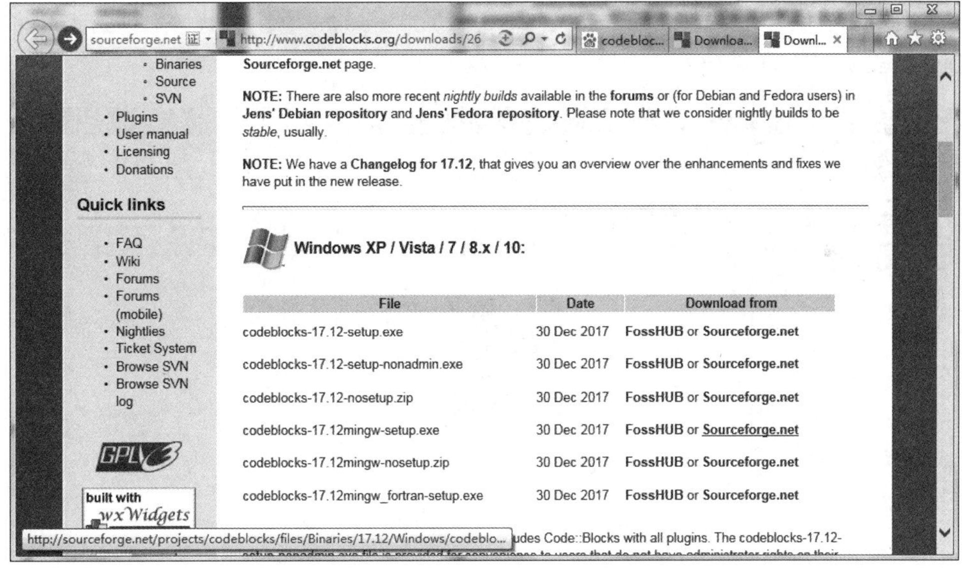

图 1.20 选择 Code::Blocks 版本界面

双击下载好的 Code::Blocks 安装文件 codeblocks-17.12mingw-setup.exe，在弹出的对话框里单击 Next 按钮继续安装；在接下来的对话框里，单击 I Agree 和 Next 按钮继续安装；最后选择安装的位置(建议不要装在系统盘里)，如安装在 D:\CodeBlocks，单击 Install 按钮进行安装。等待一两分钟安装好之后，在对话框里单击 Finish 按钮完成安装。

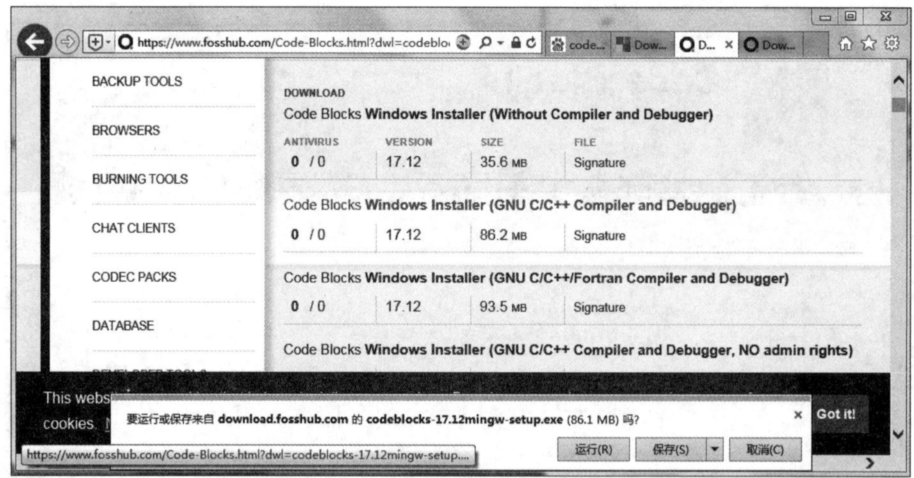

图 1.21　选择带 C/C++ 编译器的 CodeBlocks 安装文件界面

2. 建立一个 C 程序项目

在安装好的 D:\CodeBlocks 目录下，双击 codeblocks 应用程序，在对话框里单击 Create a new project 新建一个工程，如图 1.22 所示。

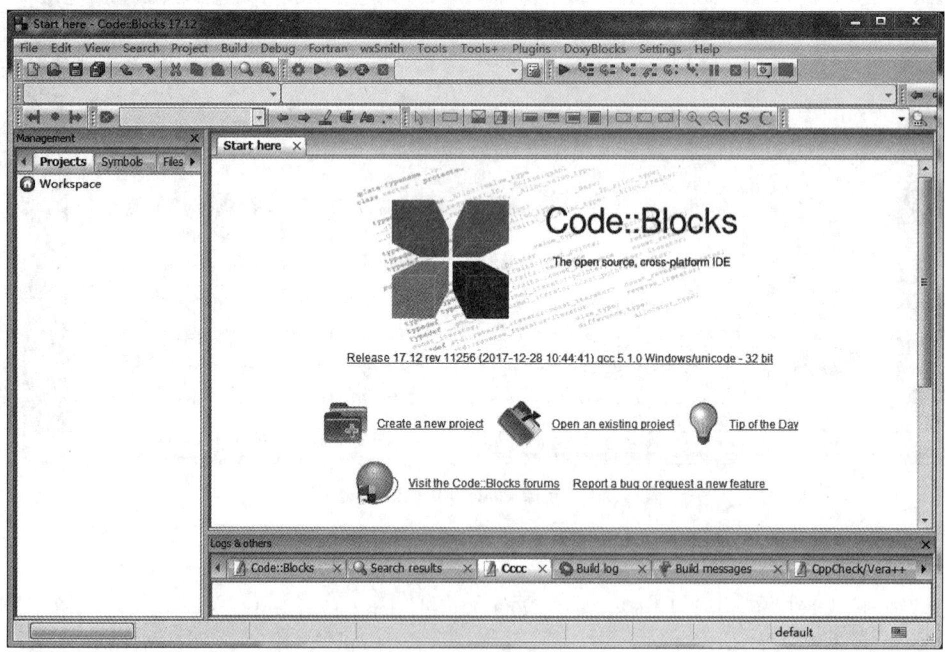

图 1.22　选择“新建一个工程”界面

在弹出的对话框里，选中工程文件类型 Console application，然后单击 Go 按钮，如图 1.23 所示。

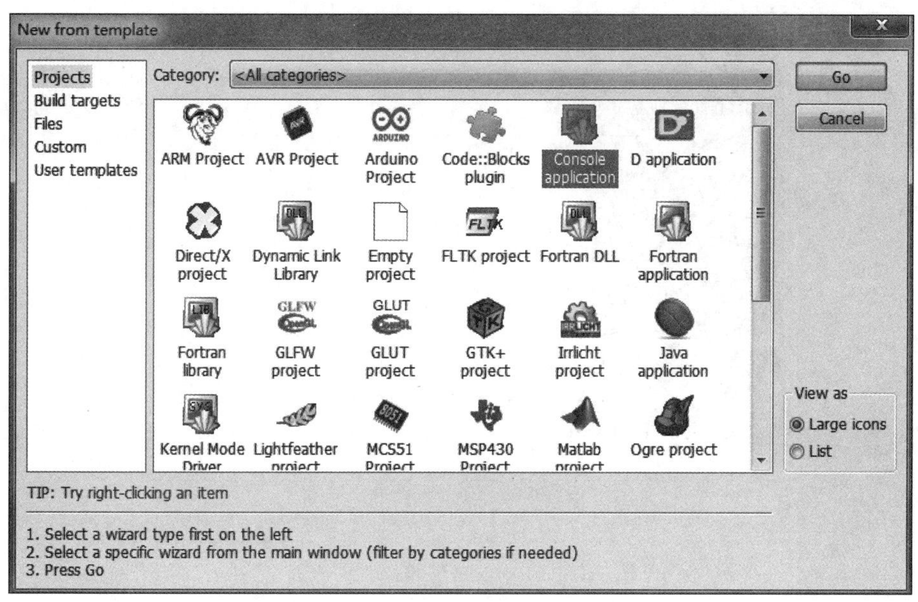

图 1.23　选择工程文件类型的界面

在弹出的对话框里单击 Next 按钮；然后选择 C 或 C++，再单击 Next 按钮，出现如图 1.24 所示的对话框，在这里输入用户的工程文件名，并选择工程存放位置，选择好之后单击 Next 按钮。

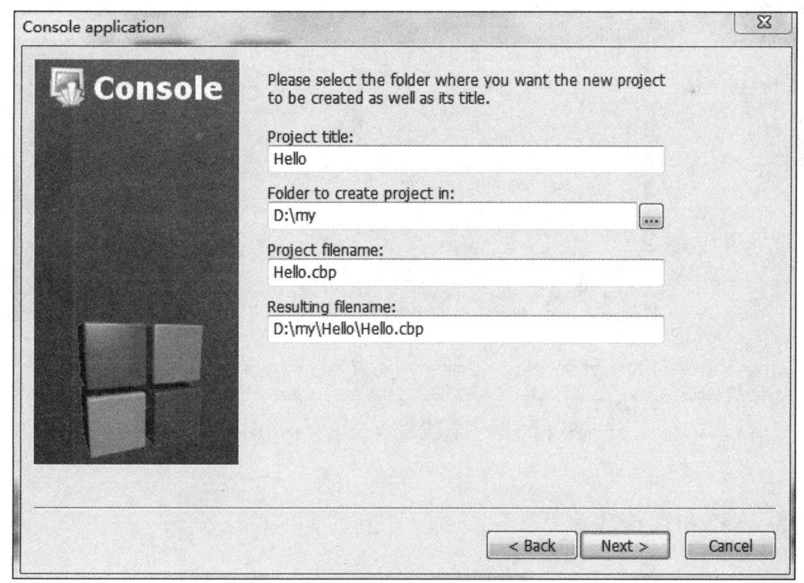

图 1.24　输入工程文件名和存放路径界面

最后，在弹出的如图 1.25 所示的对话框里单击 Finish 按钮，完成一个新建的工程 Hello，如图 1.26 所示。

Console application

Console

Please select the compiler to use and which configurations you want enabled in your project.

Compiler:

GNU GCC Compiler

Create "Debug" configuration: Debug

"Debug" options

Output dir.: bin\Debug

Objects output dir.: obj\Debug

Create "Release" configuration: Release

"Release" options

Output dir.: bin\Release

Objects output dir.: obj\Release

< Back Finish Cancel

图 1.25　完成新建工程文件的界面

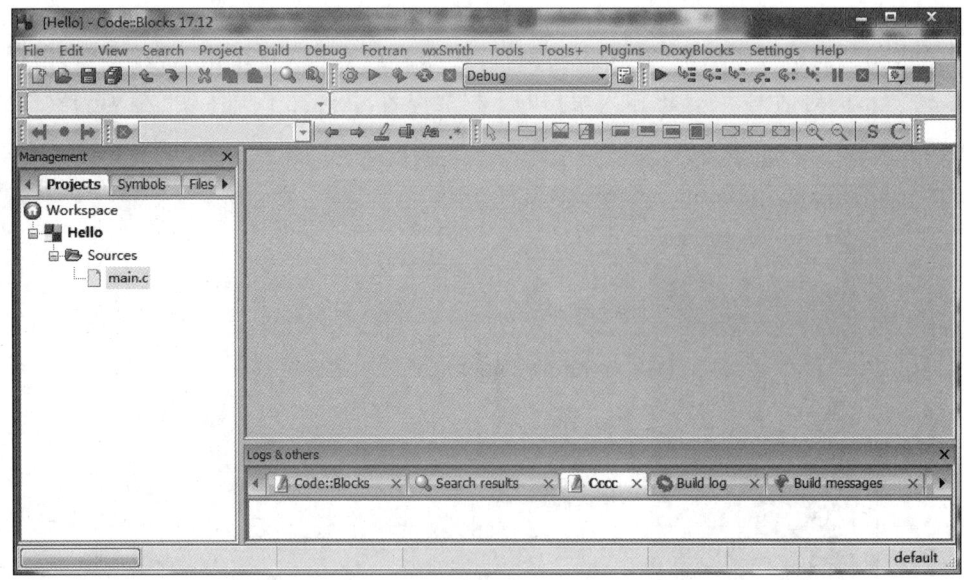

图 1.26　一个新建的工程文件 Hello

3. 编译、连接和运行程序

打开新建的工程文件 Hello，如果有问题的话，会在右下角出现淡黄色的问题提示框 Compiler error，此时 CodeBlocks 是不能编译和运行代码的，原因是安装时改变了安装目录。解决这个问题需要选择窗口菜单中的 Settings→Compiler 命令，在弹出的如图 1.27 所示的对话框里，选择 Toolchain executables 选项卡，然后选择用户安装程序的位置，找到 MinGW 文件夹，单击 OK 按钮确定。

图 1.27　设置编译器的路径界面

单击工程文件下的 Sources，CodeBlocks 开发平台直接展现工程下面的源程序 main，如图 1.28 所示。此时用户可以编写自己的源程序，然后进行编译 Build、调试并运行 Run。

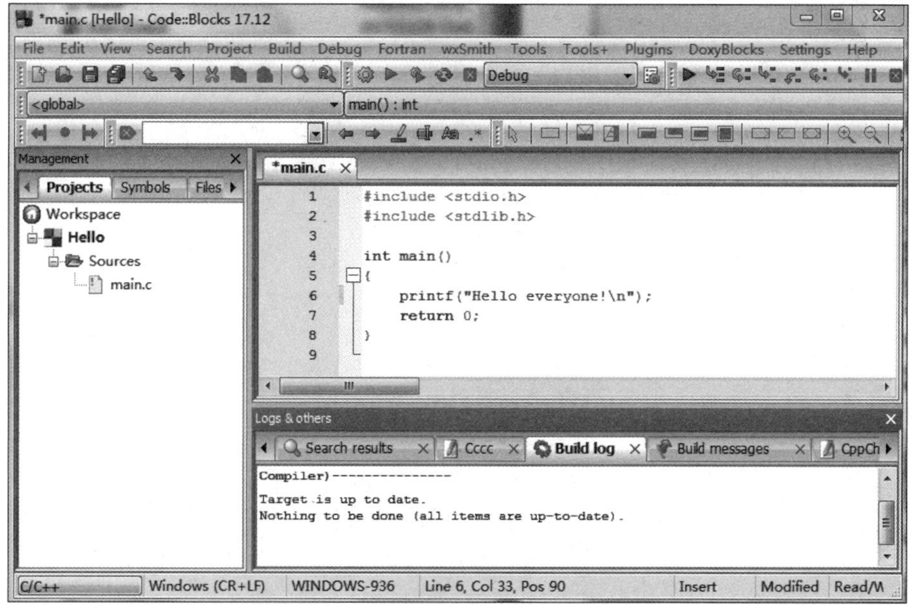

图 1.28　新建工程文件下的源程序界面

编译后运行该程序的结果如图1.29所示。

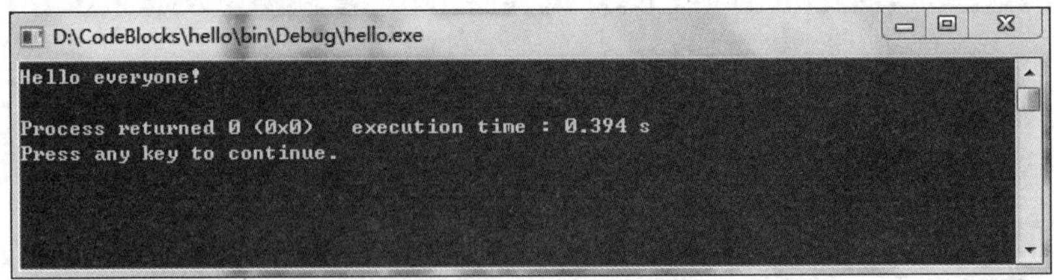

图1.29　程序运行结果窗体

习　题　1

1.1　简述C语言的主要特点。

1.2　简述一个简单C程序的结构。

1.3　编写一个简单C程序,输出以下内容。

```
************************************************
**    Hello,This is my first C program.         *
*      I'm interested in programming.           *
*      I believe I can learn better.            *
************************************************
```

1.4　请分别在Turbo C环境下、VC++环境下和CodeBlocks环境下运行1.3题编写的程序。

第2章 chapter 2

算　法

本章要点：

- 算法的表示方法。
- 结构化算法的3种基本结构。
- 算法的特点及算法设计的要求。
- 计算机程序设计的基本方法。

2.1 算法的概念

思政2

广义地说，为解决问题而采取的方法和步骤称为算法。针对不同的问题有不同的算法，同一个问题也可以有多种不同的算法。

在客观世界中人们做任何事情都是有方法和步骤的。如学生要学习某课程的步骤是，首先在教学网上选修该门课，然后按上课时间表去听课，最后参加期末考试。若考试通过，则修得该课对应的学分；若没有及格，则要参加补考，补考再不及格，则要重修该门课程等。

计算机中的算法是指用计算机语言解决问题的方法和步骤。用计算机处理问题的一般过程如下。

(1) 分析问题。分析用户的需求，给定哪些数据，需要输出什么样的数据，软硬件条件等。

(2) 确定处理方案。从具体问题抽象出一个适当的数学模型。若是数值计算问题，要建立数学模型，如建立电路计算的数学公式、建立求解桥梁结构应力的方程组、建立预报人口增长情况的微分方程等。对于非数值计算问题，要确定处理方案，如检索文档、排序等数据处理。

(3) 确定算法。确定用计算机进行处理问题的步骤。

(4) 用计算机语言编写程序实现算法。

(5)上机运行、调试程序，有错就要找出原因，修改后再运行，直到正确为止。

总之，计算机中的算法可分为两类：数值运算算法和非数值运算算法。

- 数值运算：是求数值解。例如，求方程的根、方程组的解等数学运算，是基于数学模型的算法。

• 非数值运算：包括面很广。常见的如事务管理领域的金融管理，财务管理，人事管理，图书检索、排序，行车调度管理等。

下面通过几个例子，说明算法的概念。

【例 2.1】 有 8 只外形相同的球，其中 7 只重量相同，一只较轻。用一台没有砝码的天平找出较轻的球，怎样称法？

本题有多种解法，现说明其中两种。

方法一：逐个球比较。

先任取两只球，分放天平的两边。若轻球已在其中，一次即可找出。若头两只球等重，则取走其中一只球，换上另一球再称，依次类推，直至分出轻重。

这种称法碰得巧只需称一次（当轻球在头两只球中时）就可找到轻球；也可能称 2 次、3 次……最多要称 7 次（当最后一球为轻球时）。

方法二：8 只球一起称。

① 将 8 只球平均分成两组，分放天平两边，找出较轻的一组 4 只球。

② 将较轻这组的 4 只球再平分为 2 组，分放天平两边，找出较轻的一组 2 只球。

③ 最后将较轻的这组 2 只球分别放天平两边，即可找出轻的球。

这种称法的特点是：称一次去掉一半的球，把搜索范围缩小一半。搜索范围从 8 球到 4 球到 2 球，称 3 次即可得到结果。依次类推，若有 16 只球则需称 4 次，32 只球则称 5 次即可。

【例 2.2】 求 sum＝1＋2＋3＋…＋100。

此题可以用一个抓糖块的游戏来说明。设想有一个空盒子，用来放抓来的糖块。

先抓 1 块糖放入盒子中，第 2 次抓 2 块糖放入盒子中，此时盒子中有(1＋2)块糖；第 3 次抓 3 块糖放入盒子中，此时盒子中会有(1＋2＋3)块糖。依次类推，第 i 次抓 i 块糖，则盒子中将有(1＋2＋3＋…＋i)块糖。直到第 100 次，抓 100 块糖放入盒子中，则盒子中将有(1＋2＋3＋…＋100)块糖。即每次都比前一次多抓一块糖，共抓 100 次，结果盒子中糖块的总数就是 1＋2＋3＋…＋100＝5050 块。

用计算机来处理这个问题的算法，就是仿照上面的游戏。设变量 sum 用于放和（相当于盒子），i 变量用于放某一项要加的数（相当于每次要抓的糖块数）。将每一步的部分和放到 sum 中。

设计算法如下（其中 S1 代表第 1 步，S2 代表第 2 步……S5 代表第 5 步）。

S1：sum＝0　　　　(清空盒子)

S2：i＝1　　　　(第一次要抓的糖块)

S3：sum⇐sum＋i　　　　(将所抓的糖块 i 放入盒子中)

S4：i⇐i＋1　　　　(下一次抓的糖块，要比上一次多 1 块)

S5：若 i＜＝100 则返回 S3 步继续执行，否则结束。

可以看出，算法就是对解题过程的具体描述。自古以来，人们为解决各种数学问题（包括以智力游戏形式出现的问题）创造过许多算法。只是到了近代，公理系统的建立促进了数学系统的形成，人们才逐渐习惯于运用数学公式，用演绎的方法来求解问题。而那些以简单运算的多次操作为特征的古老算法，却一度被贬入“冷宫”。计算机的诞生，使古老的算法有了用武之地。计算机可以不厌其烦地按预定顺序重复执行简单的操作，人工计算需时太久的算法，用计算机执行可以迅速得到结果。随着计算机应用领域的不断扩大，算法的应用早已超出数学领域，成为解决数值问题与非数值问题的普遍方法。

2.2 计算机算法的表示方法

2.2.1 自然语言表示算法

前边介绍的算法就是用自然语言表示的。自然语言就是人们日常使用的语言，用自然语言描述算法，通俗易懂。下面通过几个例子，说明用自然语言描述的计算机解题的算法。

【例 2.3】 任意输入 3 个数，按从小到大排序输出。

分析：设输入的 3 个数为 a、b、c，大小是任意的，通过排序处理后，应使 a 中的数值最小，c 中的数值最大，然后按 a、b、c 的顺序输出。

算法描述如下。

S1：输入 a、b、c。

S2：如果 a＞b，则交换 a 和 b 的内容，否则 a、b 的内容不变。

S3：如果 a＞c，则交换 a 和 c 的内容，否则 a、c 的内容不变。

S4：如果 b＞c，则交换 b 和 c 的内容，否则 b、c 的内容不变。

S5：按 a、b、c 的顺序输出 a、b、c。

S6：结束。

【例 2.4】 输入一个年号，判断输出该年是否为闰年。

分析：闰年的条件如下。

(1) 能被 4 整除但不能被 100 整除的年份是闰年。

(2) 能被 100 整除并且能被 400 整除的年份是闰年。

只要满足以上条件之一的年份就是闰年。

设 y 中放被检测的年份，则算法描述如下。

S1：输入年号为 y 的变量。

S2：若 y 能被 100 整除，做 S3 步判断，否则转到 S4 步。

S3：若 y 能被 400 整除，则输出 y 是闰年，否则输出 y 不是闰年，转到 S5 结束。

S4：若 y 能被 4 整除，则输出 y 是闰年，否则输出 y 不是闰年。

S5：程序结束。

【例 2.5】 求 10!＝1×2×3×4×5×6×7×8×9×10。

分析：设两个变量 p 和 i 分别放被乘数和乘数，将每一步的部分积放到被乘数的变量 p 中。算法描述如下。

S1：设置 p 的初始值 p⇐1。

S2：设置 i 的初始值 i⇐2。

S3：得到前 i 项的乘积 p⇐p×i。

S4：得到下一次要乘的项 i⇐i+1。

S5：若 i<=10,则返回 S3 再次执行该步及其以后各步,否则输出结果 p 中的值。

S6：结束。

【例 2.6】 求 $s=1-\frac{1}{2}+\frac{1}{3}-\frac{1}{4}+\cdots+\frac{1}{99}-\frac{1}{100}$。

采用变量如下。

sign：存放某项的“符号”,取值为+1 或-1.

sum：用来存放“和”。

d：存放某项的分母。

i：存放某一项的值。

设计算法如下。

S1：设符号的初始状态 sign⇐1。

S2：设和的初值 sum⇐0。

S3：设分母的初值 d⇐1。

S4：求出当前项 i⇐sign×(1/d)。

S5：将当前项加到和变量中 sum⇐sum+i。

S6：求下一项的符号(改变符号的正负)sign⇐(-1)×sign。

S7：求下一项的分母 d⇐d+1。

S8：若 d<=100,则返回 S4 再次执行该步及其以后各步,否则输出 sum 值。

S9：结束。

【例 2.7】 任意输入一个整数 n,判断该整数是否是素数。

素数,也称质数,是除了 1 和其本身外,不能被任何数所整除的数,如 5、7、11 是素数,而 6、9 则不是素数。

分析：判断 n 是否是素数的基本思路是按素数的定义,用小于 n 的所有整数(1 除外),逐个试探是否能整除 n,若都不能整除 n,则 n 是素数,否则 n 不是素数。实际上,用于试探的整数不必取到 n-1,只需试探到 n/2 或$\sqrt{n}$即可。

采用变量如下。

n：存放要判断的整数。

i：存放用于试探的分母。

flag：作为是否是素数的标志。若判断出 n 不是素数则 flag=0,若 n 是素数则 flag=1。

设计算法如下。

S1：输入一个整数给 n。

S2：i=2,flag=1。

S3：如果 n 能被 i 整除,则 flag=0。

S4：否则 i⇐i+1。

S5：若 i>n/2 或 flag=0,转至 S6,否则转回 S3。

S6：若 flag=1 则打印 n 是素数,否则打印 n 不是素数。

以上用自然语言表示算法通俗易懂，但文字烦琐，而且有时表述不严谨，容易出现歧义。尤其对于复杂的程序，用自然语言表示不够清晰。所以对于稍复杂的算法，一般不用自然语言表示，而采用下面介绍的框图表示法。

2.2.2 传统流程图表示算法

传统的流程图是用一些图框加文字说明表示算法的各种操作步骤，用箭头表示程序执行的走向，直观、形象、好理解。常见框图符号如图 2.1 所示。

图 2.1 流程图使用的框图符号

图 2.1 中的圆角矩形表示“起止框”，说明程序的开始和结束；平行四边形表示“输入输出框”，用来表示输入和输出操作；矩形表示“处理框”，用于表示要进行的各种运算及赋值等操作；菱形表示“判断框”，它有一个入口，两个出口，其作用是根据给定的条件是否成立，决定程序执行走哪个出口，图 2.2 表示判断框的用法。

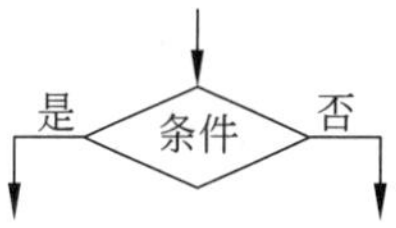

是 条件 否

图 2.2 判断框的用法

连接点用标有数字的圆圈表示，它用来表示程序的断点。当程序框图很长画不下时，需要断开分几处画，此时可用标有相同数字的圆圈表示程序的同一断点，如图 2.3 所示。图中标有数字 1 的两个圆圈表示同一点，即条件成立(是)时，执行语句序列 1；条件不成立(否)时，执行语句序列 2。

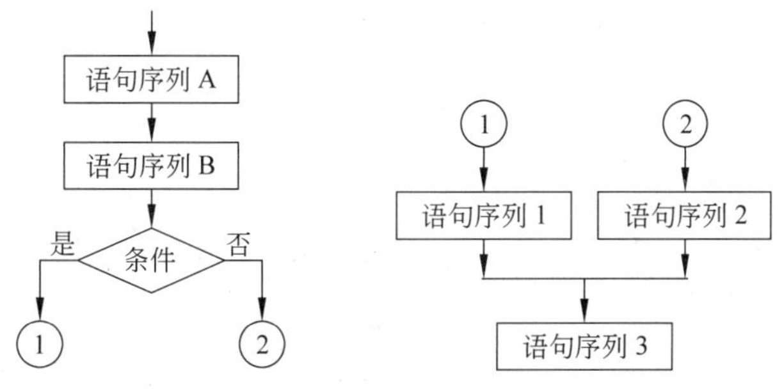

图 2.3 连接点的用法

对于例 2.4 的算法，用流程图表示如图 2.4 所示。

对于例 2.3 的算法，用流程图表示如图 2.5 所示。

对于例 2.5 的算法，用流程图表示如图 2.6 所示。

对于例 2.6 的算法，用流程图表示如图 2.7 所示。

用这种流程图表示算法的好处是直观形象，流程清晰。缺点是占用面积大，而且由于允许使用流程线，使流程可以任意转移，对于复杂的程序会使人不容易弄清程序的思路。

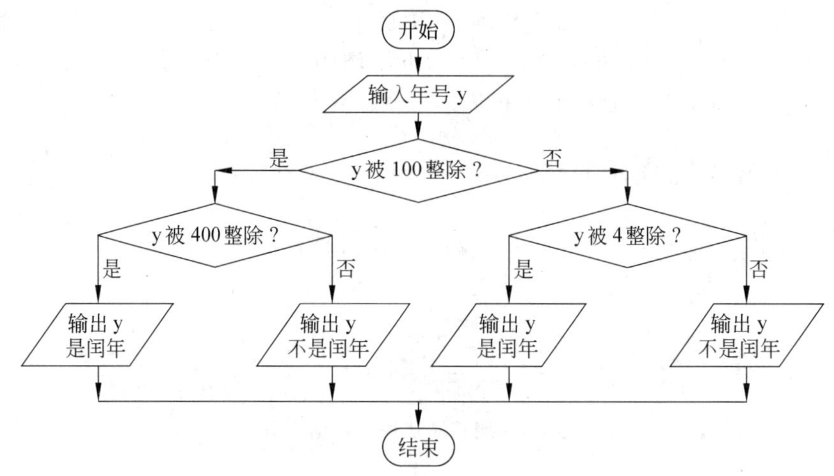

图 2.4 例 2.4 算法流程图

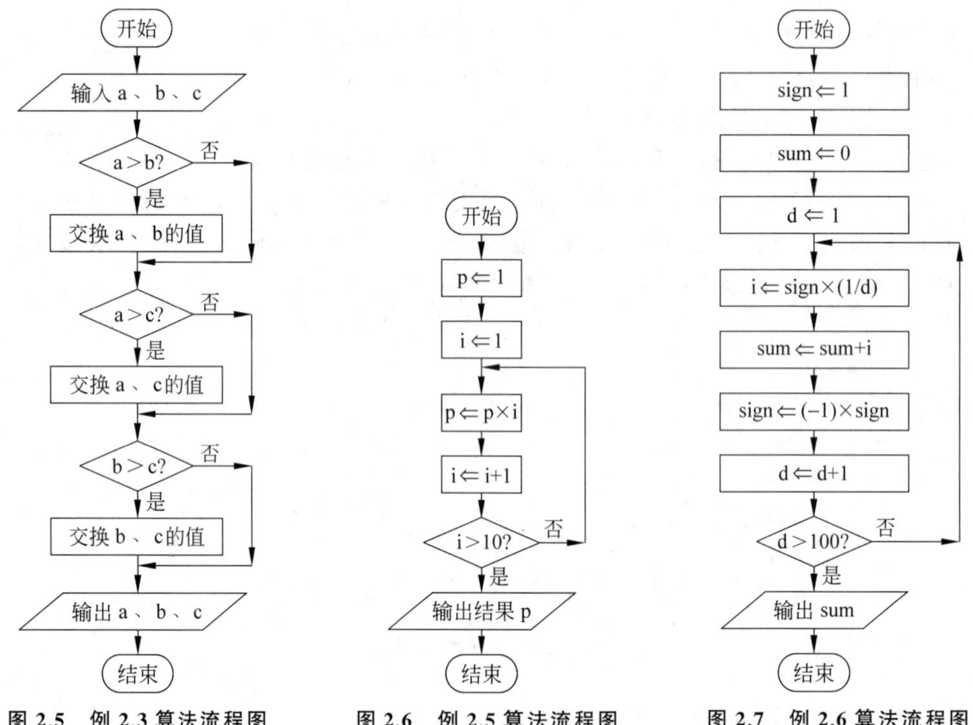

图 2.5 例 2.3 算法流程图　　图 2.6 例 2.5 算法流程图　　图 2.7 例 2.6 算法流程图

2.2.3 用 N-S 结构化框图表示算法

N-S 结构化框图是由美国学者 I.Nassi 和 B.Shneiderman 于 1973 年提出的一种新的表示算法的流程图。N-S 取自于两位学者姓氏的首字母。N-S 框图的主要特点是取消了流程线,不允许流程任意转移,只能从上到下顺序进行。它规定了几种基本结构作为构造算法的基本单元,如顺序结构、选择结构和循环结构。它将这些基本结构都用矩形框表示，并将由这些基本结构矩形框组成的全部算法包含在一个大矩形框内。

图 2.8 是顺序结构的 N-S 框图。其中图(a)是用流程图表示的顺序结构，图(b)是用 N-S 图表示的顺序结构。顺序结构程序执行的过程是从上到下，先执行 A 段程序，再执行 B 段程序。

图 2.9 表示的是选择结构(也称分支结构)的程序框图，其执行过程是根据条件 P 是否满足而决定是执行 A 段程序还是执行 B 段程序。

循环结构用来描述有规律的重复操作，它可以大大缩短程序的长度。根据构成循环的形式，循环结构可以分为当型循环与直到型循环两种基本形式。它们的共同特点是根据某个条件来决定是否重复执行某些操作。

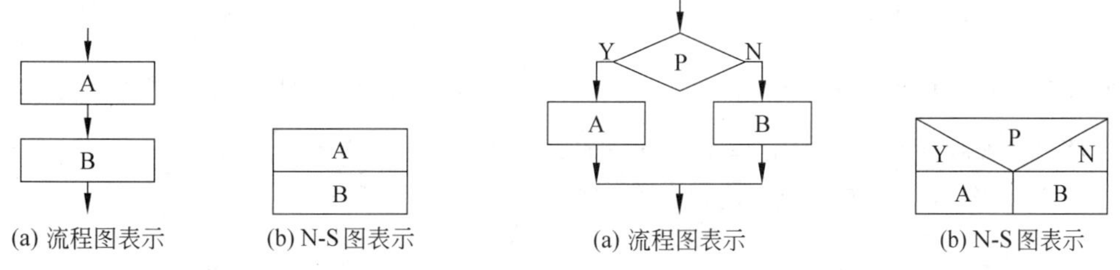

(a) 流程图表示　(b) N-S 图表示

图 2.8　顺序结构的程序框图

(a) 流程图表示　(b) N-S 图表示

图 2.9　选择结构的程序框图

图 2.10 表示的是当型循环结构，其执行过程是先判断条件 P 是否满足，当 P 条件满足时(Y)，则执行循环体(即 A 段程序)，然后再判断条件 P 是否满足，若满足(Y)，则再次执行循环体 A 程序……，如此循环执行，直到 P 条件不满足(N)时退出循环。

图 2.11 表示的是直到型循环，它先执行一次循环体 A 段程序，然后判断条件 P 是否满足，若满足(Y)则再执行 A 段程序，然后再次判断 P 条件是否满足，……，如此循环执行，直到 P 条件不满足(N)为止。

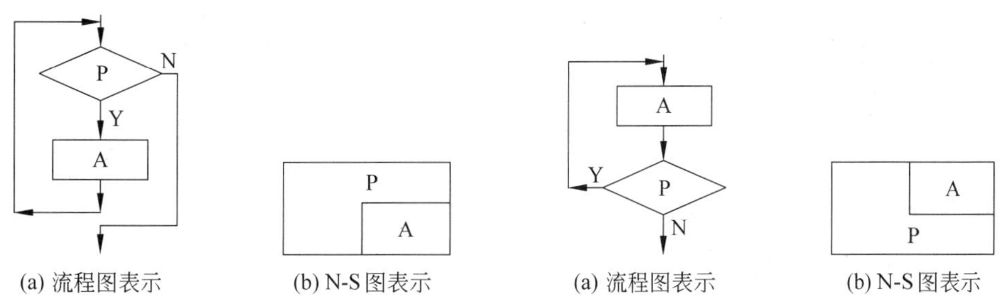

(a) 流程图表示　(b) N-S 图表示

图 2.10　当型循环结构的程序框图

(a) 流程图表示　(b) N-S 图表示

图 2.11　直到型循环结构的程序框图

当型循环和直到型循环的区别是，前者的特点是“先判断、后执行”，即先判断循环条件，若满足，则执行循环体语句，若循环条件开始就不满足，则循环体一次也不执行。而后者的特点是“先执行、后判断”，即先执行一次循环体语句，然后再判断循环条件，若满足则再执行循环体语句，若循环条件开始就不满足，则循环体至少执行一次。

注意：图中的 A 段或 B 段程序即可以代表简单的操作，也可以是 3 种基本结构之一。

下面用 N-S 图表示前边例题的算法。

将图 2.4 所示例 2.3 的流程图用 N-S 图表示如图 2.12 所示。

将图 2.5 所示例 2.4 的流程图用 N-S 图表示如图 2.13 所示。

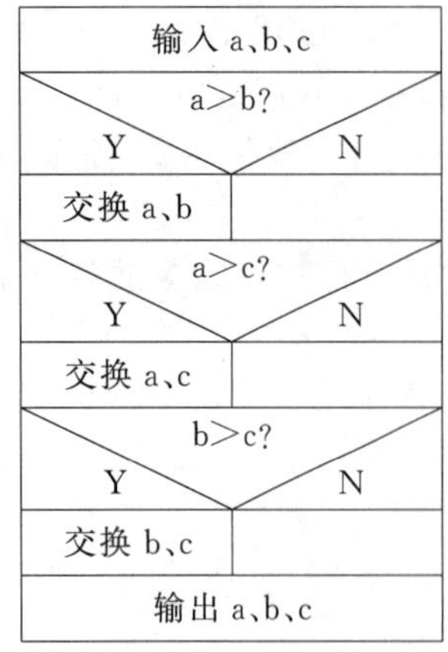

图 2.12 例 2.3 算法的 N-S 图表示

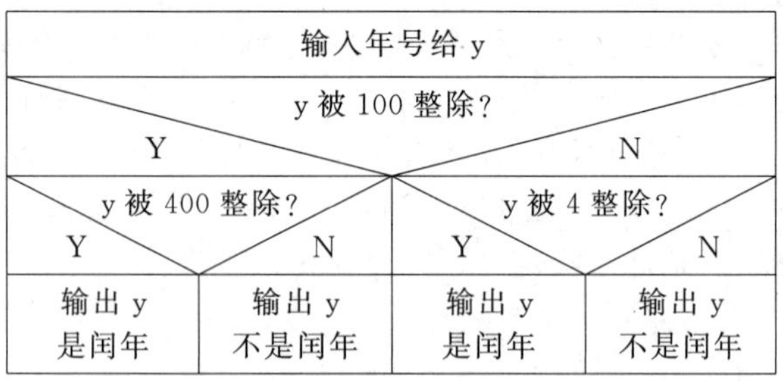

图 2.13 例 2.4 算法的 N-S 图表示

将图 2.6 所示例 2.5 的流程图用 N-S 图表示如图 2.14 所示。

用 N-S 图表示例 2.6 的算法,如图 2.15 所示。

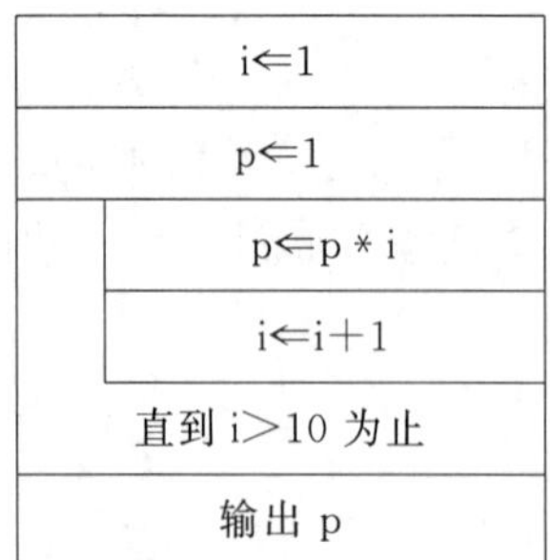

图 2.14 例 2.5 算法的 N-S 图表示

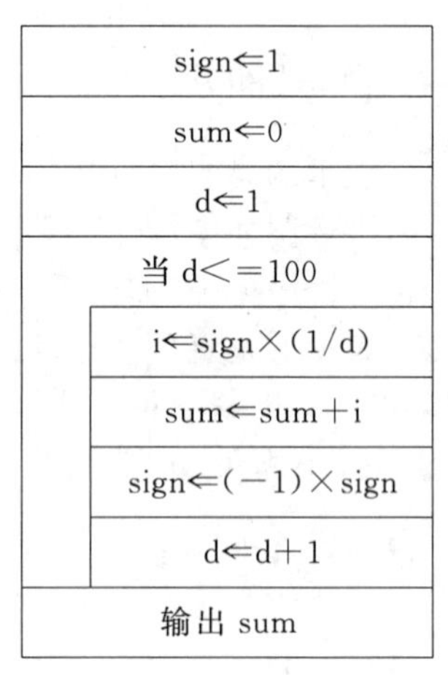

图 2.15 例 2.6 算法的 N-S 图表示

用 N-S 图表示例 2.7 的算法,如图 2.16 所示。

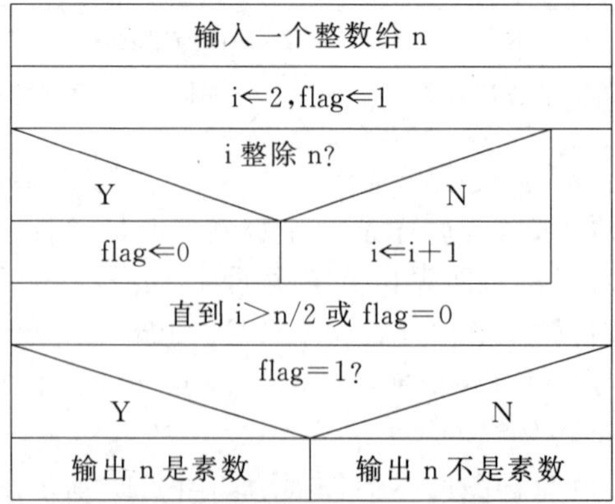

图 2.16 例 2.7 算法的 N-S 图表示

以上介绍了算法的框图表示法。在学了C语言后，要用计算机语言实现算法，这是最终目的，即用计算机能够执行的语言实现算法，从而指挥计算机帮助解决实际问题。

通过以上介绍，可以看到，无论多么复杂的程序，都是由顺序结构、选择结构和循环结构3种基本结构单元组成的。

由选择结构可以派生出另一种基本结构：多分支选择结构，如图2.17所示，其根据p值的不同取值(p1、p2、…、pn)而决定执行A1、A2、…、An程序之一。

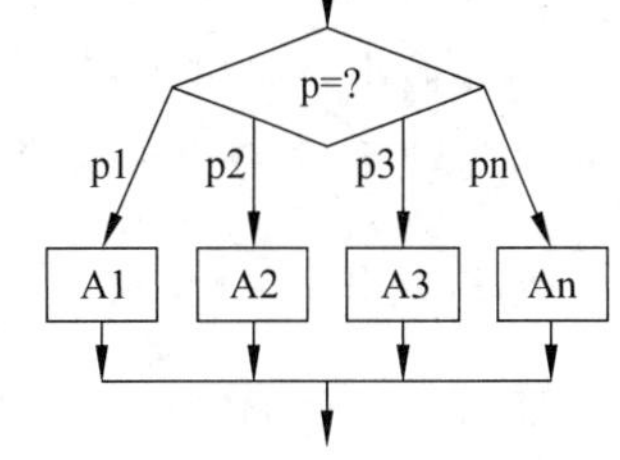

图2.17 多分支选择结构流程图

总之，3种基本结构的共同特点如下。

(1) 一个入口。

(2) 一个出口。

(3) 结构内的每一部分程序框都有入口和出口。

(4) 结构内无"死循环"。

由以上3种基本结构所构成的算法，都属于"结构化"算法，它们可以解决任何复杂的问题。当然，实际算法不仅只限于以上3种，只要符合上述4个特点的都可以，如多分支结构等。

2.3 算法的特点及算法设计的要求

1. 算法的特征

算法应具有以下特征。

1) 可行性

针对实际问题而设计的算法，执行后应能得到满意的结果。

2) 有穷性

一个算法应该在有限的时间内完成，即算法应在执行有限的操作步骤后终止。如果循环结构没设结束条件，则循环总也不会停止，这种无穷的算法让计算机陷入死循环，显然是我们所不希望的。

3) 确定性

算法中的每一步都应有明确的说明，不应出现模棱两可的解释和多义性。如"n被一个整数除"是不确定的，因为没指明被什么整数除。

4) 有效性

算法中的每一步都应能有效地执行。若b=0，则a/b就是无效的。

5) 拥有足够的信息

要使算法有效，必须为算法提供足够的信息。当算法拥有足够的信息时，此算法才是有效的；当提供的信息不够时，算法可能无效。

6) 有或没有输入

输入是指从外部设备向计算机中输入数据，如通过键盘输入数据给变量。一个算法可以有一个输入，如例2.4，需要任意输入一个年号给y，然后判断该年份是否为闰年。算法也可以有多个输入,如例 2.3,需要任意输入 3 个数,按从小到大的顺序输出这 3 个数。算法也可以没有输入,如例 2.5,计算 10 的阶乘,不需要输入任何数据。

7) 至少有一个输出

没有输出的算法是没有意义的。因为一个算法的目的就是求结果,结果就是输出,如向屏幕输出结果供人看,或将结果输出到磁盘文件中保存等。如例 2.4 判断 y 中的年份是否为闰年,算法最后要根据判断的结果输出是闰年或不是闰年。

2. 算法设计的要求

通常一个好的算法应达到如下要求。

1) 正确性

正确性是指程序不含语法错误,能正确运行;程序对于几组输入数据都能够得出满足要求的结果;对于精心选择的典型、苛刻而带有刁难性的几组输入数据能够得出满足要求的结果;对于一切合法的输入数据都能产生满足要求的结果。

2) 可读性

算法主要是为了方便人的阅读与交流,其次才是执行。可读性好有助于用户对算法的理解,而晦涩难懂的程序易于隐藏错误,难以调试和修改。

3) 健壮性

当输入数据错误时,算法也能做出适当的反应,或进行处理,而不会产生莫名其妙的输出结果。

4) 高效率与低存储量需求

效率是指程序运行时,对于同一问题,若有多个算法可以解决,执行时间短的算法效率高;存储量需求指算法执行过程中所需要的最大存储空间。

2.4 计算机程序设计的基本方法

计算机程序设计就是用计算机语言表示算法。由前所述,任何一个复杂的算法,都可以由 3 种基本结构组成。将程序的结构限制为由顺序、选择和循环 3 种基本结构组成,称为结构化程序设计。C 语言属于结构化程序设计语言,适合于编写结构化程序。对于大型程序设计,目前流行模块化设计方法,即将大而复杂的问题分为若干小的小模块,便于实现和调试。

1. 结构化设计

结构化程序设计强调程序设计风格和程序设计结构的规范化。结构化程序设计要求把程序的结构限制为顺序、选择和循环 3 种基本结构,以便提高程序的可读性。遵循程序结构化的设计原则,按结构化设计方法设计出的程序易于理解、修改和维护,这就减少了程序出错的机会,提高了程序的可靠性,可以提高编程工作的效率,降低软件开发的成本。

2. 模块化设计

模块化设计是指把一个大程序的总体目标先分解为若干分目标，再进一步分解为具体的小目标。每个小目标称为一个模块。由于经过分解后的各模块比较小，容易实现，也容易调试。

在进行模块化程序设计时应考虑两个问题：如何划分模块？如何组织好模块之间的联系？

1）按功能划分模块

划分模块的基本原则是使每个模块都易于理解。在按功能划分模块时，要求各模块的功能尽量单一，各模块之间的联系尽量少。当要修改某一模块功能时，只涉及一个模块而不会影响到其他模块。

2）按层次组织模块

在按层次组织模块时，上一层模块只指出“做什么”，只有在最底层模块中才指出“怎么做”。

3. 模块化程序的设计过程

模块化的设计过程，一般采用自顶向下、逐步细化的过程。

- 自顶向下：即先考虑总体，后考虑细节；先考虑全局目标，后考虑局部目标。这种程序结构按功能划分为若干基本模块，这些模块形成一个树状结构。
- 逐步细化：对复杂的问题设计一些子目标作过渡，逐步细化，将一个模块的功能逐步分解细化为一系列的处理步骤。

用这种方法逐步分解，直到将各小模块表达为某种程序设计语言的语句为止。这种方法就叫作“自顶向下，逐步细化”。这种设计方法的过程是将问题求解由抽象逐步具体细化的过程。用这种方法便于验证算法的正确性，在向下一层展开之前应仔细检查本层设计是否正确，只有上一层正确才能向下细化。如果每一层设计都没有问题，则整个算法就是正确的。

图 2.18 表示用自顶向下，逐步细化的方法求 $ax^2+bx+c=0$ 的根的处理过程。

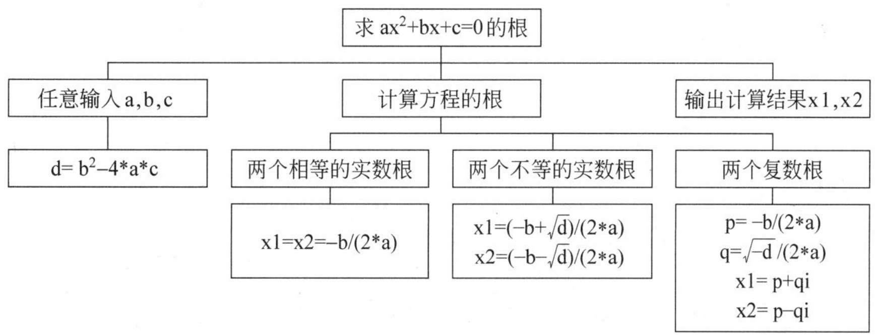

图 2.18 自顶向下、逐步细化的设计过程

最终设计出详细的解题算法如图 2.19 所示。

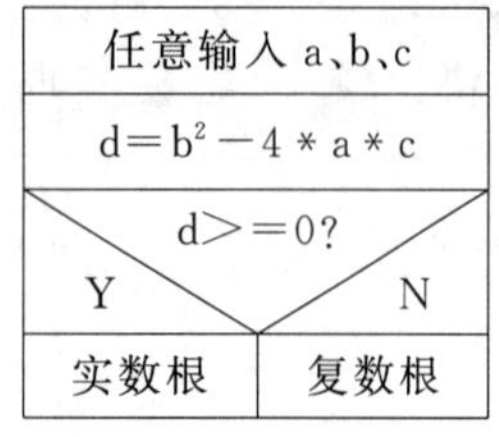

(a) 总算法框图

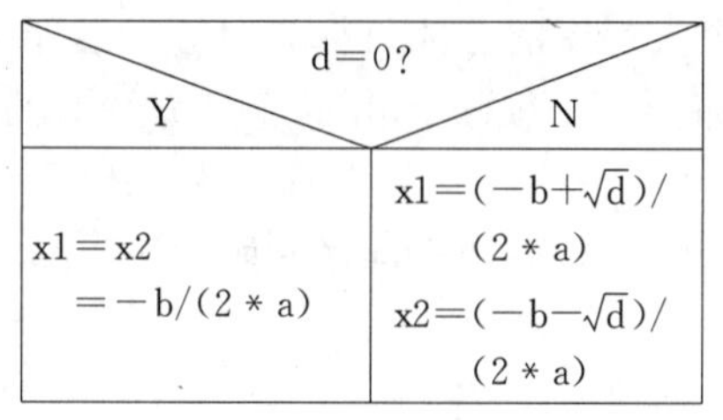

(b) 求实数根算法框图

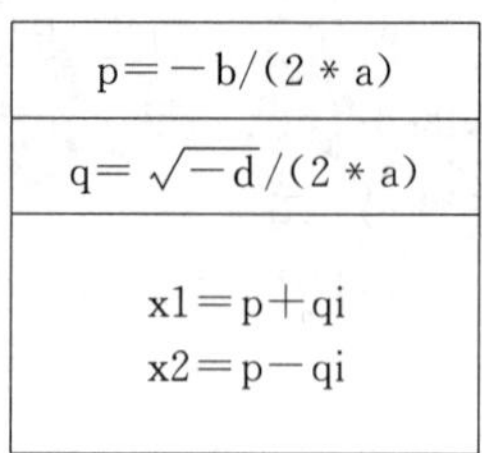

(c) 求复数根算法框图

图 2.19　求 $ax^2+bx+c=0$ 的根的算法框图

习　题　2

2.1　什么是算法?

2.2　结构化算法有哪 3 种? 3 种基本结构的特点是什么?

2.3　分别用传统流程图和 N-S 图表示以下问题的算法。

① 有两个分别盛装酱油和醋的瓶子 X、Y,要求将它们互换,使酱油装到 Y 瓶,醋装到 X 瓶。

② 输入两个数给 x、y 变量,如果 x>y,则将 x 与 y 的内容互换,输出 x、y。

③ 输出 2000—2050 年之间的闰年。

④ 输入整数 n,设计求 2^n 的算法并输出。

⑤ 输入整数 n,输出是否为素数。

第 3 章 chapter 3

基本数据类型及数据的输入输出

本章要点：

- 基本数据类型的定义。
- 常量与变量的定义和使用。
- 各种基本类型数据的输入与输出。

3.1 C 语言的基本数据类型简介

要在 C 环境下实现运算必须首先定义变量，并确定变量的数据类型，然后才能对数据进行操作。例 3.1 是要完成两个数据相加的操作。

【例 3.1】 求 C=A+B，其中 A、B、C 都按正整型数据计算。

实现这个运算的编写程序如下：

```
/* c03_01.c */
main()
{int C,B,A;
  A=3;
  B=5;
  C=A+B;
  printf("%d  %d  %d",A,B,C);
}
```

程序运行结果：

```
3  5  8
```

这是一个最简单的 C 程序，要求运算 A+B 的值，运算后将运算结果赋值给 C。可见，运算时每个数据都有相应的类型，这里 A、B、C 都是 int 类型，即整型。下面探讨 C 环境下共有多少种数据类型，每种数据类型的表示及在求解问题时各数据类型变量如何应用。

C 语言的数据类型可以分为四大类：基本类型、构造类型、指针类型和空类型（无值类型），如图 3.1 所示。

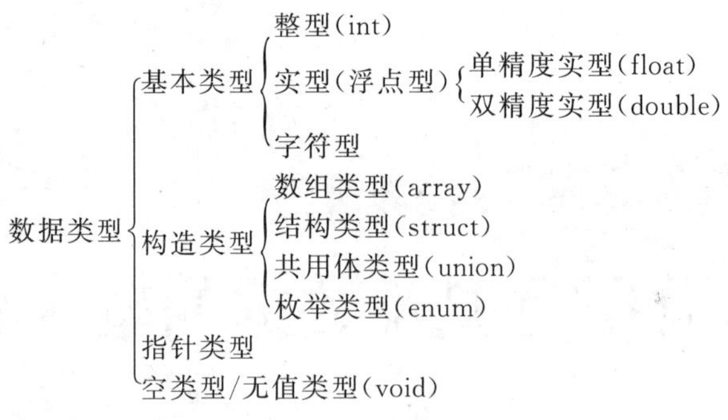

图 3.1 C 语言的数据类型

其中数据的基本类型又分为 3 种：整型、实型和字符型。整型和实型是数值类型，可以表示整型数和实型数；字符型可以表示字符和字符串数据。构造类型是由基本类型构成的新类型，包括数组、结构体、共用体和枚举型。指针类型是一种值为地址值的量。C 语言还提供了一种无值的变量，其类型为空。使用这些数据类型就可以解决问题了。

3.2 标识符、常量和变量

3.2.1 标识符

在编写程序时，需要用到很多需要处理的数据，其中有些数据在程序运行中值不改变，这种数据可以处理为常量。而有些数据在整个程序运行中经常需要改变，这种数据可以作为变量。常量和变量在使用时都要用标识符表示出来，那么什么是标识符？

1. 标识符

所谓标识符是指标识常量、变量、语句标号及用户自定义的数据类型名或函数名等的字符序列，用于表示常量、变量、语句标号及用户自定义的数据类型或函数等的名称。标识符由字母、数字和下画线组成，且第一个位置只能取字母或下画线。Turbo C 标识符的定义十分灵活。标识符在使用时要注意以下规则。

(1) 标识符必须由字母(a～z，A～Z)或下画线(_)开头。

(2) 标识符的其他部分可以用字母、下画线或数字(0～9)组成。

(3) 大小写字母表示不同意义，即代表不同的标识符。

(4) 在不同的系统中标识符字符的有效位数不同。

(5) 标识符不能使用 Turbo C 2.0 的关键字(关键字是系统保留的)。

下面列举出几个正确和不正确的标识符。

正确	不正确	错误原因
smart	5smart	第一个字符不是字母或下画线
_decision	bomb?	含有非法字符?
key_board	key.board	含有非法字符.
FLOAT	float	不能用 Turbo C 保留字

PI	a+b	含有非法字符+

2. 标识符的种类

在 Turbo C 中标识符有以下 3 种。

(1) 关键字：所谓关键字就是已被 Turbo C 2.0 本身使用，不能作其他用途使用的字。系统保留的关键字有特定的含义，不能用作变量名、函数名等。

由 ANSI 标准定义的 Turbo C 2.0 关键字有以下 32 个。

auto	double	int	struct	break	else
long	switch	case	enum	register	typedef
char	extern	return	union	const	float
short	unsigned	continue	for	signed	void
default	goto	sizeof	volatile	do	if
while	static				

在系统中这些关键字都有相应的意义，有定义数据类型的，如 auto、double、int、struct、long、char、short、enum 和 register 等；有表示控制语句的，如 for、switch、do、if、while、case、break、else 和 return 等，具体用途后面章节将会介绍。

(2) 编译预处理的命令单词：如 # include、# define 等。当程序要调用系统函数或定义常量时，要使用预处理命令。

(3) 用户标识符：用户自己定义的变量名、常量名和函数名等。起名时一般最好是用表示标识符意义的英文字母或汉语拼音来表示，例如，一个变量的作用是计数器，可以用 count 标识符来表示相应的变量名，这样便于记忆。

3.2.2 常量

常量是指程序运行过程中不能变化的量，分为数值常量和字符常量两种。

1. 数值常量

数值常量包括整型常量和实型常量两种，分别表示整数和实数。

(1) 整型常量：如 207、30 和 181 等都是整型常量。在计算机中有不同进制的常整数，如十进制、八进制和十六进制等。表示不同进制数在标识时有所不同，要引起注意。

整型常量的 3 种形式如下。

十进制整数：和通常表示的数在形式上一致，如 200、508 等。

八进制整数：在表示时第一位数字添加 0，如 012、070 等，它们表示的是八进制数。如果换算成十进制数，012 为 10，070 为 56。

十六进制整数：一个数如果表示成十六进制数，前两位应为 0x，如 0x20、0x701 和 0x10 等，它们表示的是十六进制数。如果将它们转换为十进制的数，0x20 为 32、0x701 为 1793、0x10 为 16。

整型常量的定义形式：

```
#define  常量名  整常数值
```

其中常量名是用标识符来表示的,也称符号常量。

例如:

```
#define  M  30
```

表示定义了一个符号常量M,它的值为30。

注意:在符号常量定义时不能在常数值后面加任何符号,否则会出现错误。

(2) 实型常量表示的是通常数学中表示的实数,可以表示带小数点的数。有小数形式和指数形式两种形式。

实数的两种形式 { 小数形式　如2.14；指数形式　如2.31e10表示 2.31×10^{10} }

实数的两种类型 { 单精度；双精度　双精度比单精度有效位数多 }

实数常量的定义形式与整数常量的定义形式相同:

```
#define  常量名  实数常数值
```

例如:

```
#define  PI  3.1415926
```

定义了一个常数PI,它的值为3.141 592 6。注意在定义的结尾处不要有符号。

2. 字符常量

字符常量是由字符构成,如'A'、'X'和'a'等是常见的字符常量。除了熟悉的字符常量外,Turbo C还定义了一些专门的控制字符,这些字符已经不是表面字符的含义,需要大家记住。表3.1是一些控制字符的作用。

表3.1　控制字符

字符形式	功　能	十六进制值	功能按键
\n	换行	0x0A	Ctrl+J
\t	横向跳格	0x09	Ctrl+I
\v	纵向跳格	0x0B	Ctrl+K
\b	退格	0x08	Ctrl+H
\r	回车	0x0D	Ctrl+M
\f	走纸换页	0x0C	Ctrl+L
\\	反斜杠字符	0x5C	
\'	单引号字符	0x27	
\?	问号字符	0x22	
\"	双引号字符	0x07	Ctrl+G
\0	空	0x00	Ctrl+@
\ddd	1～3位八进制数所代表的字符		
\xhh	1～2位十六进制数代表的字符	0xhh	

'\n'表示换行，'\t'表示横向跳格，'\r'表示回车等，这些字符通常在程序输出时使用，用来控制输出位置。有时为输出一个反斜杠字符，必须在控制字符中写成'\\'，否则实现不了。具体细节在 3.4 节的输入和输出函数中介绍。

3.2.3　变量

变量是程序在运行中可以改变的量。每个变量都有名字，在内存中占一定的存储空间，用来存放数据。在编写程序时有很多需要变化的量，这时就需要使用变量。

1. 变量定义

Turbo C 2.0 规定所有变量在使用前都必须加以说明。一条变量说明语句由数据类型和其后的一个或多个变量名组成。变量定义的形式如下：

```
类型<变量表>;
```

这里类型是指 Turbo C 2.0 的有效数据类型。变量表由一个或多个标识符命名的多个变量组成，每个标识符之间用","分隔。

例如：

```
int i,j,k;              说明三个变量 i,j,k 都是整型变量
unsigned  long  c;      说明一个变量 c 是无符号长整型变量
```

2. 变量说明

(1) 像其他一些语言一样，Turbo C 的变量在使用之前必须先定义其数据类型，未经定义的变量不能使用。定义变量类型应在可执行语句前面，如例 3.1 main()函数中的第一条语句就是变量定义语句，它必须放在第一个执行语句清屏函数 clrscr()前面。

(2) 变量的名称只能由字母、数字和下画线组成，且数字不能打头。在 Turbo C 中，大、小写字母是有区别的，相同字母的大、小写代表不同的变量。

(3) Turbo C 程序的书写格式非常灵活，没有严格限制。

3.3　基本数据类型

Turbo C 提供以下几种基本数据类型：整型(int)、实型(float 或 double)和字符型(char)。

3.3.1　整型

整型数由整型常数和整型变量组成。整型常量的形式及定义前面已经描述过，下面来看整型变量。

1. 整型变量定义

整型变量定义格式：

```
<整数类型><变量名>;
```

整数类型可以按有无符号和数据长短分类，具体如下：

按有无符号分{有符号、无符号}　　按数据长短分{长整数、短整数}

Turbo C 有以下几种整型(int)数据，如表 3.2 所示。

表 3.2　整型数据

类　型	简　写	字长	说　明	数的范围
signed short int	short 或 int	2 字节	有符号短整型数	−32 768～32 767
signed long int	long	4 字节	有符号长整型数	−2 147 483 648～2 147 483 647
unsigned short int	unsigned int	2 字节	无符号短整型数	0～65 535
unsigned long int	unsigned long	4 字节	无符号长整型数	0～4 294 967 295

例如，定义几个不同的变量。

```
int a,b,c;  unsigned int d,e;
```

上面定义的 a,b,c 都是有符号的整型数据，数值范围−32 768～+32 767。d,e 两个变量定义为无符号整数，数值范围在 0～65 535。

从表 3.2 可以看出整型数据类型共分 4 种：无符号短整数、无符号长整数、有符号短整数和有符号长整数。这几种类型占用的存储单元不同，其中短整数占 2 字节，共 16 位；长整数占 4 字节，共 32 位。

2. 整型数的存储形式

整数存储在存储单元时，有符号(signed)和无符号(unsigned)的整型量的区别在于它们的最高位的定义不同。如果定义的是有符号的整型(signed int)，C 编译程序所产生的代码就设定整型数的最高位为符号位，其余位表示数值大小。如最高位为 0，则该整数为正；如最高位为 1，则该整数为负。例如用 16 位二进制表示时：

```
[+1]原码=0000000000000001
[-1]原码=1000000000000001
[+127]原码=0000000001111111
[-127]原码=1000000001111111
```

在上述几个数中左数第 1 位都是符号位。

大部分计算机表示有符号数时都使用二进制补码。原因及细节将在计算机原理课上学习。补码的求法很简单，正数补码、反码和原码都一样等于原码，负数的补码是反码加 1，反码是将其对应数的绝对值的原码的各位按位求反，在反码上加 1 得到补码。上述 4 个数用 8 位二进制表示有符号数时计算机内反码、补码值为：

```
[+1]原码=0000000000000001     [+1]反码=0000000000000001
[-1]原码=1000000000000001     [-1]反码=1111111111111110
[+127]原码=0000000001111111   [+127]反码=0000000001111111
[-127]原码=1000000001111111   [-127]反码=1111111110000000
负数的补码=反码+1
[+1]补码=[+1]原码=[+1]反码
[-1]补码=[-1]反码+1=1111111111111110+1=1111111111111111
[+127]补码=[+127]原码=[+127]反码
[-127]补码=[-127]反码+1=1111111110000000+1=1111111110000001
```

有符号整数对于许多运算都是很重要的。但是它所能表达的最大数的绝对值只是无符号数的一半。例如，32 767 的有符号整数表示为 0111111111111111。因为有符号，最高位表示符号，所以 32 767 是 int 有符号整型数的最大数。如果最高位为 1，则该数就会被当作负数－1（因为 1111111111111111 是－1 的补码）。然而，如将该数定义为无符号整型（unsigned int），那么当最高位设置为 1 时，它就变成了 65 535。

3. 整型变量赋值及其说明

（1）可以在定义整型变量的同时给变量赋初值，称为变量的初始化。

例如

```
int  a=3,b=100;
/*a、b被定义为有符号短整型变量,并且a的初值为3,b的初值为100*/
unsigned long c=65 535;        /*c被定义为无符号长整型变量,并且c的初值为65 535*/
```

（2）在赋初值时八进制数、十六进制数整型常数需要特定的符号表示。

例如

```
int  f=022;                    /*f的值是八进制数22,按十进制数输出时值为18*/
```

（3）在整型常数后添加一个字母 L 或 l 表示该数为长整型数，如 22L、773L 等。

例如

```
#define  G  22L                /*G的值定义为长整型数22*/
```

如果表示为 0773L，则表示该数为八进制的长整型数。

3.3.2 实型

通过前面所讲的实型常量，可以知道实型数据因小数点后的位数不同分为不同的精度。主要有 float、double 类型，具体内容如下。

1. 实型变量的定义

实型变量的定义形式如下：

```
<实型>  <变量列表>;
```

在C语言中,实数类型有3种：单精度实数、双精度实数和长双精度实数。这3种数据类型存储在计算机内存中,占用的单元数不同,所以表示出来的数的精度也不同。具体内容如表3.3所示。

表3.3 实型数据

类 型	字 长	说 明	有效数字	数的范围
float	4字节	单精度实型数	6～7	$-3.4\times10^{-38}\sim3.4\times10^{38}$
double	8字节	双精度实型数	15～16	$-1.7\times10^{-308}\sim1.7\times10^{308}$
long double	16字节	长双精度实型数	18～19	$-1.2\times10^{-4932}\sim1.2\times10^{4932}$

可以用下列语句定义实型变量。

```
float a,f;          /*a,f被定义为单精度实型变量*/
double  b;          /*b被定义为双精度实型变量*/
```

在定义时,可以将变量同时赋初值。如：

```
float a=12.5,f=0.12346;
```

将定义两个变量a和f,并赋初值为12.5和0.123 46。

2. 实型数据的存储形式

下面说明Turbo C中实型数据的存储形式。实型数据在内存中以指数形式存储。下面以float类型为例说明。

float是单精度实数类型,字长占4字节,共有32位二进制位,数的取值范围是$-3.4\times10^{-38}\sim+3.4\times10^{38}$。内存形式为以高24位表示小数部分,最高位表示符号位;低8位代表指数部分。实数类型数3.141 592 6的存储形式如图3.2所示。

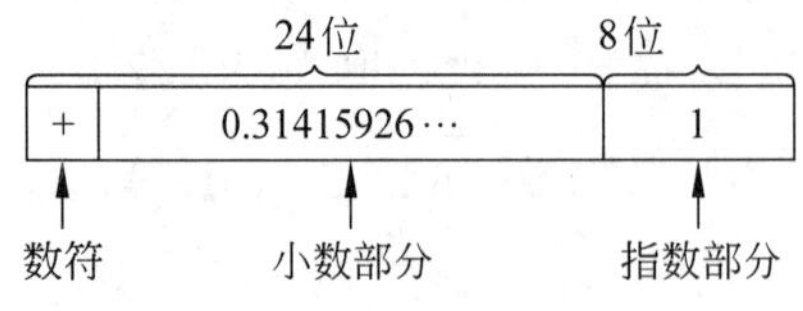

图3.2 float类型内存表示

对于double型数据类型,共占64位,有的系统中将其中的56位用于存放小数部分,指数部分8位。这样存储的双精度实数类型有效位数多,可以减少数值运算误差。有一点说明：所有实型数均为有符号实型数,没有无符号实型数。

3. 实型变量赋初值及其说明

对实型变量赋初值可以在定义的同时赋值。

例如

```
float a=29.56,f=-6.8e-18;
```

这里a、f被定义为单精度实型变量，同时将a变量赋值为29.56，f变量赋值为－6.8e－18(这是指数形式)。

实数类型说明如下。

(1) 实数类型常数只有十进制。

(2) 所有实数类型常数都被默认为double型。

(3) 绝对值小于1的实型数，其小数点前面的0可以省略。如0.22可写为.22，－0.0015E－3可写为－.0015E－3。

(4) Turbo C默认格式输出实型数时，最多只保留小数点后6位。

3.3.3　字符型

1. 字符型变量的定义及存储

字符型变量的定义形式为：

```
<字符类型><变量列表>;
```

字符类型有两种：有符号和无符号。

例如：

```
char a;                /* a 被定义为有符号字符变量,它的值为-128~127 */
unsigned char c;       /* c 被定义为无符号字符变量,它的值为 0~255 */
```

有关字符型数据如表3.4所示。

表3.4　字符型数据类型

类　　型	字　　长	说　　明	数的范围
char	1字节	有符号字符型	－128～127
unsigned char	1字节	无符号字符型	0～255

字符在计算机中以其ASCII码方式表示，其长度占存储单元的1字节，有符号字符型数取值范围为－128～127，无符号字符型数取值范围是0～255。因此在Turbo C语言中，字符型数据在操作时将按整型数处理，如果某个变量定义成char，则表明该变量是有符号的，即它将转换成有符号的整型数。

Turbo C中规定对ASCII码值大于0x80的字符被认为是负数。如ASCII值为0x8c的字符，定义成char时，被转换成十六进制的整数0xff8c。这是因为当ASCII码值大于0x80时，该字节的最高位为1，计算机会认为该数为负数。对于0x8c表示的数实际上是－74(8c的各位取反再加1)，而－74转换成两字节整型数并在计算机中表示时就是0xff8c(对0074各位取反再加1)。因此只有定义为unsigned char，0x8c转换成整型数时才是8c。这一点在处理大于0x80的ASCII码字符时(如汉字码)要特别注意。一般汉字均定义为 unsigned char(在以后的程序中会经常碰到)。另外,也可以定义一个字符型数组(关于数组后面再作详细介绍),此时该数组表示一个字符串,如 char str[10];。

计算机在编译时,将留出连续 10 个字符的空间,即 str[0]~str[9]共 10 个变量,但只有前 9 个供用户使用。第 10 个即 str[9]用来存放字符串终止符 NULL,即"\0",但终止符是编译程序自动加上的,这一点应特别注意。

2. 字符变量的赋值及字符常数表示

字符变量可以在定义时直接赋初值。

char a='A';　a 被定义为有符号字符变量,并且将 a 变量赋初值为'A',这时 a 变量中存储'A'的 ASCII 码值为十进制数 65。

在赋初值时,可直接用单引号括起来表示字符,如'a'、'9'和'Z',也可用该字符的 ASCII 码值表示。

```
char a='A';
char a=65;
```

上面两个赋初值是等效的。

十进制数 85 表示大写字母 U,十六进制数 0x5d 表示],八进制数 0102 表示大写字母 B。知道了一些符号的 ASCII 码值后,在赋值时可以选择不同的方法。

一些不能用符号表示的控制符,只能用 ASCII 码值来表示,如十进制数 10 表示换行,十六进制数 0x0d 表示回车,八进制数 033 表示 Esc。

另外,Turbo C 2.0 中有些常用的字符用特殊规定来表示,在字符常量中已经说明,如表 3.1 所示。

C 语言允许使用的字符串常量是一对用双引号括起来的字符序列,如"Hello Turbo C 2.0"。需注意'a'和"a"是不同的,前者是一个字符,可以赋给一个变量;后者是一个字符串,不能赋给一个字符变量。C 规定在每一个字符串的结尾加一个字符串结束标志'\0',在 C 语言中没有专门的字符串变量。

3.4 数据的输入与输出

输入与输出的概念是相对计算机而言的,当数据从外部设备(如键盘)送给计算机时,称为“输入”;当数据从计算机中送出到外部设备(如显示器或打印机)时,称为“输出”。

一个程序一般都要包含数据的输入与输出。从键盘输入任意数据让程序进行处理,可以使程序更加灵活;输出可以使人们看到程序运行的结果。

C 编译系统将键盘看作是标准输入设备,显示器是标准输出设备,在没有指定输入或输出设备时,默认指标准输入输出设备。

在 C 语言中,没有提供专门的输入输出语句,输入或输出操作是通过调用输入输出库函数来实现的,如 printf()就是库函数。C 语言函数库中有一批标准输入输出函数,包括 printf()、scanf()、putchar()、getchar()、puts()和 gets()等。

注意，在使用这些库函数之前，要用编译预处理命令中的文件包含命令＃include，将与库函数相关的头文件包含到程序中来，因为头文件中包含了定义库函数的有关信息。头文件的扩展名为h，是head的缩写，所以称为头文件。在使用标准输入输出库函数时，应包含的头文件是stdio.h，即在程序的开头应该加入以下命令：

```
#include  <stdio.h>
```

或

```
#include  "stdio.h"
```

在Turbo C 2.0版编译系统中使用printf()和scanf()函数可以省略文件包含命令。关于编译预处理命令的详细内容将在以后的章节中详细介绍。本节将具体介绍常用的输入输出函数的用法。先学习最简单的单个字符的输入输出函数的用法，再学习功能更强的格式输入输出函数的用法。

3.4.1 字符输出函数

函数的格式：

```
putchar(ch);
```

函数的功能：将变量ch中的内容以一个字符形式输出到屏幕上。其中ch可以是字符型变量，也可以是整型变量，还可以是字符型常量或整型常量。

【例3.2】 putchar()函数的使用。

```
/*c03_02.c*/
#include<stdio.h>
main()
{char  x='A',y='B';       /*定义并初始化变量x、y*/
int i=97;                 /*定义并初始化变量i*/
putchar(x);               /*输出字符变量x中的内容A*/
putchar(y);               /*输出字符变量y中的内容B*/
putchar('C');             /*输出字符常量C*/
putchar(i);               /*将变量i中的97当作ASCII码,转换成对应的字符a输出*/
putchar(98);              /*将整数98当作ASCII码,转换成对应的字符b输出*/
putchar('!');             /*输出字符常量*/
}
```

程序的输出结果如下：

```
ABCab!
```

putchar()函数，不仅可以输出普通可显示的字符，还可以输出转义控制字符。如putchar('\n')；表示输出换行符，即控制输出位置换到下一行的开头。

若对例 3.2 程序修改如下:

```
#include<stdio.h>
 main()
{char  x='A',y='B';
 putchar(x);  putchar('\t');
 putchar(y);  putchar('\n');
 putchar('C');
 putchar('!');
}
```

程序输出结果如下:

```
A       B
C!
```

3.4.2 字符输入函数

函数的调用格式:

```
c=getchar();
```

函数的功能:接收从标准输入设备(键盘)输入的一个字符,并将该字符作为函数的值赋给变量 c。

该函数的执行是等待从键盘输入一个字符,当用户输入一个字符后,函数的值就是所输入的字符的 ASCII 码值。所以常用赋值语句的形式,将键盘输入的字符,赋给一个变量。

【例 3.3】 输入一个大写字符,将其转换成小写并输出。

```
/*c03_03.c*/
#include<stdio.h>
main()
{char  c;                                  /*定义字符型变量 c*/
 printf("Please input a letter: \n");      /*显示一行提示信息*/
 c=getchar();                              /*输入一个字符*/
 c=c+32;                                   /*将字符转换成小写字符*/
 putchar(c);                               /*输出 c 中的字符*/
}
```

运行结果如下(↲符号表示回车):

```
Please input a letter:          ←输出的提示信息
A↲                              ←输入的字符
a                               ←输出的结果
```

使用 getchar()函数应注意以下两点。

(1) getchar()函数可以作为 putchar()函数的参数,如下面的语句是正确的:

```
putchar(getchar());
```

其功能是显示键盘输入的字符。

(2) 使用 getchar()函数时,回车键也会作为输入字符的一部分。尤其在连续使用 getchar()函数时要注意回车键将会作为换行符被下一个 getchar()所接受。请看下例程序。

【例 3.4】 连续使用 getchar()时应注意的问题。

```
/*c03_04.c*/
#include<stdio.h>
main()
{char  x,y;
 x=getchar();
 y=getchar();
 putchar(x);
 putchar(y);
}
```

运行结果如下:

```
A↵              ←这是输入
A               ←这是 putchar(x);输出的结果
-               ←这是光标的位置,是 putchar(y);输出的结果
```

当执行第一个 getchar()时,输入的 A 字符赋给了变量 x,输入 A 之后按的回车键作为换行符被第二个 getchar()接收,赋给了变量 y。因此 putchar(x);执行的结果是输出 A 字符,putchar(y);输出的是换行符,结果使光标换到下行。

要想为 x 输入字符 A,为 y 输入字符 B,则输入应采用如下形式:

```
AB↵
```

输出结果显示:

```
AB
```

也可将程序做如下改动,即两次输入给 y 变量,第一次执行 y=getchar();,使 y 得到的是前边输入 A 字符后的换行符,第二次执行 y=getchar();,使 y 得到输入的 B 字符。

```
#include<stdio.h>
main()
{char  x,y;
 x=getchar();
 y=getchar();   y=getchar();    /*执行两次输入 y*/
 putchar(x);  putchar(y);
}
```

运行输入：

```
A↵
B↵
```

输出结果显示：

```
AB
```

思政3

3.4.3 格式输出函数

函数的调用格式：

```
printf("格式控制",输出项列表);
```

函数的功能：按某种格式，向输出设备输出若干指定类型的数据。

printf()函数可以用于各种类型数据的输出，采用不同的格式控制符，将不同的数据类型输出到标准输出设备(显示器)上。

printf()函数的参数包括格式控制和输出项列表两部分。格式控制部分要用一对双撇号括起来，用于说明输出项所采用的格式；输出项列表是所要输出的内容，可以是变量、表达式或常量。

格式控制部分又可分为普通字符和格式说明两部分。

(1) 普通字符(包括转义控制字符)，将原样输出。

例如：

```
printf("China");
```

输出普通字符串 China。

输出结果如下：

```
China
```

例如：

```
printf("\t China \n");
```

先输出转义控制字符 '\t'，控制输出位置跳到下一个输出区(一个输出区为 8 个西文字符位置)，然后输出字符串，最后输出转义控制字符'\n'，控制换行。

输出结果如下：

```
␣␣␣␣␣␣␣␣China
```

(2) 格式说明部分，以%符号开头，以“格式说明符”结尾。用于控制输出数据的类型和形式。

例如：

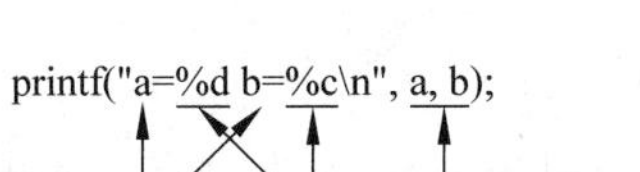

例中的普通字符原样输出，%d 是格式说明，表示以整型格式输出 a 变量的值，%c 也是格式说明，表示以字符形式输出 b 变量的值。若设 a 变量中的值是 10，b 变量的值是'E'，则输出结果是：

```
a=10  b=E
```

有多个输出项时，输出项之间要用逗号分隔（如上例中的输出项为变量 a、b 两项，用逗号分隔）。格式控制中的各格式说明符与输出项在个数、次序和类型方面必须一一对应（如上例的两个格式说明%d 和%c，分别对应说明两个输出项 a 和 b）。

格式说明的一般格式如下：

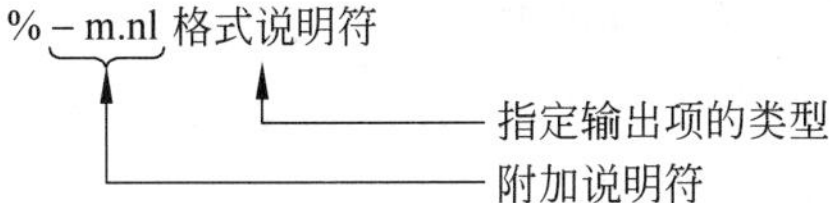

输出格式说明符：用单一字母表示，用来指定对应输出项的输出格式，其含义如表 3.5 所示。

附加说明符及其含义如表 3.6 所示。

表 3.5　输出格式说明符及其含义

格式说明符	含　义
d	按十进制有符号整型数输出
o	按八进制无符号整型数输出
x	按十六进制无符号整型数输出
u	按十进制无符号整型数输出
c	以字符格式输出，只输出一个字符
s	输出字符串
f	以小数形式输出单、双精度数，输出 6 位小数
e	以标准指数形式输出单、双精度数
g	按 f 和 e 格式中较短的一种输出

表 3.6　附加说明符及其含义

格式说明符	含　义
l	用于输出 long 型数据，如 %ld、%lu 等
m.n	指定输出域宽及精度，m 和 n 都是正整数
—	左对齐输出数据

1. 整型格式说明符

整型格式说明符有十进制、八进制和十六进制 3 种格式。

1）十进制形式输出

（1）%md：控制输出项按十进制有符号整数形式输出。m是一个整数，用于指定输出数据的最小占位宽度，若所输出数据的位数小于m，左端（高位）将以空格占位；若输出数据的位数大于m，则按数据的实际宽度输出；若省略m则按所要输出数据的实际长度输出。如：

```
int a=123,b=12345;
printf("a=%4d,b=%4d \n",a,b);
printf("sum=%8d",a+b);
```

输出结果为：

```
a=␣123,b=12345
sum=␣␣␣12468
```

（2）%mld：格式中的l符号用于输出long型数据，m指定输出数据的占位宽度。long型数不能用%d格式输出。如：

```
long  a=123456;
printf ("%ld",a);
```

输出结果如下：

```
123456
```

而

```
printf ("%8ld",a);
```

的输出结果为：

```
␣␣123456
```

（3）%－md或%－mld：格式中的－修饰符表示输出数据左对齐。当输出数据的位数小于m时，数据将左对齐，右边以空格占位，如：

```
int a=123;long b=123456;
printf ("%4d\n %-4d\n",a,a);
printf ("%8ld\n %-8ld\n",b,b);
```

输出结果为：

```
␣123
123␣          ←这是左对齐输出的结果
␣␣123456
123456␣␣      ←这是左对齐输出的结果
```

(4) %mu 或 %mlu：控制输出项按十进制无符号整型数输出。其中 m 和 l 的含义如前所述。

2) 八进制形式

(1) %mo：控制输出项按八进制整数形式输出。

(2) %mlo：控制输出项按八进制长整数形式输出。

3) 十六进制形式

(1) %mx：控制输出项按十六进制整数形式输出。

(2) %mlx：控制输出项按十六进制长整数形式输出。

【例 3.5】 整型数据的输出。

```
/*c03_05.c*/
#include<stdio.h>
main()
{ unsigned int a=65 535;
  printf("a=%d,%o,%x,%u\n",a,a,a,a);
}
```

运行结果：

```
a=-1,177777,ffff,65535
```

例中 a 变量定义为无符号整型变量，初始值为 65 535。该数值在计算机中是以二进制形式存储的，其二进制形式为 1111 1111 1111 1111。如果将其看作是有符号整数，则其代表－1 的补码，所以当以%d 格式输出该数时，显示－1；当以%o 格式输出该数时，将其转换成八进制数形式输出，结果为 177 777；当以%x 格式输出该数时，将其转换成十六进制数形式输出，结果为 ffff；当以%u 格式输出该数时，显示结果为 65 535。

2. 实型格式说明符

用于输出单精度或双精度数的格式说明符是相同的。实型格式说明符有以下两种。

(1) %f 或%m.nf：以小数形式输出单、双精度数据。格式中的 m 表示输出的整个数据所占的列数(注意小数点占一列)，含义如前所述；n 表示输出数据的小数部分的位数，如果不指定 n，则默认输出 6 位小数。

(2) %e 或%m.ne：以标准指数形式输出单、双精度数。m 的含义如前所述，注意此格式中，实际输出的小数部分的位数为 n－1 位。若不指定 n，则默认输出 5 位小数。

同样也可以用左对齐修饰符－，控制实数按左对齐形式输出。

【例 3.6】 实型数据的输出。

```
/*c03_06.c*/
#include<stdio.h>
main()
{float x=-2.5;
 double y=31.416,z;
```

```
 z=x-y;
 printf("x=%6.2f,%f,%.3f\n",x,x,x);
 printf("y=%6.2f,%f,%-6.2f,\n",y,y,y);
 printf("z=%e,%10.3e\n",z,z);
}
```

运行结果：

```
x=␣-2.50,-2.500000,-2.500
y=␣31.42,31.416000,31.42␣,
z=-3.391600e+001,-3.392e+001
```

3. 字符型格式说明符

该格式用于输出一个字符，字符型数据的格式说明符为%c或%mc。其中m表示输出的单个字符占的列数，即在输出的字符前要有m－1个空格占位。

例如：

```
#include<stdio.h>
  main()
{ char ch='B';
  printf("ch=%c,%3c\n",ch,ch+2);
}
```

输出结果为：

```
ch=B,␣␣D
```

4. 字符串格式说明符

该格式用于输出一个字符串，字符串型数据的格式说明符为%-m.ns。格式中的m指输出字符串占m列。若要输出的字符串长度大于m，则不受m限制，全部输出；若要输出的字符串长度小于m，则左边以空格占位补齐m位。

n用于指定输出字符串左端截取n个字符。

－表示当输出的字符个数小于m时，输出左对齐，右边以空格占位补齐m位。

请看下面程序段的运行结果：

```
#include<stdio.h>
main()
{printf("%s","Student");
}
```

运行结果为：

```
Student
```

再看下面程序段的运行结果：

```
#include<stdio.h>
main()
{printf("%3s\n %5.2s\n %.4s\n %-5.3s\n","China","China","China","China");
}
```

运行结果：

```
China     ←指定 m 为 3,但实际字符串长度大于 3,则不受 m 限制,全部输出
␣␣␣Ch     ←指定 n 为 2,从字符串左端取 2 个字符输出;m 为 5,输出占 5 列(不够则以空格占位)
Chin      ←只指定了 n 为 4,没指定 m,则自动使 m 为 4
Chi␣␣     ←指定 m 为 5,n 为 3,则取字符串左端 3 个字符,输出占 5 列,且左对齐
```

另外需要说明的是，如果要输出某些特殊符号（如\、"和'等），要用转义字符形式输出。

例如，要输出字符串 I say："Hello! "，其中 "符号要用转义形式输出，正确的输出格式如下：

```
printf("I say: \"Hello! \"\n");
```

例如，要输出字符串 C：\system\File1.txt，其中\符号要用转义形式输出，正确的输出格式如下：

```
printf("C: \\ system \\ File1.txt \n");
```

例如，若想在输出的字符串中，显示有%号，要双写%号，以区别于格式控制说明。如 printf("%.2f %% \n",100.0/4)；的运行结果为：

```
25.00%
```

3.4.4 格式输入函数

函数的调用格式：

```
scanf("格式控制说明",地址列表);
```

函数的功能：接收键盘输入的信息，按指定格式转换后，存放到地址列表所对应的变量中。

1. 地址列表

地址列表由若干地址组成，它们可以是变量的地址也可以是字符串的首地址。变量的地址可以通过取地址运算符 & 得到。例如，变量 a 的地址表示为 &a。

2. 格式控制说明

与 printf 类似,格式控制说明以%开头,以格式说明符结束,中间可加入附加说明符。格式控制说明的一般格式为:

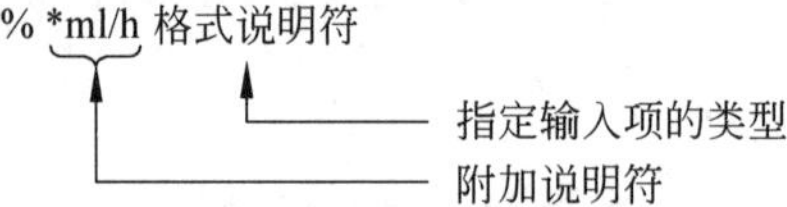

常用的输入格式说明符及其含义如表 3.7 所示,附加说明符及其含义如表 3.8 所示。

表 3.7 输入格式说明符及其含义

格式说明符	含　义
d	输入十进制整型数
o	输入八进制整型数
x	输入十六进制整型数
c	输入一个字符
s	输入字符串
f	输入十进制的小数形式或指数形式的实数
e	输入一个实数,与 f 相同

表 3.8 附加说明符及其含义

格式说明符	含　义
l	用于输入 long 型数据,如 %ld,%lu,或输入 double 型数据,如%lf
h	用于输入 short 型数据,如 %hd
m	域宽说明,是一个正整数,指出输入数据所占列数
*	表示本输入项不赋给变量

例如:

```
scanf ("%d",&a);
```

该语句执行的操作是等待操作员输入数据,当操作员从键盘输入一个数据并按 Enter 键后,该数据将转换成整型数(因为指定了%d 格式)存放到 a 变量中。

若要为变量 b 输入单精度实数,可用如下语句:

```
scanf("%f",&b);
```

若要为变量 d 输入双精度实数,可用如下语句:

```
scanf("%lf",&d);
```

【例 3.7】 任意输入 3 个数,求它们的平均值,并输出结果。

```
/*c03_07.c*/
#include<stdio.h>
main()
{float x,y,z,ave;
 printf("Please input 3 numbers: \n");                 /*显示提示信息*/
 scanf("%f",&x);                                       /*输入实数给 x 变量*/
 scanf("%f",&y);                                       /*输入实数给 y 变量*/
 scanf("%f",&z);                                       /*输入实数给 z 变量*/
 ave=(x+y+z)/3.0;                                      /*计算平均值*/
 printf("x=%.2f  y=%.2f  z=%.2f\n ave=%.2f\n",x,y,z,ave);   /*输出结果*/
}
```

运行结果：

```
Please input 3 numbers:
12↲
34↲
567↲
x=12.00  y=34.00  z=567.00
ave=204.33
```

使用格式输入函数时，需要注意以下几点。

(1) 当输入一串数据时，要考虑分隔各个数据。

可以在一个 scanf()函数中输入多个数据，如上例中的 3 个 scanf()函数，可以用一个 scanf()函数完成。上例中的 3 个 scanf()函数可以改为：

```
scanf("%d %d %d ",&x,&y,&z);
```

执行该输入时，要连续输入 3 个整数，那么如何区分哪几位是一个数呢？有以下几种分隔方法。

① 可以用空格分隔各个数。

执行上边语句时，输入的 3 个数，可以用空格分隔，输入形式如下：

```
12  346  67↲
```

② 可以用 Enter 键分隔，输入形式如下：

```
12↲
34↲
567↲
```

③ 可以用 Tab 键分隔，输入形式如下：

```
12<Tab>  34<Tab>  567↲
```

注意：以%c 格式连续输入字符时，不能采用以上 3 种方式分隔字符。因为空格、Enter 键和 Tab 键都会作为有效字符输入给后边的变量。如对于下面的语句

scanf("%c%c", &x,&y);,若以空格作为分隔符,输入形式为:

```
d␣e↵
```

则结果 x 变量得到 d 字符,y 得到的是空格字符。若要使 x='d',y='e',正确的输入形式为:

```
de↵
```

④ 根据格式字符的含义来分隔数据。

当输入数据的类型与格式说明符不符时,系统就认为这一数据结束,后边的数据对应下一个输入项。

例如:

```
scanf("%d %c %f ",&a,&b,&c);
```

若输入数据如下:

```
1234G34.567↵
↑   ↑   ↑
%d  %c  %f
```

格式说明符与输入的数据之间的关系如上,输入的结果是:

```
a=1234  b='G'  c=34.567
```

⑤ 根据格式控制说明中指定的域宽(即 m 的值)来分隔数据。

例如:

```
scanf("%4d %2d %3f",&a,&b,&c);
```

若输入数据如下:

```
1234 56 7.89
↑    ↑   ↑
4d   2d  3f
```

格式说明符与输入的数据之间的关系如上,则输入结果是:

```
a=1234   b=56  c=7.8
```

注意:用域宽说明%mf 的格式输入,小数点要算一列。如上例中想以%3f 的格式输入实数 7.89,结果 c 只得到 7.8,这是因为 7.8 的域宽正好是 3 列。所以应将%3f 改为%4f,则可以使 c=7.89。

⑥ 使用自定义的分隔符。

C 语言允许输入数据时输入自加的分隔符(注意必须是非格式说明符)。这种情况下,用户输入数据时,必须输入自加的分隔符。

例如,若输入语句为:

```
scanf("%d,% d,%d",&a,&b,&c);
```

该输入函数的格式说明中,自加了逗号作为分隔符,则输入数据时,一定要用逗号分隔数据,否则会产生输入数据错误。正确的输入形式如下:

```
123,45,67↵
```

若scanf()函数的格式说明中没有,号,则不能用,号分隔数据。若还采用上边的输入形式,将产生输入错误。

例如:

```
scanf("a=%d b=%d c=%d",&a,&b,&c);
```

这里自加了一些普通字符作为分隔符,则输入数据时,普通字符按原样输入。正确的输入形式如下:

```
a=123 b=45 c=67↵
```

(2) 附加说明符 * 号的作用是抑制输入,即用 * 说明的输入项不给任何变量。

例如:

```
scanf("%3d %*2d %2d ",&a,&b);
```

若输入

```
1234567↵
   ↑
  %*2d
```

结果 a=123,b=67,而45不赋给变量。

(3) 与格式输出一样,格式输入中的格式说明符与后边的地址列表,在项数、次序和类型方面要一一对应。

(4) 格式输入函数的附加说明符中,不能用m.n的形式来试图说明输入数据的宽度和小数位数。即输入实数时,可以用域宽附加说明符m,不能用n。如%3f格式说明是正确的,但%3.2f的格式说明则是错误的。

习　题　3

3.1　请将下列十进制数用八进制数和十六进制数表示:

① 15　② 64　③ 75　④ −617

⑤ −111　⑥ 2484　⑦ −28 654　⑧ 2008

3.2　请写出给定数据25、−2以不同数据类型在内存中的存储形式。

数据类型	25	−2
int		
long		

续表

数据类型	25	−2
short		
char		
unsigned int		
unsigned short		

3.3 字符常量和字符串常量有什么区别?

3.4 下表给出了几个数据及相应的数据类型,当每行中的已定义数据类型的数据给其他数据类型赋值时结果如何?在空格处填上赋值后的结果。

int	char	unsigned	float	Long int
99				
	'd'			
		76		
			53.65	
				68
42				
				65 535

3.5 单项选择题

① 已知字母 A 的 ASCII 码为十进制 65,下面程序输出的是(　　)。

```
main()
{  char c1,c2;
   c1='A'+'5'-'3';
   c2='A'+'6'-'3';
   printf("%d,%c \n",c1,c2);
}
```

A. 67,D　　B. 67,C　　C. 68,D　　D. 68,C

② 设有下列变量定义和输入语句:

```
float a,b;
char c,d;
scanf("%c%c",&c,&d);
scanf("%f %f",&a,&b);
```

若分别为 a、b、c、d 输入 3.14、0.02、E、F,正确的输入形式是(　　)。

A. E,F↙
　3.14 0.02↙

B. E F↙
　3.14 0.02↙

C. EF↙
　3.14 0.02↙

D. EF↙
　3.14,0.02↙

③ 若 x、y 均为 double 型变量，则以下正确的是(　　)。

A. scanf("%lf %lf",&x,&y);　　B. scanf("%d%d",&x,&y);

C. scanf("%lf %lf",x,y);　　D. scanf("%f %f",&x,&y);

④ 若 x 为 char 型变量，y 为 float 型变量，x、y 均已有值，则以下正确的是(　　)。

A. printf("%c %c",x,y);　　B. printf("%c %f ",x,y);

C. printf("%c %s",x,y);　　D. printf("%f %d",x,y);

⑤ 在 scanf 函数的格式控制串中，格式说明符(　　)表示要输入一个有符号整数。在 printf 函数的格式控制串中，它表示要输出一个有符号整数。

A. %f　　B. %d　　C. %u　　D. %c

3.6 分析下列程序的运行结果。

①
```
#include<stdio.h>
main()
{  printf("A=%d\tB= %d\n",50,70);
   printf("A=%c\tB=%c\n",50,70);
   printf("%f %%,%- 8.2f,%10.2f\n",2.5,-6.8,1.2e3);
   printf("%d,%c \n",'a','b');
}
```

运行结果是________。

②
```
#include< stdio.h>
main()
{  int x, y, z;
   x=(y=(z=10)+5)-5;
   printf("x=%d,y=%d,z=%d\n", x,y,z);
   y=x+10;
   printf("x=%d,y=%d,z=%d\n",x,y,z);
}
```

运行结果是________。

③
```
#include < stdio.h>
main( )
{  char c1,c2;
   c1=97; c2='a';
   printf("c1=%c c1=%d \n", c1,c1);
   printf("c2=%c c2=%d\n", c2,c2);
}
```

运行结果是________。

④
```
#include <stdio.h>
main()
{  char  c1='a', c2='b', c3='c';
   char  c4='\101', c5='\116';
   char  c6='\x30',c7='\x41',c8='\x61';
```

```
    c1=c1+1;c2=c2-1;
    printf("H\tI\b\bJ   k" );
    printf("a%cb%c\t c%c\t abc\n", c1, c2, c3);
    printf("c4=%c  c5=%c\n", c4, c5);
    printf("c6=%c  c7=%c   c8=%c", c6, c7,c8);
}
```

运行结果是________。

⑤
```
#include <stdio.h>
main()
{   float a1,a2;
    double b1, b2;
    int c1, c2;
    unsigned intd1, d2;
    long f1, f2;
    a1=3.56; a2=- 6.123456789;
    b1=3456.98765; b2=- 6.123456789;
    c1=- 50; c2=32768;
    d1=- 50; d2=32768;
    f1=50000; f2=50000L;
    printf("a1=%f,a2=%f\na1=%8.10f,a2=%8.10f\na1=%e,a2=%e\n",a1,a2,a1,a2,
    a1,a2);
    printf("b1=%f,b2=%f\nb1=%8.10f,b2=%8.10f\nb1=%e,b2=%e\n",b1,b2,b1,b2,
    b1,b2);
    printf("c1=%d,c2=%d\n",c1,c2);
    printf("d1=%u,d2=%u\n",d1,d2);
    printf("f1=%ld,f2=%ld\n",f1,f2);
}
```

运行结果是________。

⑥
```
#include <stdio.h>
main()
{int  i,j;
float x, y;
i=4; j=5; x=4.0;
y=1.0+i/j+x+1.5;
printf("%f", y);
}
```

运行结果是________。

⑦
```
#include <stdio.h>
main()
{   int x,y,z;
    x=y=z=3;
    y=x+1; printf("%4d%4d\n",x,y);
    y=x-1; printf("%4d%4d\n",x,y);
    y=z+1; printf("%4d%4d\n",z,y);
```

```
    z=z+1; printf("%4d%4d\n",z,y);}
```

运行结果是________。

⑧
```
#include <stdio.h>
main()
{  int x,y,z;
   x=10;
   y=15;
   printf("before swap x=%d,y=%d\n",x,y);
   z=x;
   x=y;
   y=z;
   printf("after swap x=%d,y=%d\n",x,y);
}
```

运行结果是________。

⑨
```
#include "stdio.h"
main()
{  char c1,c2,c4,c3,c5;
   c1='a'; c2='b'; c3='c'; c4=' \101 '; c5=' \116 ';
   printf("a%c b%c c%c \tabc\n",c1,c2,c3);
   printf("\t\b%c %c",c4,c5);
}
```

运行结果是________。

第 4 章 chapter 4

运算符与表达式

本章要点：

- C 的运算符与表达式的概念。
- C 的各种运算符的使用方法及其优先级和结合性规律。

4.1 C 的运算符与表达式

4.1.1 运算符

运算符就是参与运算的符号，C 的运算符十分丰富，共有 34 种。如算术运算符＋、－、*、/、%（求余数），赋值运算符＝、关系运算符＞、＞＝、＜、＜＝、＝＝（等于）、!＝（不等于）和逻辑运算符!（逻辑非）、&&（逻辑与）、||（逻辑或）等。

有些运算符在使用时，两边各有一个操作数，如 c＝a＋b 中的＝和＋，这类运算符通常叫作双目运算符。有些运算符在使用时，只作用于一个操作数，如 a＋＋中的＋＋，这类运算符通常叫作单目运算符。有些运算符在使用时，需要有 3 个操作数，如 (a＞b)?a:b 中的条件运算符“?　:”，这类运算符通常叫作三目运算符。

4.1.2 表达式

表达式是由运算符、运算对象（又叫作操作数）和标点符号组成的，符合 C 语法规定的式子。它说明了一个计算过程。

表达式的值是根据某些约定、结合性及优先级规则进行计算的。C 语言规定了所有运算符的优先级和结合性。

其中约定是指数据类型转换的约定。

例如，

```
float  a;     /* 定义 a 为单精度型数据 */
a=5/2;        /* a 的结果是 2.000 000,而不是 2.500 000 */
```

优先级：指表达式中出现不同的运算符时，按运算符优先级由高到低的顺序运算。

结合性：指表达式中出现同等优先级的运算符时的运算顺序。

C 运算符的结合性分为左结合性和右结合性两种。左结合性是指运算对象(或称操作数)按自左向右的顺序进行运算;右结合性是指运算对象按自右向左的顺序进行运算。C 运算符的优先级顺序和结合性见附录 B。

4.2 算术运算符与算术表达式

1. 算术运算符

C 的算术运算符有+(加法运算符)、-(减法运算符)、*(乘法运算符)、/(除法运算符)和%(求余数运算符)。

这些运算符的含义都很简单,在 C 程序中十分常用。但是,在使用时要注意以下几点。

(1) 参加+、-、*、/ 运算的两个操作数中,若有一个为实数,则运算结果的数据类型是 double 型。

(2) 两个整数相除的结果仍为整数。

例如,7/4 的结果为 1,舍去小数部分。而-7/3 的结果为-2,舍去负的小数部分,向 0 的方向取整。

(3) 求余运算符%只能作用于整型数据,是求两个整数相除的余数。

例如,7%4 的结果为 3。

2. 算术运算符的优先级和结合性

算术运算符的优先级是先乘除、求余,后加减。

算术运算符的结合性是左结合性,即操作数按自左向右的顺序运算。

例如,表达式 a+b*c/d-e 的运算顺序是:先*,后/,再+,最后-。

3. 算术表达式

算术表达式是用算术运算符和括号将运算对象连接起来,符合 C 语法规定的式子。

例如,(a+b)*c-d/f 是一个合法的 C 算术表达式。

4.3 强制类型转换运算符

强制类型转换运算符的一般形式是:

```
(类型名)(表达式)
```

它的作用是将一个表达式的值,强制转换成所需要的数据类型。

例如,

```
(int)(x);            /* 将 x 的值强制转换成整型数据类型 */
```

```
(float)(x+y);    /*将 x+y 的值强制转换成 float 型*/
(double)(a*b);  /*将 a*b 的值强制转换成 double 型*/
```

在使用强制类型转换运算符时要注意：强制转换的数据类型名和表达式一定要用圆括号括起来，否则会出现预想不到的结果。

【例 4.1】 分析下面程序的运行结果。

```
/*c04_01.c*/
#include<stdio.h>
main()
{  float a=3.6,b=2.6;
   int m,k;
   m=(int)(a+b);
   k=(int)a+b;
   printf ("%d,%d",m,k);
}
```

程序运行结果为：

```
6,5
```

程序分析：程序中的 m=(int)(a+b);语句，是把 a+b=6.2 的值强制转换成整型数据类型，因此，m 的值是 6。而 k=(int)a+b;语句，是把 a=3.6 的值强制转换成整型数据类型，转换后结果是 3，然后再将与 b 的值相加的结果 5.6 赋值给 k。由于 k 是整型变量，因此，k 得到的值是 5(舍去小数部分)。所以，程序运行结果为 6,5。

从上面的例程可以看出，C 表达式的值有两种类型转换：一种是强制类型转换，使用强制类型转换运算符来实现。另一种是在表达式赋值运算时，C 编译系统根据所包含的数据类型，由系统自动进行的类型转换。例如，例 4.1 中的 k=(int)a+b;，其中(int)a+b 的值自动转换为 float 型，赋值给 k 时，又自动转换为整型。

4.4 增量运算符与增量表达式

1. 增量运算符

增量运算符有++(自增运算符)、--(自减运算符)。

它们的作用是使变量的值增 1 或减 1。

例如，执行下面两条语句：

```
int a=6,b;
b=++a;
```

变量 a 的值增 1 后为 7，并赋值给变量 b。

增量运算符有如下两种使用形式。

(1) 前增量运算。

例如：

```
++x;  或  --x;
```

表示先进行自增1或自减1运算，然后使用变量x的值。

```
int a=6,b;
b=++a;
printf("%d,%d\n",a,b);
```

变量a的值增1后为7，并赋值给变量b。输出结果为7,7。

(2) 后增量运算。

例如：

```
x++;  或  x--;
```

表示先使用变量x的值，然后进行自增1或自减1运算。

```
int a=6,b;
b=a++;
printf("%d,%d\n",a,b);
```

变量a的值先赋值给变量b，然后自增1为7。输出结果为7,6。

可见，前增量运算和后增量运算并非完全等价。使用时要注意以下几点。

(1) 增量运算符只能作用于变量，而不能作用于常量或表达式。

例如，++3和(a−b)++都是不合法的。

(2) 增量运算符只能作用于整型变量、字符型变量或指针型变量，不能作用于实型变量。

(3) 在使用增量运算符时，语意要十分清晰，要避免误解而出现错误。

例如，表达式a+++b，其运算顺序是(a++)+b还是a+(++b)呢？

C编译系统在处理运算符、标识符或关键字时，是尽可能多地自左向右将若干字符组成一个运算符、标识符或关键字，所以表达式a+++b的运算顺序是(a++)+b。为避免误解，在书写时，要写成(a++)+b的形式。

又例如，表达式(a++)+(a++)，若a的初值是5，有的编译系统的运算顺序是先取左边括号a的值5，并自增1，a的值为6；再取右边括号a的值6，并自增1，a的值为7；最后进行加法运算，结果为5+6=11。而有的编译系统如Turbo C的运算顺序是先取左右两边括号a的值5，然后进行加法运算，结果为5+5=10，最后a自增两次1，值为7。所以，上面表达式若希望结果为11，可以写成下面的形式：

```
k=a++;
m=a++;
b=k+m;
```

若希望结果为10，可以写成下面的形式：

```
b=a+a;
```

```
a++;
a++;
```

2. 增量运算符的优先级和结合性

增量运算符的优先级是高于算术运算符的优先级的。

例如,表达式a*++b的运算顺序是:先对b做自增++运算,后进行a与b的*运算。

增量运算符的结合性是:右结合性,即操作数按自右向左的顺序运算。

例如,表达式-a++按右结合性,相当于-(a++),即若a的初值为5,先进行增量运算取a的值5,表达式的值即为-5,a的值自增1为6。

3. 增量运算表达式

增量运算表达式是指用增量运算符和括号将运算对象连接起来,符合C语法规定的式子。例如,a+(b++)是一个合法的C增量表达式。

4.5 赋值运算符与赋值表达式

1. 赋值运算符

赋值运算符为=,它的作用是将一个数据(或者一个表达式的值、一个变量的值)赋值给一个变量。

例如,

```
a=5;
a=b+c*4;
```

在赋值运算时,当左边变量的数据类型与右边数值的类型不一致时,如何实现赋值呢?这涉及赋值运算的类型转换,这种转换是由C编译系统自动完成的。转换的原则是:以赋值运算符=左边变量的数据类型为准,将右边表达式的值转换为左边变量的数据类型进行赋值。

【例4.2】 分析下列程序在赋值运算时数据类型转换的运行结果。

```
/*c04_02.c*/
#include<stdio.h>
main()
{
    int    b,a=3;                    /*定义一个整型变量a,并初始化为3*/
    float  f1=35.6,f2;               /*定义两个实型变量f1、f2,并初始化f1为35.6*/
    double lf=123456789.123456789;/*定义一个双精度实型变量并初始化*/
    char   c1='a';                   /*定义一个字符型变量c1,并初始化为'a'*/
    printf("变量的初始值分别是:\n");
    printf("a=%d,f1=%f,lf=%f,c1=%c\n",a,f1,lf,c1);
```

```
    f2=a;                          /* 将整型变量 a 的值赋值给实型变量 f2 */
    a=f1;                          /* 将实型变量 f1 的值赋值给整型变量 a */
    f1=lf;                         /* 将双精度实型变量 lf 的值赋值给实型变量 f1 */
    c1=a;                          /* 将整型变量 a 的值赋值给字符型变量 c1 */
    printf ("转换后,输出结果是:\n");
    printf ("a=%d,f1=%f,f2=%f,c1=%c\n",a,f1,f2,c1);
}
```

变量的初始值分别是：

```
a=3,f1=35.599 998,lf=123 456 789.123 457,c1=a
```

转换后，输出结果是：

```
a=35,f1=123 456 792.000 000,f2=3.000 000,c1=#
```

从上面程序的运行结果可以看到：

① 当一个 int 型数据赋值给一个 float 型或 double 型变量时，用 0 补充有效位数字，其数值不变。如 f2 的值。

② 当一个 float 型或 double 型数据赋值给一个 int 型变量时，将舍弃实数的小数部分，将整数部分赋值给 int 型变量。如 a=f1;。

③ 当一个 double 型数据赋值给一个 float 型变量时，将截取 double 型数据的前 7 位有效数字，然后赋值给 float 型变量。如 f1=lf;将截取 123 456 789.123 456 789 的前 7 位有效数字 1 234 567 赋值给 float 型变量 f1，结果 f1=123 456 792.000 000，第 8 位后的数字是不可靠的。

④ 当一个 int 型数据赋值给一个 char 型变量时，将截取 int 型数据的低 8 位(即最低一个字节)，然后赋值给 char 型变量。如 c1=a;c1 的值为 35，它所表示的字符是 #。

2. 复合赋值运算符

复合赋值运算符是在=之前加上其他运算符。

复合赋值运算符共有以下 10 种：+=，-=，*=，/=，%=，<<=，>>=，&=，∧=，|=。

例如，

```
a+=3;          等同于 a=a+3;
x/=y+2;        等同于 x=x/(y+2);
```

3. 赋值表达式

由赋值运算符将一个变量和一个数值或一个表达式连接起来的式子称为赋值表达式，其作用是为变量赋值。赋值表达式常常作为赋值语句，用于顺序结构的程序设计中。

例如，

```
a=6+5*b;
```

```
b * =5;
x=y=6;
```

都是赋值表达式。

4. 赋值运算符的优先级和结合性

赋值运算符的优先级较低,仅高于逗号运算符的优先级。

赋值运算符的结合性是右结合性,即操作数按自右向左的运算顺序。

例如,

```
x+ = x * = x= 5;
```

此赋值表达式的运算顺序是自右向左先进行 x=5 的运算;再进行 *=的运算,x=x * 5=5 * 5=25;然后进行+=的运算,x=x+25=25+25=50。

在使用赋值表达式时要注意以下几点。

(1) 在赋值运算符左边的量(通常称为左值)必须是变量,不能是常量或表达式。

例如,

```
int a,b;
a=b;b=8;
```

是正确的赋值表达式。

```
6=a;a+b=14;
```

都是错误的。

(2) 赋值运算可以连续进行。

例如,

```
a=b=c=0;
```

(3) 赋值表达式的值等于右边表达式的值,而结果值的类型由左边变量的类型决定。

【例 4.3】 分析以下程序的运行结果。

```
/* c04_03.c */
#include<stdio.h>
main()
{  int  x=2,y,z;
   x * =4+5;
   printf("(1) x=%d\n",x);
   x * =y=z=4;
   printf("(2) x=%d\n",x);
   x=y=1;
   z=(x++)-1;
   printf("(3) x=%d,z=%d\n",x,z);
   z=x++ * ++y;
   printf("(4) x=%d,y=%d,z=%d\n",x,y,z);
}
```

程序的运行结果为：

```
(1) x=18
(2) x=72
(3) x=2,z=0
(4) x=3,y=2,z=4
```

4.6 逗号运算符与逗号表达式

1. 逗号运算符

逗号运算符为“,”,它的作用是将逗号两边的表达式顺序求值,因此,逗号运算符又称为顺序求值运算符。

2. 逗号表达式

逗号表达式是指用逗号运算符把两个表达式连接起来的式子。

逗号表达式的一般形式是：

```
表达式 1,表达式 2
```

逗号表达式的计算过程是先计算表达式 1 的值,然后计算表达式 2 的值。整个逗号表达式的值等于表达式 2 的值。

例如,

```
int a=5,b;
b=a+5,a+8;
```

上面例子中变量 b 的值是 10,整个逗号表达式的值是 13。

又如：

```
x=3+6,x/3;
```

此逗号表达式的值为 3。计算过程是先计算 x＝3＋6 的值为 9,再计算 x/3 的值为 3,整个逗号表达式的值为 3。

逗号表达式的扩展形式是：

```
表达式 1,表达式 2,…,表达式 n
```

它的执行过程是先计算左边表达式 1 的值,然后按从左到右的顺序依次计算表达式 2 的值,……,表达式 n 的值。而整个逗号表达式的值等于其中最右边表达式 n 的值。

例如,逗号表达式 x＝2＋3,x＊4,x＋5 的值等于 10。它的计算过程是先计算左边表达式 x＝2＋3 的值为 5;再计算表达式 x＊4 的值为 5＊4＝20;然后计算表达式 x＋5 的值为 5+5=10。整个逗号表达式的值等于最右边表达式的值 10。

逗号表达式常常出现在 for 语句中,用于循环结构的程序设计。

3. 逗号运算符的优先级和结合性

逗号运算符的优先级是所有运算符中优先级别最低的。

逗号运算符的结合性是左结合性,即按自左向右的运算顺序。

4.7 关系运算符与关系表达式

1. 关系运算符

C 语言的关系运算符有 6 个:>(大于)、>=(大于或等于)、<(小于)、<=(小于或等于)(前 4 种关系运算符优先级相同)、==(等于)和!=(不等于)(后两种关系运算符优先级相同)。

关系运算符的作用是比较两个操作数(或叫运算分量)间的大小关系。

例如,a>b 是比较 a 是否大于 b。x==y 是比较 x 是否等于 y。

2. 关系运算符的优先级和结合性

前 4 种关系运算符的优先级相同,后两种关系运算符优先级相同,而且前 4 种关系运算符的优先级高于后两种运算符的优先级。

关系运算符的优先级整体低于算术运算符,但是高于赋值运算符。

例如,

```
a+b<c+d;      等效于(a+b)<(c+d);
a==b<=c;      等效于 a==(b<=c);
a=b>=c;       等效于 a=(b>=c);
```

关系运算符的结合性是左结合性,即按自左向右的运算顺序。

例如,

```
a<b>c;        等效于(a<b)>c;
```

上式中的 a+b<c+d;等效于 (a+b)<(c+d);即先计算 a+b 的值,再计算 c+d 的值,最后比较两个值的大小。

3. 关系表达式

关系表达式是用关系运算符将两个运算分量连接起来的式子。

关系表达式的含义是比较两个运算分量之间的大小关系是否成立,因此,关系表达式的值是一个逻辑值。如果表达式所指定的关系成立,得到的逻辑值是“真”;如果表达式所指定的关系不成立,得到的逻辑值是“假”。

例如,关系表达式 5==3 的值是逻辑“假”。关系表达式 5>=3 的值是逻辑“真”。

C语言中没有表示逻辑“真”和逻辑“假”的逻辑型数据。因此,逻辑值借用数值型数据来表示,以数值0表示逻辑“假”,以数值1表示逻辑“真”。

例如,关系表达式5==3的值是0,表示逻辑“假”。关系表达式5>=3的值是1,表示逻辑“真”。

关系表达式常常出现在选择结构或循环结构的语句中,用于判断选择的条件或循环的条件是否成立,从而确定程序的执行流程。

【例4.4】 分析下面程序的运算结果。

```
/*c04_04.c*/
#include<stdio.h>
main()
{  int a,b,c;
   a=b=c=10;
   a=b==c;
   printf("a=%d,b=%d,c=%d\n",a,b,c);
   a=(b=c++*2);
   printf("a=%d,b=%d,c=%d\n",a,b,c);
   a=b>c>=100;
   printf("a=%d,b=%d,c=%d\n",a,b,c);
}
```

程序分析:程序中三个整型变量的初值都为10,执行a=b==c;语句后,由于关系运算符==的优先级高于赋值运算符=,因此该语句相当于a=(b==c);,b==c的逻辑值为“真”,结果a的值为1。第一条输出语句的输出为a=1,b=10,c=10。执行a=(b=c++*2);语句后,b的值为10(c增量前的值)乘2,结果为20,a的值也为20,c的值自增1后为11。第二条输出语句的输出为a=20,b=20,c=11。执行a=b>c>=100;语句时,执行顺序相当于a=((b>c)>=100);,b>c的逻辑值为“真”,(b>c)>=100的逻辑值为“假”,因此,a的值为0。第三条输出语句的输出为a=0,b=20,c=11。

程序运行结果为:

```
a=1,b=10,c=10
a=20,b=20,c=11
a=0,b=20,c=11
```

4.8 逻辑运算符与逻辑表达式

1. 逻辑运算符

C语言中逻辑运算符有3个:!(逻辑“非”)、&&(逻辑“与”)、||(逻辑“或”)。它们的作用是对运算分量进行逻辑运算。其中,“!”是单目运算符,只作用于一个运算分量。而&&和||是双目运算符。这3种逻辑运算的真值表如表4.1所示。

表 4.1　逻辑运算的真值表

x	y	!x	x&&y	x || y
真	真	假	真	真
真	假	假	假	真
假	真	真	假	真
假	假	真	假	假

例如，x&&y 是将 x 和 y 进行逻辑与运算。x||y 是将 x 和 y 进行逻辑或运算。!x 是将 x 进行逻辑取反运算。

2. 逻辑运算符的优先级和结合性

逻辑“非”的优先级高于逻辑“与”，逻辑“与”的优先级高于逻辑“或”。

逻辑“非”的优先级高于算术运算符，而逻辑“与”和逻辑“或”的优先级低于关系运算符。

例如，

```
a>b && c<d      等效于(a>b)&&(c<d)
!x+1||y<=z      等效于((!x)+1)||(y<=z)
```

逻辑运算符的结合性：运算符逻辑“非”的结合性是右结合性，而逻辑“与”和逻辑“或”的结合性是左结合性。

3. 逻辑表达式

逻辑表达式是用逻辑运算符将若干运算分量连接起来的式子。

逻辑表达式的值是一个逻辑值，逻辑运算的结果不是“真”就是“假”。由于 C 语言借用数值型数据来表示逻辑值，以数值 1 表示逻辑“真”，以数值 0 表示逻辑“假”。因此，逻辑运算的值不是 1 就是 0。

例如，表达式 5>3&&8<10 的逻辑值是 1，表示逻辑“真”。

在逻辑表达式中，参与逻辑运算的运算分量如果是关系表达式或逻辑表达式，那么运算分量的值就是一个逻辑值，它们可以直接参与整个逻辑表达式的逻辑运算。但是，如果参与逻辑运算的运算分量是算术表达式(或其他结果为数值型数据的表达式)时，那么，如何确定这些运算分量的逻辑值呢?

C 编译系统规定，若参与逻辑运算的运算分量的结果是数值 0，那么，该运算分量的逻辑值为“假”；若参与逻辑运算的运算分量的结果是非 0 的数值，那么，该运算分量的逻辑值为“真”。这就意味着，参与逻辑运算的运算分量可以是任何数据类型的数据。

例如，5&& 2<3－!0　结果是假。

该逻辑表达式等价于(5)&&(2<(3－(!0)))，其计算过程是：首先计算!0 的值为 1(表示逻辑“真”)，然后计算 3－(!0)的值为 2，再计算 2<(3－(!0))的值为 0(表示逻辑

“假”),最后计算(5)&&(2<(3-(!0))),运算分量5的逻辑值为“真”,因此,该逻辑表达式相当于“真 && 假”,其值为0(表示逻辑“假”)。

在计算逻辑表达式的值时,需要注意:在逻辑表达式的求解中,并非所有的逻辑运算都被执行。实际上,一旦前面的运算分量的逻辑值就能确定整个逻辑表达式的值时,就不再执行后面的运算。

例如,如果x=y=z=1;,则表达式++x||++y||++z的值是1(表示逻辑真)。

计算结果x、y和z的值分别是2,1,1。

因为按照C运算符的优先级和结合性,该表达式等价于(++x)||(++y)||(++z),先计算++x的值为2(逻辑值为真),因此,可以确定整个逻辑表达式的逻辑值为“真”(值为1)。这里只执行了运算分量++x的运算,就能确定整个逻辑表达式的逻辑值,因此++y和++z就不再执行了。

例如,如果x=y=z=1;,则表达式--x&&--y&&--z的值是0(表示逻辑“假”)。

计算结果x、y和z的值分别是0,1,1。

因为按照C运算符的优先级和结合性,该表达式等价于(--x)||(--y)||(--z),先计算--x的值为0(逻辑值为“假”),因此,可以确定整个逻辑表达式的逻辑值为“假”(值为0)。这里只执行了运算分量--x的运算,就能确定整个逻辑表达式的逻辑值,因此--y和--z就不再执行了。

逻辑表达式也常常出现在选择结构或循环结构的语句中,用于判断选择的条件或循环的条件是否成立,从而确定程序的执行流程。

4.9 条件运算符与条件表达式

1. 条件运算符

条件运算符为“?:”。

条件运算符是C语言中唯一的三目运算符(即作用于3个运算分量)。

2. 条件表达式

条件表达式是由条件运算符组成的表达式。

条件表达式的一般形式是:

```
表达式1? 表达式2: 表达式3
```

其含义是:判断表达式1的条件是否成立,若成立,则取表达式2的值作为整个条件表达式的值;若不成立,则取表达式3的值作为整个条件表达式的值。

条件表达式的执行顺序是:先计算表达式1的值,若值为非0(表示逻辑“真”),则计算表达式2的值,并将表达式2的值作为整个条件表达式的值;若表达式1的值为0(表示逻辑“假”),则计算表达式3的值,并将该表达式3的值作为整个条件表达式的值。

例如,

```
max=(x>y)? x: y;
```

表示如果x>y的条件成立,则取x的值给max;如果x>y不成立,则取y的值给max。该表达式的含义是将x和y之间的最大值赋给max。

例如,

```
min=(x<y)?x: y;
```

的含义是取x和y之间的最小值赋给min。

3. 条件运算符的优先级和结合性

条件运算符的优先级高于赋值运算符和逗号运算符,但低于其他运算符的优先级。

例如,

```
(a>b)?a: b+1;   等效于   (a>b)? a: (b+1);
```

条件运算符的结合性是右结合性,即自右向左的运算顺序。

例如,

```
max=(x>y)?x: (y>z)? y: z
```

相当于max=(x>y)? x:((y>z)? y:z)。

4.10 位运算符和位运算

1. 位运算符

在C语言中,位运算符有6个:&(按位与运算)、|(按位或运算)、~(按位取反运算)、∧(按位异或运算)、<<(左移1位运算)、>>(右移1位运算)。其中,~是单目运算符,其余是双目运算符。

2. 位运算

位运算符的含义是按运算分量的二进制位进行运算。位运算的结果如表4.2所示。

表4.2 位运算的结果

二进制位x	二进制位y	x&y	x | y	x∧y	~x
0	0	0	0	0	1
0	1	0	1	1	1
1	0	0	1	1	0
1	1	1	1	0	0

位运算符的运算分量只能是整型或字符型数据，不能是实型或其他类型的数据。它们的作用是按二进制位一位一位地进行运算，相邻位之间不发生联系，即没有“进位”和“借位”的问题。

例如，10&9 的值是 8。

```
        00001010
(&)     00001001
————————————————
        00001000
```

10|9 的值是 11。

```
        00001010
(|)     00001001
————————————————
        00001011
```

10∧9 的值是 3。

```
        00001010
(∧)     00001001
————————————————
        00000011
```

～9 的值是 246。

```
(～)    00001001
————————————————
        11110110
```

9<<2 的值是 36。9<<2 是将 9 的各二进制位(00001001)左移 2 位，结果为 00100100，其十进制数值为 36。

9>>2 的值是 2。9>>2 是将 9 的各二进制位(00001001)右移 2 位，结果为 00000010，其十进制数值为 2。

3. 位运算符的优先级和结合性

(1) ～运算符的优先级与逻辑“非”运算符同级，高于算术、关系、逻辑和其他位运算符。

(2) <<和>>运算符的优先级低于算术运算符，高于关系运算符。

(3) &、∧和|运算符的优先级依次为从高到低，但三者都高于逻辑运算符 &&，而低于关系运算符。

～运算符的结合性是右结合性，其余位运算符的结合性是左结合性。

在使用位运算符时，要注意与逻辑运算之间的区别。

(1) 位运算是按位计算其运算分量的二进制位数值，其运算分量是整型数据，运算结果也是整型数值；而逻辑运算是判断整个表达式的逻辑值，其运算分量可以是整型或实型数据，而运算结果不是 1 就是 0，表示逻辑“真”或逻辑“假”。

(2) 位运算符 &、∧、| 所作用的两个运算分量是可以交换顺序的；而逻辑运算符 && 和||所作用的两个运算分量是不可以交换顺序的。

C 语言中，位运算符与赋值运算符可以组成复合赋值运算符，如在 4.5 节中介绍的<<=、>>=、&=、∧=和|=，都是位运算符与赋值运算符组成的复合赋值运算符。

例如,若 a=5,那么 a&=6,相当于 a=a&6,结果 a 的值为 4。a<<=1,相当于 a=a<<1,结果 a 的值为 10。

【例 4.5】 将一个正整数 a 进行右循环移 n 位。

分析:一个正整数可以表示为一个无符号的整型数据,它包含两个字节(16 个二进制位),先将 a 左移 16−n 个位,再将 a 右移 n 个位,最后将这两个数据进行位或运算,结果得到右循环移 n 位的值。程序如下:

```
/*c04_05.c*/
#include<stdio.h>
main()
{  unsigned short a,b,c;
   int n;
   printf ("输入一个正整数和右循环移位数:");
   scanf ("a=%o,n=%d",&a,&n);
   b=a<<(16-n);
   c=a>>n;
   c=b|c;
   printf("%o\n%o\n",a,c);
}
```

程序的运行结果为:

```
输入一个正整数和右循环移位数:a=157 653,n=3
157 653
75 765
```

思政 4

4.11 其他运算符

上面所述的运算符,都是作用于常用数据类型的运算符,除了上述运算符之外,C 语言还提供了作用于其他数据类型的运算符,其中一些运算符在以后章节的学习中会逐渐使用到,下面只做简单介绍。

1. 求字节数运算符 sizeof

sizeof 运算符的作用是计算某种数据类型或表达式的值所属数据类型在内存中所占的字节数。它的语法形式是:

```
sizeof(数据类型名)
```

或者

```
sizeof(表达式)
```

注意：在使用时，该运算符并不对括号中的表达式求值。

例如，sizeof(float)的计算结果值是 4。

2. 负号运算符

负号运算符－是单目运算符，其作用是取其运算分量的负值。

3. 地址运算符

地址运算符 & 的作用是取其运算分量的地址。该运算符为单目运算符。

4. 指针运算符

指针运算符 * 是地址运算符的逆运算，其作用是定义指针变量，或取其运算分量所指向的内存单元的内容。该运算符为单目运算符，其运算分量为指针或指针变量。

5. 圆括号运算符

圆括号运算符()位于函数名后面，其作用是标识函数。

6. 下标运算符

下标运算符[ ]的作用是定义数组，或表示数组元素的下标。

7. 指向结构体成员运算符

指向结构体成员运算符－>的作用是通过结构体指针引用结构体变量中的数据成员。

8. 结构体成员运算符

结构体成员运算符“·”的作用是通过结构体变量引用结构体变量中的数据成员。

其中，后 4 种运算符的优先级在所有运算符中是最高的。

习　题　4

4.1　单项选择题

① 在 C 语言中，逻辑值“真”用(　　)表示。

A. True　　B. 大于 0 的数　　C. 非 0 整数　　D. 非 0 数

② 在下列逻辑运算符中，运算优先级从高到低依次为(　　)。

A. &&、!、||　　B. ||、&&、!　　C. &&、||、!　　D. !、&&、||

③ 与代数式$\sqrt{\frac{xy}{uv}}$不等价的 C 语言表达式是(　　)。

A. sqrt(x * y/u * v)　　B. sqrt(x * y/u/v)

C. sqrt(x * y/(u * v))　　D. sqrt(x/(u * v) * y)

④ 若有定义 int a=15,b=7,c;,执行语句 c=a/b+0.8;,则 c 的值为(　　)。

A. 2.8　　B. 12.8　　C. 2　　D. 2.9

⑤ 已知 int y,x=-3;,执行语句 y=x%2;后,变量 y 的结果是(　　)。

A. 1　　B. -1　　C. 0　　D. 语法本身有错误

⑥ 若变量 a 为 int 型,并执行了语句 a='A'+2.8;,则以下叙述正确的是(　　)。

A. a 的值是浮点值　　B. a 的值是 67.8

C. 不允许字符型和浮点型相加　　D. a 的值是字符'A'的 ASCII 码值加上 2

⑦ 执行 x=5>1+2&&2||2*4<4-!0 后,x 的值是(　　)。

A. -1　　B. 0　　C. 1　　D. 5

⑧ 已知 char c='A';int i=1,j;,执行语句 j=!c&&i+1;后,i 和 j 的值分别为(　　)。

A. 1,1　　B. 1,0　　C. 2,1　　D. 2,0

⑨ 能满足当 x 为偶数时值为"真",为奇数时值为"假"的表达式是(　　)。

A. X%2==0　　B. !x%2!=0　　C. x/2==0　　D. x%2

⑩ 已知 m、n、a、b、c、d 均为 0,则运行语句(m=a==b)||(n=c==d)后,m 和 n 的值是(　　)。

A. 0,0　　B. 0,1　　C. 1,0　　D. 1,1

⑪ 以下程序段的输出结果是(　　)。

```
int a=2,b=3,c=4,d=5;
int m=2,n=2;
a=(m=a>b)&&(n=c>d)+5;
printf("%d",a);
```

A. 0　　B. 1　　C. 2　　D. 5

⑫ 已知 int j,i=1;,执行语句 j=-i++;后 i 的值是(　　)。

A. 1　　B. 2　　C. -1　　D. -2

⑬ 已知 int i,a;,执行语句 i=(a=2*3,a*5),a+6;后,变量 i 的值是(　　)。

A. 6　　B. 12　　C. 30　　D. 36

⑭ 以下程序的输出结果是(　　)。

```
voidmain()
{  int a,b,c=241;
   a=c/100%9;
   b=-1&&-1;
   printf("%d,%d",a,b);
}
```

A. 2,0　　B. 2,1　　C. 6,1　　D. 0,-1

⑮ 已知 x=3,y=2,则表达式 x*=y+8 的值是(　　)。

A. 3　　B. 2　　C. 30　　D. 10

⑯ 执行以下语句后,a 和 b 的值分别是(　　)。

```
inta,b;
    a=1+(b=2+7%-4-'A');     //已知'A'的 ASCII 码值是 65
```

A. −63,−64　B. −59,−60　C. 1,−60　D. 79,78

⑰ 假设所有变量均为 int 型变量,则表达式(a=2,b=5,b++,a+b)的值为(　　)。

A. 7　B. 8　C. 6　D. 2

⑱ 设以下变量均为 int 型,则值不等于 7 的表达式是(　　)。

A. (x=y=6,x+y,x+1)　B. (x=y=6,x+y,y+1)

C. (x=6,x+1,y=6,x+y)　D. (y=6,y+1,x=y,x+1)

⑲ 已有定义语句:int x=3,y=4,z=5;,则值为 0 的表达式是(　　)

A. x>y++　B. x<=++y　C. x!=y+z>y−z　D. y%z>=y−z

⑳ 下列选项中,不正确的赋值语句是(　　)。

A. c=(a=1,b=2);　B. k=i=j;

C. a=a+b=5;　D. n1=(n2=(n3=0));

㉑ 若有条件表达式 x?a++:b−−;,则以下表达式中能完全等价于表达式 x 的是(　　)。

A. (x==0)　B. (x!=0)　C. (x==1)　D. (x!=1)

㉒ 已知各变量的类型说明如下:

```
int i=8,k,a,b;
unsigned long w=5;
double x=1.42,y=5.2;
```

则以下符合 C 语言语法的表达式是(　　)。

A. a+=a−=(b=4)*(a=3)　B. a=a*3=2

C. x%(−3)　D. y=float(i)

㉓ 在下列选项中,不合法的赋值语句是(　　)。

A. i++;　B. i+=8;　C. k=(int)x+5;　D. a+b=c;

㉔ 设 int x=10;,执行表达式 x+=x−=x*=x 后,x 的值为(　　)。

A. 10　B. 20　C. 40　D. 0

㉕ 如果 int a=1,b=2,c;,执行表达式 c=a/b;后,c 的值为(　　)。

A. 0　B. 1/2　C. 0.5　D. 1

㉖ 如果 int a=0,b=0,c=0;,执行下面两条语句后, 输出值为(　　)。

```
c=(a-=a-3),(a=b,b+5);
printf ("%d,%d,%d\n",a,b,c);
```

A. 3,0,−10　B. 0,0,3　C. −10,3,−10　D. 3,0,3

㉗ 如果 int a=8,b=8;,执行语句 printf("%d,%d\n",a−−,−−b);的输出结果为(　　)。

A. 8,7　B. 8,8　C. 7,7　D. 7,8

㉘ 如果 int a=10;,执行语句 printf("%d\n",(a=5*6,a*4,a+5));的输出结果

为(　　)。

A. 30　　B. 125　　C. 35　　D. 120

㉙ 执行语句 printf("%d\n",!9);的输出结果为(　　)。

A. 0　　B. 1　　C. −9　　D. 有错不能执行

㉚ 如果 a 是正整数,不能正确表示数学关系 10<a<15 的关系表达式是(　　)。

A. 10<a<15

B. a==11 || a==12 || a==13 || a==14

C. a>10&&a<15

D. !(a<=10)&&!(a>=15)

㉛ 如果 int a=3,b=4,c=5;,则逻辑表达式!(a+b)+c−1&&b+c/2 的值是(　　)。

A. −1　　B. 0　　C. 1　　D. 2

㉜ 如果 int a=3,b=4,c=5;,则下列表达式中值为 0 的逻辑表达式是(　　)。

A. a&&b　　B. a<=b

C. a || b+c&&b−c　　D. !((a<b)&& !c || 1)

4.2　填空题

① 对公式 $y=x^2+6x-9$ 的正确 C 语言表达式为________。

② 已知 int i,a=3;则执行语句 i=2*a,a*5,a　=6;后,变量 i 的值为________。

③ 已知有 double a=5.5,b=2.5;,则表达式(int)b−a/a 的值为________。

④ 对公式 $y=\begin{cases}1 & a^2+b^2<r\\0 & a^2+b^2\geqslant r\end{cases}$ 的正确 C 语言表达式为________。

⑤ 设有语句 int x=10; x+=3+x%3;,则执行该语句后 x 的值为________。

⑥ 定义 int i=1;执行语句 while(++i<6); 后,i 的值为________。

⑦ 设 int x=6; 则执行 printf("%d\n", (x+=x*=x, x++));语句后程序的输出结果为________。

⑧ 设有以下变量定义和输入语句:

```
int a,b;
scanf("%d, %d",&a,&b);
```

若分别为 a、b 输入 25 和 36,正确的输入形式是________。

⑨ 已知 int x=99,y=9;,若使程序的输出结果形式为 x/y=11,则输出语句应写成 printf("________",x/y);。

⑩ 程序段:int x=10; printf("%.2f",x);的输出结果是________。

⑪ 设有如下定义:int x=10, y=3,z;则语句 printf("%d\n",z=(x%y,x/y)*3);输出的结果是________。

⑫ 设 a=2,b=3,x=3.5,y=2.5,则表达式(float)(a+b)/2+(int)x%(int)y 的结果是________。

⑬ 设 x、y 都是 int 型变量,初值都为 1,则执行表达式:−−x&&y++后,y 的值

为________。

⑭ 若 x、i、j、k 都是 int 型变量，则计算表达式 x=(i=4,j=16,k=32)后，x 的值为________。

⑮ 若有定义：int b=7;float a=2.5,c=4.7;则表达式 a+(int)(b/3*(int)(a+c)/2)%4 的值为________。

⑯ 若有定义：int a=2,b=3;float x=3.5,y=2.5;则表达式(float)(a+b)/2+(int)x%(int)y 的值为________。

⑰ 若有定义：char c='\010';则变量 c 中包含的字符个数为________。

⑱ 若有定义：int x=3,y=2;float a=2.5,b=3.5;则表达式(x+y)%2+(int)a/(int)b 的值为________。

⑲ 若 x 和 n 均是 int 型变量，且 x 和 n 的初值均为 5，则执行 x+=n++;语句后 x 和 n 的值分别为________。

⑳ 判断整型变量 a、b 均不为 0 的逻辑表达式为________。

4.3 阅读程序题，写出下面程序的运行结果。

①
```
#include "stdio.h"
main()
{   int x,y;
    x=13;
    y=5;
    printf("%d",x%=(y/=2));
}
```

②
```
#include "stdio.h"
main()
{   printf("%d,%d,%d,%d\n",1+2,5/2,-2*4,11%3);
    printf("%.5f,%.5f,%.5f\n",1.+2.,5.12,-2.*4);
}
```

③
```
#include "stdio.h"
main()
{   int x=2,y=4,z=40;
    x*=3+2;
    printf("%d",x);
    x=y=z;
    printf("%d\n",x);
}
```

④
```
#include <stdio.h>
main()
{   int x,y,z;
    x=1;y=2;z=3;
    x=y--<=x||x+y!=z;
    printf("%d,%d",x,y);
}
```

⑤
```
#include <stdio.h>
main()
{  int x,y,z;
   x=1;y=1;z=0;
   x=x||y&&z;
   printf("%d,%d",x,x&&!y||z);
}
```

⑥
```
#include <stdio.h>
main()
{  int x=1,y=1,z=1,t;
   y=y+z;
   x=x+y;
   z=x<y?y:x;
   t=z>=y&&y>=x;
   printf("%d,%d,%d,%d\n",x,y,z,t);
}
```

⑦
```
#include <stdio.h>
main()
{  int a=5,b=5,y,z;
   y=b-->++a?++b:a;
   z=++a>b?a:y;
   printf("%d,%d,%d,%d\n",a,b,y,z);
}
```

⑧
```
#include <stdio.h>
main()
{  int a=3,b=4;
   printf("%d,",a=a+1,b+a,b+1);
   printf("%d\n",(a=a+1,b+a,b+1));
}
```

⑨
```
#include <stdio.h>
main()
{  int x=2,y,z;
   x*=3+2;
   printf("%d\n",x);
   x*=y=z=4;
   printf("%d\n",x);
   x=y=1;
   z=x++-1;
   printf("%d,%d\n",x,z);
}
```

⑩
```
#include <stdio.h>
main()
{   int i,j,k,a=3,b=2;
    i=(--a==b++)? --a:++b;
    j=a++;
    k=b;
    printf("i=%d,j=%d,k=%d\n",i,j,k);
}
```

⑪
```
#include <stdio.h>
main()
{   int a,b,c=246;
    a=c/100%9;
    b=(-1) && (-1);
    printf ("%d,%d\n",a,b);
}
```

⑫
```
#include <stdio.h>
main()
{   int a=-1,b=4,c;
    c=(++a<0) && (!(b--< =0));
    printf ("%d,%d,%d\n",c,a,b);
}
```

⑬
```
#include<stdio.h>
main()
{   int x=3,y=2,z=1,k=4;
    printf ("%d\n", (k< x? k: z< y? z: x));
}
```

4.4 编程题

① 编写程序,输入一个整数,判断它的奇偶性。若是奇数,输出 It is odd!;若是偶数,输出 it is even!。

② 编写程序,输入 3 个整数,按从小到大的顺序打印这 3 个数。

③ 编程实现求表达式 $y=4x^2+5x+7$ 的值,自变量 x 为整数,由键盘输入,经过计算后,输出 y 的值。

④ 利用两个变量实现从键盘上输入两个整数,保存到变量 x 和 y 中,经过一定步骤,变量 x 的值为输入的两个整数之和,变量 y 的值为输入的两个整数之差。

⑤ 编程求解:已知 2013 年 10 月 1 日是星期二,则 2013 年 10 月 31 日是星期几?

⑥ 请用一个逻辑表达式判断一个年份是否是平年。要求:如果表达式的值为 1,则 year 所表示的年份是平年;否则,year 所表示的年份不是平年(即闰年)。请至少采用两种不同的方法来表示。

⑦ 请用一个逻辑表达式判断一个正整数 num 能否同时被 2、3、7 整除。要求:如果表达式的值为 1,则 num 能同时被 2、3、7 整除;否则,num 不能同时被 2、3、7 整除。

⑧ 编写程序,输入一个 3 位整数,反向输出该 3 位整数。

第5章 chapter 5

C语句及其程序设计

本章要点：

- C语句的语法格式及其应用。
- 顺序结构程序的设计。
- 选择结构程序的设计。
- 循环结构程序的设计。

5.1 C语句概述

计算机语言是由语句构成的，语句是用来指挥计算机工作的指令。一个C语句经过编译后产生机器能够识别的机器码指令，从而使计算机按照指令完成指定的操作。当计算机执行了一系列的指令——程序后，计算机就按人的意愿完成了连续的操作。

一个程序是由一系列语句组成的，程序的执行流程是由语句来控制的，计算机执行了语句便会产生相应的效果。程序应包括数据描述和数据操作两部分内容。

数据描述即声明部分，是一系列的声明语句，如变量类型定义、函数原型声明等。如在C语言中定义变量类型的语句为 int a;，表示定义a为整型变量。

数据操作即执行操作部分，由一系列可执行的语句组成，其命令计算机执行各种操作。如 a=10;是赋值语句，执行的操作是将整数10存放在a变量中。

C语言的语句包括表达式语句、流程控制语句、复合语句函数调用语句和空语句等几种类型。

1. 表达式语句

在C语言中，一个表达式后面跟随一个分号就构成了一个语句，这种语句称为表达式语句。

例如，

```
y=x*x+2*x+1;
```

这是由赋值表达式加一个分号";"构成的语句，它执行的操作与赋值表达式相同。

例如，

```
printf("%d,%d\n",a,b);
```

这是在调用输出函数 printf()后面跟随了一个分号而构成的函数调用语句,用于输出数据。

表达式与表达式语句的不同点在于:一个表达式可以作为另一个更复杂表达式的一部分继续参与运算,而语句则不能。请看下面语句:

```
printf("%d \n",a=10);
```

该语句的输出项是一个赋值表达式 a=10,其执行过程是先处理该赋值表达式,将 10 赋给变量 a,然后输出 a=10 这个赋值表达式的值 10。

若将该语句改为如下形式,即在输出项 a=10 后边加了“;”号:

```
printf("%d \n",a=10;);
```

则执行该语句时会产生错误,因为 a=10;不是表达式,而是语句。语句是不能作为输出项的。

2. 流程控制语句

流程控制语句(如 break、continue 和 goto 等)与函数返回语句(如 return)中的分号前不是表达式,而是实现某种控制操作,但它们也都是以分号结束的 C 语句。此外还有选择结构控制语句、循环结构控制语句等。C 语言总共有 9 种控制语句,如表 5.1 所示,在以后的章节中会逐个详细介绍它们的用法。

表 5.1 C 语言的控制语句

控制语句	说明	控制语句	说明
if()…else…	选择语句	break	退出 switch 或循环
switch()	多分支选择语句	continue	退出本次循环
for()…	循环语句	goto	转向语句
while()…	循环语句	return	从函数返回
do…while()	循环语句		

3. 复合语句

将多个语句用一对{}括住,便构成了一个复合语句。花括号内的一系列语句组合起来构成一个整体,在语法上等同于一个语句。因此在 C 程序中,凡是单个语句能够出现的地方都可以出现复合语句,并且复合语句作为一个语句又可以出现在其他复合语句的内部。

例如下面的复合语句包含三条赋值语句,完成交换 a、b 变量值的功能。

```
{t=a;  a=b;  b=t;}
```

复合语句是以左右花括号为标志的,在复合语句右花括号的后面不必加分号,但在复合语句内的每一条语句都要以分号结束。

复合语句常常用于循环体为多条语句的情况,或选择结构中的内嵌语句为多条语句的情况等,后面介绍循环结构、选择结构的程序设计时将详细介绍。

4. 空语句

在 C 语言中还允许有空语句。空语句中只有一个分号,表示如下:

```
;
```

空语句什么也不做。有时可用作循环体,表示循环体中什么也不做。

5.2 顺序结构程序设计

顺序结构的程序,是指整个程序从开始到结束的流程中没有任何分支、转移,程序自上至下顺序执行。下面举几个顺序结构程序设计的例子。

【例 5.1】 从键盘输入一个大写字母,要求改用小写字母输出,并输出与这个小写字母相邻的两个字母,以及它们的 ASCII 码的值。编程如下:

```
/*c05_01.c*/
#include<stdio.h>
main()
{  char c;
   int c1,c2;
   printf("Input a letter: \n");          /*输出的提示信息*/
   c=getchar();                           /*输入一个字符*/
   c=c+32;                                /*转换成小写*/
   c1=c-1;                                /*得到前一个字符*/
   c2=c+1;                                /*得到后一个字符*/
   printf("%c,%c,%c\n",c,c1,c2);          /*以字符形式输出*/
   printf("%d,%d,%d \n",c,c1,c2);         /*输出字符的 ASCII 码*/
}
```

程序运行结果如下:

```
Input a letter:          ←这是输出的提示信息
B                        ←这是输入的字符
b,a,c                    ←这是以字符形式输出的结果
98,97,99                 ←这是以整数形式输出字符的 ASCII 码
```

这个例子,揭示了字符与字符的 ASCII 码之间的本质联系,字符在计算机内部是以 ASCII 码存放的,每个字符的 ASCII 码占一个字节,因而在 0～255 内,字符型数据和整型数据可以通用,为灵活进行字符处理提供了条件。

【例 5.2】 输入以秒为单位所表示的时间,试将其换算成几日几时几分几秒。

```
/*c05_02.c*/
#include<stdio.h>
```

```
main()
{  int sec,min,hour,day,total_sec;
   printf("Input total second: \n");
   scanf("%d",&total_sec);
   sec=total_sec;
   min=sec/60;            /*计算包含多少分钟数*/
   sec=sec%60;            /*余数为剩下的秒数*/
   hour=min/60;           /*计算包含多少个小时数*/
   min=min% 60;           /*余数为剩下的分钟数*/
   day=hour/24;           /*计算包含多少个日数*/
   hour=hour%24;          /*余数为剩下的小时数*/
   printf("%d second=%d day %d hour %d minute %d second\n",total_sec,day,hour,
min,sec);
}
```

程序运行结果如下：

```
提示：Input total second:
输入：32000↵
显示：320000 second=0 day 8 hour 53 minute 20 second
```

【例 5.3】 输入一个华氏温度，输出对应的摄氏温度。要求输出结果保留两位小数。华氏温度(F)转换为摄氏温度(C)的公式为 C=5(F-32)/9。

编程如下：

```
/*c05_03.c*/
#include<stdio.h>
main()
{  float C,F;
   printf("Please input F: \n");
   scanf("%f",&F);
   C=5.0*(F-32)/9.0;
   printf("C=%.2f\n",C);
}
```

程序运行结果如下：

```
提示：Please input F:
输入：100↵
输出：C=37.78
```

5.3 选择结构程序设计

选择结构是程序的基本控制结构之一。在 C 语言中，分别提供了 if、switch 等控制语句实现各种选择结构。本章分别介绍它们的用法。

5.3.1 if 语句及程序设计

1. if 语句

语法格式：

```
if (表达式) 语句
```

功能：先处理表达式，如果(表达式)的值为“真”，则执行表达式后边的语句，否则不执行该语句，而去执行 if 结构之后的其他语句。该语句执行的过程如图 5.1 所示。

【例 5.4】 输出 a、b 两数中的较大值。

本题的算法如图 5.2 所示，编程如下：

```
/* c05_04.c */
#include<stdio.h>
main()
{  int max,a,b;
   printf("Please input 2 numbers: \n");
   scanf("%d %d",&a,&b);
   max=a;
   if(b>a)  max=b;
   printf("max=%d",max);
}
```

程序运行结果如下：

```
Please input 2 numbers:
12  -10↵                ← 这是输入的两个数
max=12                  ← 这是输出的结果
```

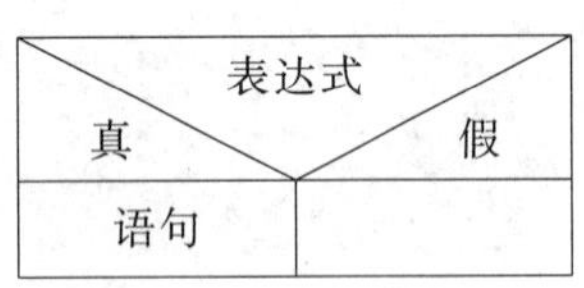

图 5.1 if 语句的 N-S 图

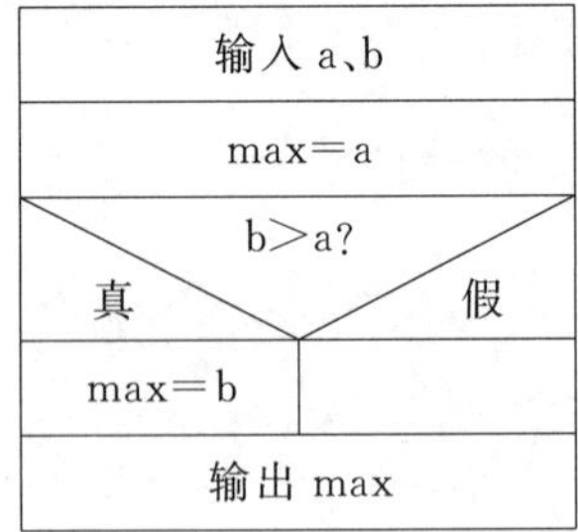

图 5.2 例 5.4 的 N-S 图

【例 5.5】 从键盘输入一个字母，若是大写字母则输出对应的小写字母。编程如下：

```
/* c05_05.c */
#include<stdio.h>
 main()
```

```
{char c;
  printf("Please input a letter: \n");
  c=getchar();
  if(c>='A' && c<='Z')        /* 如果 c 中的内容是大写字母 */
    c=c+32;                   /* 则转换成小写字母的 ASCII 码 */
  putchar(c);                 /* 输出 c 中的字母 */
}
```

程序运行结果如下：

```
提示：Please input a letter:
输入：D ↵
输出：d
```

使用 if 语句时应注意以下几点。

(1) if 表达式后边的语句，也称 if 的内嵌语句。内嵌语句可以是单条语句，也可以含多条语句。如果内嵌语句含有多条语句，要用一对{}将它们括起来构成一个复合语句。

例如：

```
if(b>a)
{ t=a;
  a=b;
  b=t; }      /* 交换 a 和 b 的值 */
printf("%d",a);
```

上边这段程序也是输出 a 和 b 中的较大者。其执行过程是：先判断是否 b>a。是，则执行 if 的内嵌复合语句，交换 a 和 b 的值；否则不执行该复合语句(即此时不需要交换 a 和 b 的值)，这样就保证 a 变量中的值较大，最后打印 a 中的值。

如果将复合语句的{}去掉，即：

```
if (b>a)
t=a;
a=b;
b=t;
printf("%d",a);
```

则 C 编译系统只会将第一条语句 t=a;看作 if 的内嵌语句，这样程序执行结果可能不是我们所希望的。例如，假设 b>a 不成立，程序只是不执行 t=a;，但 a=b;b=t;还是要执行的，因为这两条语句被 C 系统看作是 if 结构之后的语句，因此最后输出的结果将是错的。

(2) if 语句的条件表达式不仅可以是关系表达式、逻辑表达式，还可以是算术表达式、赋值表达式等。C 语言规定只要表达式的值为非 0，就认为条件是“真”，执行其内嵌语句；表达式的值为 0，就认为是“假”，不执行其内嵌语句。

【例 5.6】 请分析下边程序的执行结果。

```
/*c05_06.c*/
main()
{ int a=5,b=10;
  if(a=b) printf("b=%d,",b);
  printf("a=%d \n",a);
}
```

输出结果如下：

```
b=10,a=10
```

程序分析：本例程序中，if 的条件表达式 a=b 是一个赋值表达式，注意不要与等于关系表达式 a==b 混淆。该 if 语句的执行过程是：先处理表达式 a=b，将 b 中的 10 赋给 a，然后判断该表达式的值，结果为 10，认为是“真”，所以执行 if 的内嵌语句，输出 b=10。最后执行 if 结构之后的语句，输出 a=10。

若将上例程序段中 if 的表达式改为(a==b)，则因表达式不成立，值为“假”，故不执行 if 的内嵌语句，最后执行 if 结构之后的语句，输出结果是 a=5。

又如，

```
if(a-2) printf("%d\n",a);
```

和

```
if(a!=2) printf("%d\n",a);
```

是等价的。因为若 a 的值不等于 2，则表达式 a-2 的值一定非 0，即条件为“真”，而表达式 a!=2 此时也为“真”；反之，若 a 的值等于 2，则表达式 a-2 和 a!=2 的值均为 0(假)。

在 C 程序中，还经常用 if(!a) … 来代替 if(a==0)…。

2. if…else 语句

语法格式：

```
if (表达式) 语句 1
else  语句 2
```

功能：如果(表达式)为“真”，则执行语句 1；否则执行语句 2。该语句的执行过程如图 5.3 所示。

例如，用 if…else 语句实现例 5.4，算法如图 5.4 所示，编程如下：

```
#include<stdio.h>
 main()
 {int a,b;
  printf("Please input 2 numbers: \n");
```

```
  scanf("%d %d",&a,&b);
  if(a>b)
  printf("max=%d",a);
  else
  printf("max=%d",b);
}
```

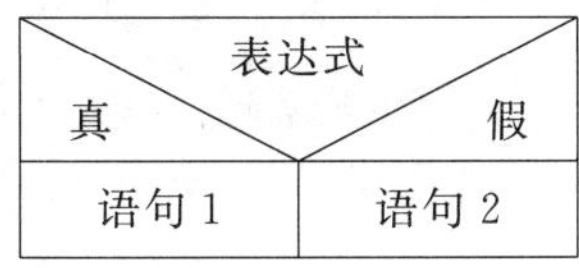

图 5.3 if语句的N-S图

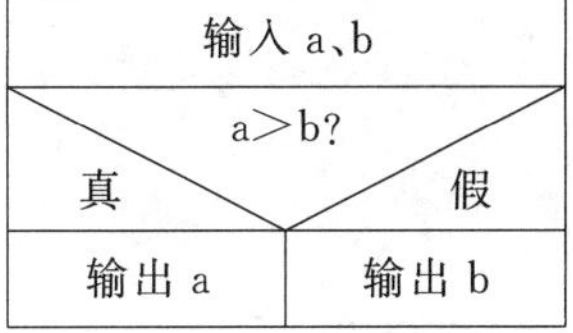

图 5.4 输出 a、b 中的较大者

【例 5.7】 对例 5.5 进一步扩充功能为：输入一个字母，若是大写，则输出对应的小写字母；若是小写，则输出对应的大写字母。

用 if…else 语句实现如下：

```
/* c05_07.c */
#include<stdio.h>
main()
{ char c;
  printf("Please input a letter: \n");
  c=getchar();                    /* 输入一个字母 */
  if(c>='A' && c<='Z')            /* 如果是大写字母 */
  c=c+32;                         /* 转换成小写字母 */
  else
  if(c>='a' && (c<='z')
  c=c-32;                         /* 否则转换成大写字母 */
  putchar(c);
}
```

程序运行结果如下：

```
Please input a letter:
D↵
d
```

【例 5.8】 编程实现一个猜数字游戏。程序给出一个数字，游戏者猜对了，屏幕显示 You are right!，否则显示 Your are worng!。

编程如下：

```
/* c05_08.c */
main()
{int orig=2468,g;
 printf("Please input your guess—an integer number: \n");
 scanf("%d",&g);                  /* 输入一个整数给 g 变量 */
```

```
 if(g==orig)                        /* 如果输入的数与 orig 的内容相同 */
  printf("You are right! \n");      /* 提示输入正确 */
 else
  printf("You are wrong!\n");       /* 否则提示输入错误 */
}
```

运行结果如下：

```
Please input your guess—an integer number:
2468↵
You are right!
```

再次运行,结果如下：

```
Please input your guess—an integer number:
1000↵
You are wrong!
```

3. if 语句的嵌套

if 语句可以嵌套使用,即 if 的内嵌语句中又包含 if 语句,称为 if 的嵌套。

一般形式为：

```
if()
  if()     语句 1
  else     语句 2
else
  if()     语句 3
  else     语句 4
```

【例 5.9】 对例 5.8 的功能进一步改进：当用户猜错时不仅显示猜错信息,还提示用户是猜大了或猜小了。

本题的算法如图 5.5 所示,显然这是嵌套的 if 结构。

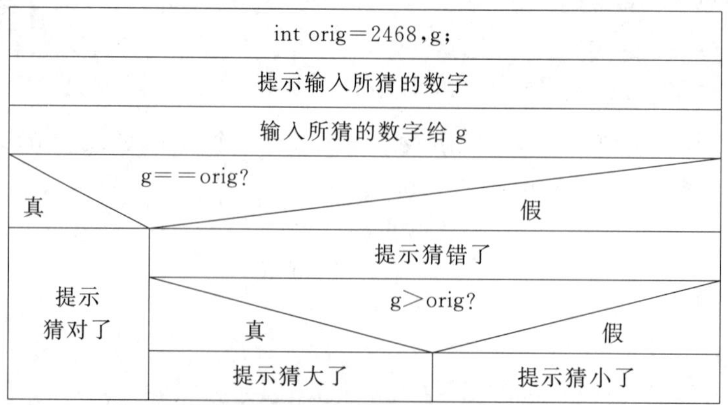

图 5.5 例 5.9 的 N-S 图

具体程序如下：

```
/*c05_09_1.c*/
#include< stdio.h>
main()
{  int orig=2468,g;
   printf("Please input your guess—a integer number: \n");
   scanf("%d",&g);
   if(g==orig)
   printf("You are right! \n");
   else
   {  printf("You are wrong!\n");
      if(g>orig)  printf("Your number is bigger!\n");
      else  printf("Your number is smaller!\n");
   }
}
```

运行结果如下：

```
Please input your guess—a integer number:
1234 ↵
You are wrong!
Your number is smaller!
```

再次运行，结果如下：

```
Please input your guess—a integer number:
2468 ↵
You are right!
```

【例 5.10】 输入一个年号，判断该年是否是闰年，并输出判断结果。

本题的算法在第 2 章已经介绍过，判断是否是闰年的过程可以采用嵌套的 if 结构，其 N-S 图如图 5.6 所示。

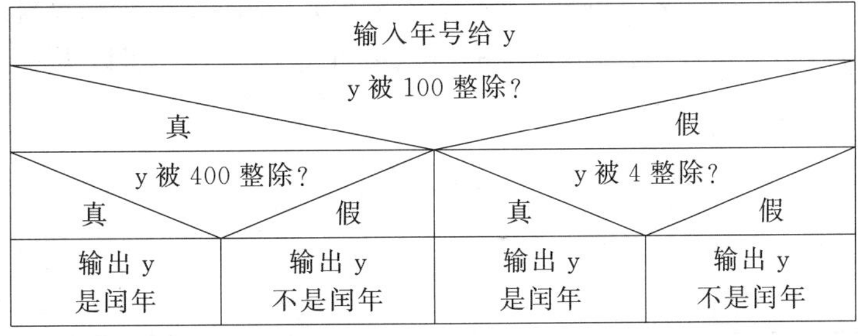

图 5.6 判断闰年的 N-S 图

编程如下：

```
/*c05_10.c*/
```

```
#include<stdio.h>
main()
{  int y;
   printf("Please input a year: \n");
   scanf ("%d",&y);
   if(y%100==0)
      if (y%400==0) printf("%d year is a leap year.\n",y);
      else printf("%d year is not a leap year.\n",y);
   else
      if (y%4==0) printf("%d year is a leap year.\n",y);
      else printf("%d year is not a leap year.\n",y);
}
```

运行结果如下：

```
Please input a year: 2007↵
2007 year is not a leap year.
```

再次运行,结果如下：

```
Please input a year: 2004↵
2004 year is a leap year.
```

从以上两个例题可以看出,if 内嵌语句和 else 内嵌语句中,都可以嵌套选择结构。为了使嵌套层次清晰,书写程序时最好采用缩排格式,使不同层次的 if 语句出现在不同的缩排级上。

在 if 嵌套的情况下要注意 if 和 else 的配对关系,避免引起逻辑错误。C 语言规定：当 else 前边有多个 if 时,else 总是与离自己最近的没被配对的 if 配对。看下面程序段：

```
if(x>y)
    if(y>z)  m=x;
else  m=y;
```

从书写形式上看,else 希望与第一个 if 配对,即满足图 5.7 所示的逻辑结构。而实际上,当 else 前边有多个 if 时,else 总是与离自己最近的 if 配对。所以本程序中的 else 实际上会与第二个 if 配对,实现的是图 5.8 所示的逻辑关系。

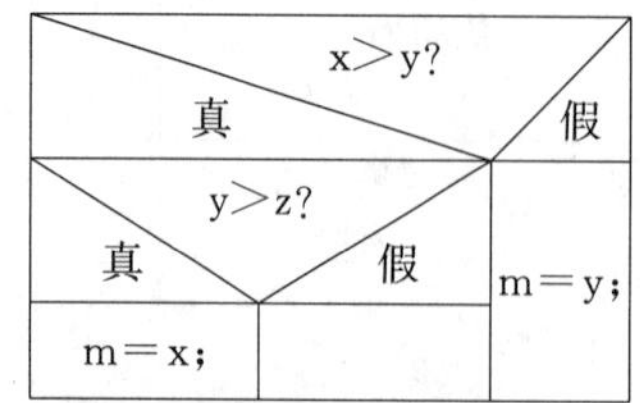

图 5.7　else 与第一个 if 配对的 N-S 图

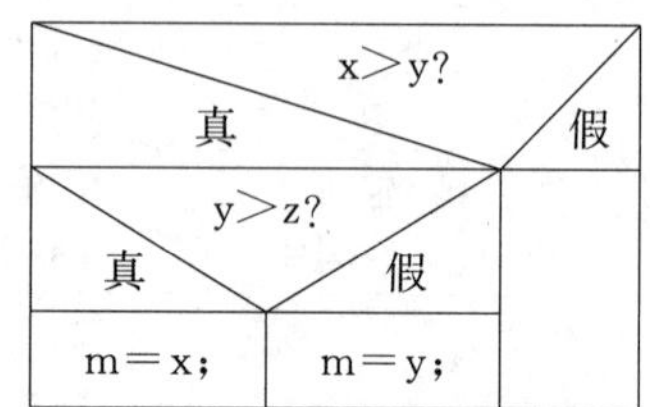

图 5.8　else 与第二个 if 配对的 N-S 图

因此，当使用 if 嵌套时，如果 if 和 else 的数目不同，就应该用{}明确配对关系。例如要满足图 5.7 所示的逻辑关系，上边的程序段应该修改如下：

```
if(x>y)
  {if(y>z)
    m=x;}
else
  m=y;
```

【例 5.11】 有一个分段函数如图 5.9 所示，编程序实现：输入一个 x 值，输出相应的 y 值。

确定各段函数关系如下：

$$
y=\begin{cases}
-10+3*x & 0<=x<10\\
20 & 10<=x<30\\
20-4*(x-30) & 30<=x<40\\
-20 & 40<=x<50\\
-20+3*(x-50) & 50<=x<60\\
10 & x>=60
\end{cases}
$$

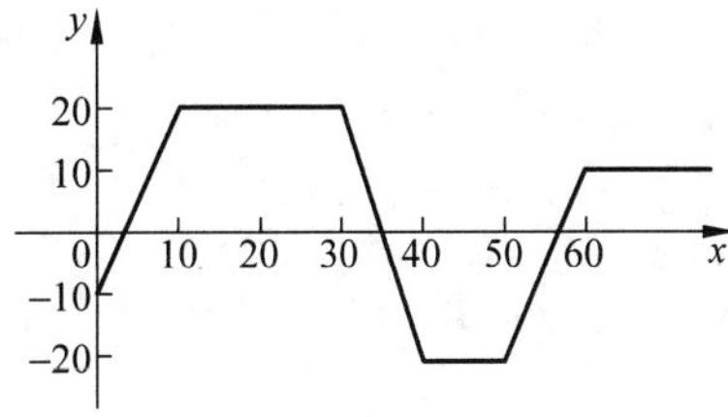

图 5.9　分段函数曲线

编程如下：

```
/*c05_11_1.c*/
#include<stdio.h>
main()
{  float  x,y;
   printf("Enter  x: ");
   scanf("%f",&x);
   if(x<0) printf("Input error. Please input a number>=0: ");
   else
    if(x<10)   y=3*x-10;
    else
      if(x<30)   y=20;
      else
        if (x<40) y=20-4*(x-30);
        else
          if(x<50)y=-20;
          else
            if(x<60) y=-20+3*(x-50);
            else y=10;
   printf("y=%f",y);
}
```

运行结果如下：

```
Enter  x: 15↵
y=20.000000
```

再次运行,结果如下:

```
Enter  x: 60.5↵
y=10.00000
```

像上例这种多条件的嵌套结构是一种常见的结构,其一般形式如下:

```
if(表达式 1)  语句 1
else
    if(条件 2)  语句 2
    else
    …
    if(条件 n)  语句 n
    else 语句 n+1
```

C 语言专门提供了一种 if…else if…else 语句,用于实现上述的嵌套结构。下面介绍这种 if 语句的用法。

4. if…else if…else 语句

语法格式:

```
if(表达式 1)  语句 1
else if(表达式 2)  语句 2
  …
else if(表达式 n)  语句 n
else  语句 n+1
```

功能:实现选择结构的多层嵌套,属于多条件的分支结构。

其执行过程如图 5.10 所示,即从表达式 1 开始,自上而下地对表达式进行判断。如果某表达式为“真”,则执行其后的语句,其余部分跳过;若以上所有表达式都为“假”,则执行最后的 else 的语句 n+1;若省略“else 语句 n+1”,并且所有表达式均为“假”,则该 if 语句什么操作也不执行。

可见,这种 if 语句很便于编写像例 5.11 这样多条件的选择结构。

下面将例 5.11 的程序用 if…else if…else 语句编写如下:

```
/*c05_11_2.c*/
#include< stdio.h>
main()
{float  x,y;
 printf("Enter  x: ");
```

```
 scanf("%f",&x);
 if(x<0) printf("Input error. Please input a number>=0: ");
 else if(x<10)  y=3*x-10;
 else if(x<30)  y=20;
 else if(x<40)  y=20-4*(x-30);
 else if(x<50)  y=-20;
 else if(x<60)  y=-20+3*(x-50);
 else   y=10;
 printf("y=%f",y);
}
```

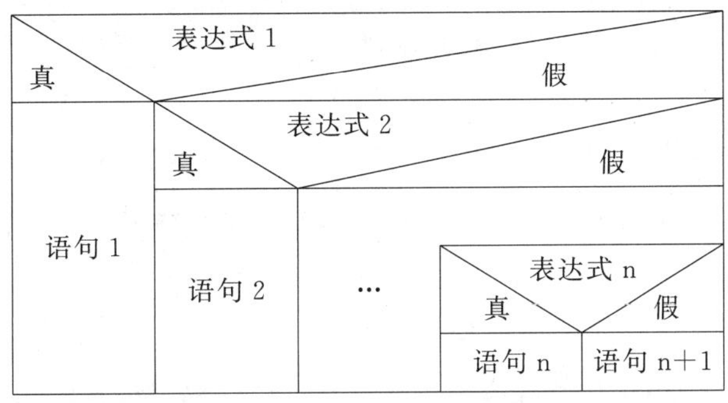

图 5.10 if…else if…else 语句的 N-S 图

上例程序中,由于第二个 if 条件(x<10)是在第一个 if 条件(x<0)不成立的情况下才会处理,因此第二个 if 条件实际隐含的是(0<=x && x<10),后面的 if 条件与此类似。

【例 5.12】 从键盘输入一个小于 100 的成绩给 score,如果 score>=85,则输出 Very good!;如果 70<=score<85,则输出 Good!;如果 60<=score<70,则输出 Pass!;如果 score<60,则输出 No pass!。

算法如图 5.11 所示。

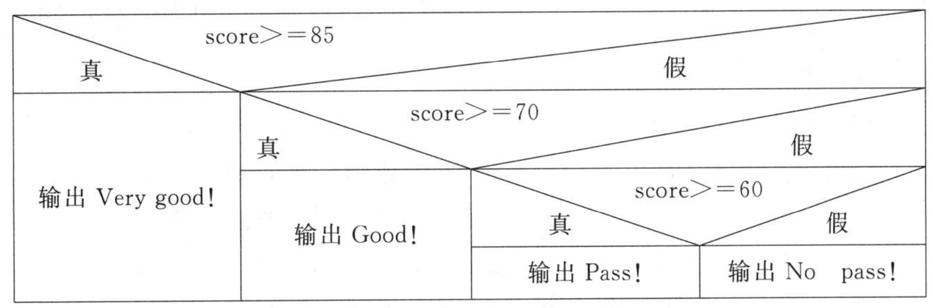

图 5.11 if…else if…else 语句的 N-S 图

编程如下:

```
/*c05_12.c*/
 main()
{float  score;
```

```
    printf("Enter score: ");
    scanf("%f",& score);
    if(score>=85)   printf("Very good!\n ");
    else if(score>=70)  printf("Good! \n ");
    else if(score>=60)  printf("Pass! \n ");
    else   printf("No pass! \n ");
}
```

程序运行结果如下：

```
Enter score: 86↵
Very good!
```

5.3.2 条件运算符及程序设计

条件运算符，由一个 ? 和一个 ：组成，是一个三目运算符，可以连接 3 个表达式，组成一个条件表达式。

语法格式：

```
表达式 1? 表达式 2: 表达式 3
```

其含义如图 5.12 所示，先处理"表达式 1"，若结果为"真"，则取"表达式 2"的值作为整个条件表达式的值；若结果为"假"，则取"表达式 3"的值作为整个条件表达式的值。

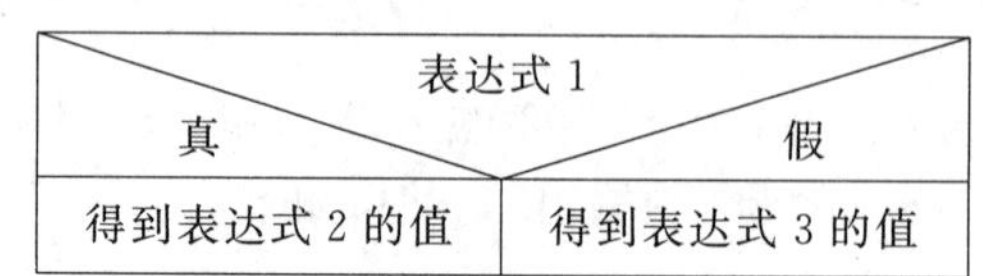

图 5.12 条件表达式的含义

例如，前边介绍的求两个数的较大者，可以用包含条件表达式的赋值语句来实现：

```
max=(x>y)? x: y;
```

其中"(x>y)? x: y "是一个条件表达式。

该语句的执行过程是：如果(x>y)条件为真，则取 x 变量的值作为条件表达式的值，否则取 y 的值作为条件表达式的值，最终将条件表达式的值赋给变量 max。

条件表达式可以替代较简单的 if…else 结构。例如，若语句 1 和语句 2 都是单一赋值语句，并且都给同一个变量赋值，则可以用条件运算符来处理。

语句

```
max=(x>y)?x: y;
```

与下边的 if…else 语句等价。

```
if(x>y)  max=x;
```

```
else  max=y;
```

【例 5.13】 输入一个字母,如果是大写,则转换为小写输出;若是小写字母,则转换成大写字母输出。

用条件运算符编程如下:

```
/* c05_13.c */
#include<stdio.h>
main()
{ char c;
  printf("Please input a letter: \n");
  c=getchar();
  c=(c>='A' && c<='Z')?(c+32): (c-32);
  putchar(c);
}
```

又例如,可以用条件表达式来编写前边介绍的例 5.9 的猜数游戏程序,代码如下:

```
/* c05_09_2.c */
#include<stdio.h>
main()
{ int orig=2468,g;
  printf("Please input your guess—a integer number: \n");
  scanf("%d",&g);
  if(g==orig)
    printf("You are right! \n");
  else
  {  printf("You are wrong!\n");
  (g>orig)?printf("Your number is bigger!\n"): printf("Your number is smaller!
\n");
  }
}
```

其中条件表达式用于判断输出不同的信息。

5.3.3 switch 语句及程序设计

if 语句允许程序运行时按照表达式的值,从两个可能的操作中选择一个来执行。若程序要求进行多条件选择时,虽然用 if…else if…else 语句可以实现,但程序不够优雅、不够简单明了,因此 C 语言提供了 switch 语句,专门用于编写多分支选择结构程序。

语句格式:

```
switch (表达式)
{  case 常量表达式 1: 语句 1
   case 常量表达式 2: 语句 2
    …
   case 常量表达式 n: 语句 n
   default: 语句 n+1
}
```

其执行过程如图 5.13 所示。

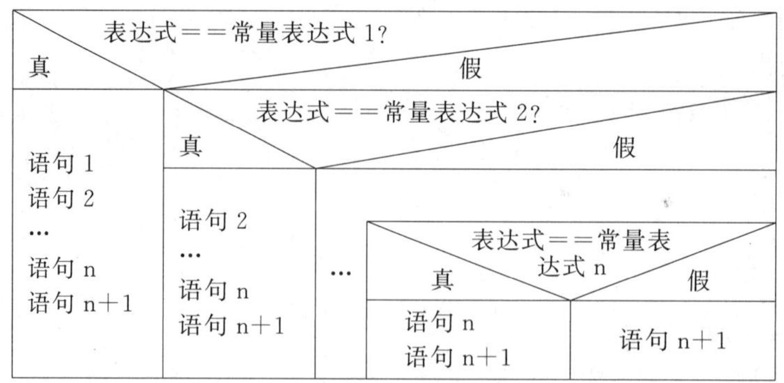

图 5.13 switch 语句的执行过程

即先处理 switch 后的表达式,再将此表达式的值从第一个 case 开始依次与各个 case 后的常量表达式进行匹配,若与某个 case 常量表达式相等,就从该 case 开始顺序执行其后的各个语句。如果所有匹配都不成功,就执行 default 后的语句;如果没有 default 项,又没有成功的匹配,就什么也不执行,直接退出 switch 结构。

【例 5.14】 从键盘输入不同的字母,输出不同的国家名称。

编程如下:

```
/*c05_14_1.c*/
#include<stdio.h>
main()
{  char ch;
   printf("Please input a letter: \n");
   scanf("%c",&ch);
   switch(ch)
   {  case 'C': printf("China \n");
      case 'B': printf("Britain \n");
      case 'A': printf("America \n");
      case 'D': printf("Denmark \n");
      case 'J': printf("Japan \n");
      default: printf("Not fount \n");
   }
}
```

程序运行结果如下:

```
Please input a letter:
D↲
Denmark
Japan
Not fount
```

从运行结果可以看出，输入字母 D，则从 case 'D'开始，执行输出 Denmark 及其后边的所有语句。如果希望输入一个字母，仅执行一个输出，则要在每个输出语句后跟一个 break 语句。执行 break 语句，可以使程序跳出 switch 结构。所以将上例程序重写如下：

```
/*c05_14_2.c*/
#include< stdio.h>
main()
{  char ch;
   printf("Please input a letter: \n");
   scanf("%c",&ch);
   switch(ch)
   {  case 'C': printf("China \n");break;
      case 'B': printf("Britain \n");break;
      case 'A': printf("America \n");break;
      case 'D': printf("Denmark \n");break;
      case 'J': printf("Japan \n");break;
      default: printf("Not fount \n");
   }
}
```

程序运行结果如下：

```
Please input a letter:
D↵
Denmark
```

再次运行，结果如下：

```
Please input a letter:
C↵
China
```

若输入除 A、B、C、D、J 之外的任何其他字符，将执行 default 后的语句，输出：

```
Not fount
```

使用 switch 语句时应注意以下几点。

(1) 每个 case 中的表达式，不能含有变量，必须是整型常量或字符常量。

例如，以下形式的 case 表达式，都是错误的。

case 1.1：语句序列；

case a>10：语句序列。

(2) 同一个 switch 中的各个 case 表达式的值必须互不相同。

(3) case 与 default 的顺序可以任意。

(4) 多个 case 可共用一组语句。因为执行完某 case 后的语句，将会顺序执行后面的各个 case 语句,直到遇到 break 或 switch 语句结束为止。

例如,为了统计一段文字中数字、空格和字母的个数,可用以下程序段:

```
switch(c)
{case '0':
 case '1':
 case '2':
 case '3':
 case '4':
 case '5':
 case '6':
 case '7':
 case '8':
 case '9': data++;break;
 case ' ': space++;break;
 default: letter++;
}
```

(5) switch 可以嵌套使用,要求内层的 switch 完全被包含在外层的某个 case 中。内、外层的 case 中可以有相同的常数表达式,不会引起歧义。

(6) break 在嵌套的 switch 中,只退出其所在的那一层 switch 结构。

【例 5.15】 分析以下程序的运行结果。

```
/* c05_15.c */
#include<stdio.h>
main()
{  int a,b;
   scanf("%d %d",&a,&b);
   switch (a)
   {  case 1:
      switch(b)
      {  case 0: printf("***AAAA***\n");break;
         case 1: printf("***BBBB***\n");break;
      }
      case 2: printf("***CCCC***\n");
   }
}
```

运行程序,若输入:

```
1  0↵
```

则输出结果是:

```
***AAAA***
***CCCC***
```

若输入使 a=2,则不会执行内嵌的 switch,所以无论 b 是何值,输出结果都是:

```
***CCCC***
```

【例 5.16】 分析以下程序,写出运行结果。

```
/* c05_16.c */
#include<stdio.h>
main()
{  char c;
   c=getchar();
   switch (c-'2')
   {  case 0:
      case 1: putchar(c+4);
      case 2: putchar(c+4);break;
      case 3: putchar(c+3);
      default: putchar(c+2);
   }
}
```

运行时输入:

```
2↵
```

输出结果是:

```
66
```

程序分析:运行程序时,输入的是字符 2,即 c='2',所以 switch 表达式(c-'2')的值为 0,因此从 case 0 开始执行,执行两个 putchar(c+4);,输出字符 6 6,然后执行 break 语句退出 switch 结构。本题若输入 3,则输出结果是什么?请读者思考。

5.3.4 选择结构程序设计综合举例

选择结构程序可以分为双分支选择结构和多分支选择结构。双分支选择结构程序可用 if …else 语句实现,条件运算符可以实现较简单的双分支选择结构。多分支选择结构程序可以用 if …else if … else 语句及 switch 语句实现。

【例 5.17】 输入 3 个数 a、b、c,要求按由小到大排序。

分析:首先比较变量 a 与 b 的大小:

若 a>b,则交换 a 和 b 的值,否则不用交换,从而保证 a<b。

再比较变量 a 与 c 的大小:

若 a>c,则交换 a 和 c 的值,否则不用交换,至此保证 a 中得到 3 个数中的最小值。

最后再比较 b 和 c 的大小:

若 b>c,则交换 b 和 c 的值,否则不用交换。

经过以上3次比较,已经使a、b、c 3个变量中的值由小到大排好序。只要按a、b、c的顺序输出即可。

本题采用的算法如图5.14所示。

编程如下:

```
/*c05_17.c*/
#include< stdio.h>
main()
{  int a,b,c,t;
   printf("Enter a,b,c: ");
   scanf("%d,%d,%d",&a,&b,&c);
   if(a>b)
   {t=a;a=b;b=t;}
   if(a>c)
   {t=a;a=c;c=t;}
   if(b>c)
   {t=b;b=c;c=t;}
   printf("%d,%d,%d\n",a,b,c);
}
```

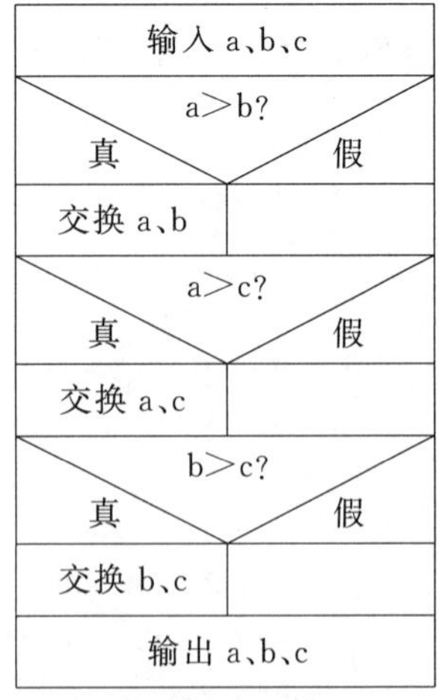

图5.14 例5.17的算法图

【例5.18】 求一元二次方程$ax^2+bx+c=0$的根。系数a、b、c由键盘输入。

分析:求一元二次方程的根,要考虑三种情况:一对相等的实根、一对不等的实根、一对共轭复根。

计算方程根的公式为$x1/x2=(-b\pm\sqrt{b^2-4*a*c})/(2*a)$。

设$d=b^2-4*a*c$,则有$x1/x2=(-b)/(2*a)\pm\sqrt{d}/(2*a)$。

设$p=(-b)/(2*a)$,$q=\sqrt{d}/(2*a)$,则有$x1/x2=p\pm q$。

若$d>0$时,方程有两个不等的实根;

若$d=0$,则$q=0$,有$x1=x2=p=(-b)/(2*a)$;

若$d<0$时,为一对共轭复数根:

$$x1=p+jq,\quad x2=p-jq$$

所以设计思路如下。

先计算$d=b^2-4*a*c$,然后分以下几种情况求方程的根。

首先判断d是否为0。

若$d=0$,则方程有一对相等的实根$x1/x2=-b/(2a)$;

若$d\neq 0$,需要判断是否$d>0$。

若$d>0$,则方程有一对不等的实根$x1/x2=(-b\pm\sqrt{d})/(2*a)$;

若$d<0$,则方程有一对共轭复根$x1/x2=-b/(2a)\pm j\sqrt{-d}/(2a)=p\pm jq$。

根据以上分析,设计本题的算法如图5.15所示。

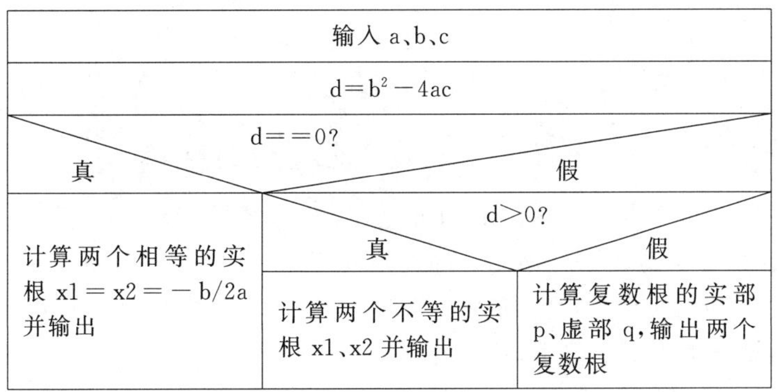

图 5.15 例 5.18 的算法图

编程如下：

```
/*c05_18.c*/
#include<math.h>
main()
{  float a,b,c,d;
   float x1,x2,p,q;
   printf("input a,b,c: ");
   scanf("%f,%f,%f",&a,&b,&c);
   d=b*b-4*a*c;
   if(fabs (d)<=1e-6)
      printf("x1=x2=%.4f",-b/(2*a));
   else if(d>0)
   {  x1=(-b+sqrt(d))/(2*a);
      x2=(-b-sqrt(d))/(2*a);
      printf("x1=%.4f   x2=%.4f\n",x1,x2);
   }
   else
   {  p=-b/(2*a);q=sqrt(-d)/(2*a);
      printf("x1=%.4f+%.4f i \n",p,q);
      printf("x2=%.4f-%.4f i\n",p,q);
   }
}
```

运行程序：

```
输入：1,-3,2.25
输出：x1=x2=1.5000
```

再运行：

```
输入：1,2,2
输出：x1=-1.0000+1.0000 i
      x2=-1.0000-1.0000 i
```

再运行：

```
输入：1,6,2
输出：x1=-0.3542  x2=-5.6458
```

本例中 if 后的条件表达式用(fabs(d)<=1e-6)替代(d==0)，是考虑到 d 是实型数据，计算机在处理实型数据时存在一些误差，因此若直接进行 if(d==0)的判断，可能会出现本来是 0，却由于误差而判断为不等于 0。所以程序中用 if(fabs(d)<=1e-6)判断如果 d 的绝对值小于一个很小的数，就认为 d 是 0。

本例中，用到库函数 sqrt()求平方根，调用 fabs()函数求实数的绝对值，它们都属于 C 语言提供的数学函数库。调用数学库函数时，要包含头文件"math.h"，即 #include "math.h"。

常用的数学库函数如下。

int abs(int x)——求整数 x 的绝对值。

double fabs(double x)——求实数 x 的绝对值。

double sqrt(double x)——求 x 的平方根(x>=0)。

double pow(double x,double y)——求 x^y。

其他数学库函数详见附录 D。

【例 5.19】 输入一个百分制成绩，输出相应的成绩等级。百分制成绩 score 与成绩等级的对应关系如下：

90<=score<=100	A 级	60<=score<70	D 级
80<=score<90	B 级	score<60	E 级
70<=score<80	C 级		

分析：此题是多分支结构，可以用 if…else if…else 语句编程，也可以用 swith…case 语句编程。这里采用 swith…case 编程。

分析此题，任意输入一个百分制分数给 score，然后判断其属于哪个分数段，就打印相应的等级。但是 case 后的常量表达式，应当是整常量而不能用关系表达式来表示分数的范围，所以必须用常数表示分数段。

考虑到分数等级的变化点都是在 10 的整数倍处，所以用换算公式 s=(int)(score/10)将输入的分数 score 换算成一个整常数 s。例如：

当输入 score=100 时，	换算出 s=10	等级 A
当输入 score 在[90,100)区间时，	换算出 s=9	等级 A
当输入 score 在[80,90) 区间时，	换算出 s=8	等级 B
当输入 score 在[70,80) 区间时，	换算出 s=7	等级 C
当输入 score 在[60,70) 区间时，	换算出 s=6	等级 D
当输入 score 在[0,60) 区间时，	换算出 s=5、4、3、2、1、0	等级 E

根据以上分析，编程如下：

```
/*c05_19.c*/
```

```
#include< stdio.h>
main()
{float score;int s;
 printf("Input a score: ");
 scanf("%f",&score);
 s=(int)(score/10);
 switch(s)
 {case 10:
  case 9:   printf("A \n");break;
  case 8:   printf("B \n");break;
  case 7:   printf("C \n");break;
  case 6:   printf("D \n");break;
  default:  printf("E \n");
 }
}
```

运行结果如下：

```
Input a score:
89↲
B
```

【例 5.20】 编写程序，实现两个整数的+、-、*、/ 4 种运算。

分析：先输入某种运算符，输入两个数，程序根据所输入的运算符对两个数做相应的运算。编程如下：

```
/*c05_20.c*/
#include "stdio.h"
main()
{  char op;
   int a,b,c;
   printf("\n Enter a operator(+,-,*,/): \n ");
   op=getchar();
   printf("Please input 2 integer numbers: \n");
   scanf("%d %d",&a,&b);
   switch(op)
   {case '+': printf("%d+%d=%d \n",a,b,a+b);break;
    case '-': printf("%d-%d= %d \n",a,b,a-b);break;
    case '*': printf("%d*%d=%d \n",a,b,a*b);break;
    case '/': printf("%d / %d=%f \n",a,b,(float)a/b);break;
    default: printf("\n operator  err!\n");
   }
}
```

运行程序：

```
提示：Enter a operator(+,-, * ,/):
输入：*↵
提示：Please input 2 integer numbers:
输入：34  2↵
显示：34 * 2=68
```

再次运行：

```
Enter a operator(+,-, * ,/):
+↵
Please input 2 integer numbers:
50  100↵
50+100=50
```

【例 5.21】 某旅行社规定，在旅游旺季 7～9 月，如果组团人数超过 20 人，旅费优惠 10%，20 人以下优惠 5%；在旅游淡季 1～4 月、11 月、12 月，如果组团人数超过 20 人，旅费优惠 20%，20 人以下优惠 15%；其他情况，一律优惠 8%。编程输入月份、人数，输出应优惠的百分数。

编程如下：

```
/ * c05_21.c * /
main()
{int m,num,d;
 printf("Input month: ");
 scanf("%d",&m);                    / * 输入月份 * /
 printf ("How many people? ");
 scanf("%d",&num);                  / * 输入人数 * /
 switch (m)
 {   case 7: case 8: case 9:
     if (num<20)   d=5;
     else d=10;
     break;
     case 1: case 2: case 3: case 4: case 11: case 12:
     if(num<20)   d=15;
     else   d=20;
     break;
     default:   d=8;
 }
 printf("num=%d,d=%d%%",num,d);
}
```

运行程序：

```
Input month: 3↵
How many people? 25↵
num= 25,d= 20%
```

5.4 循环结构程序设计

循环结构是程序的基本控制结构之一。循环结构用来描述有规律的重复操作，它可以大大缩短程序的长度。其特点是在一定条件下重复执行某一部分程序。循环结构中的条件表达式称为“循环条件”，重复执行的操作语句称为“循环体”。

在C语言中，分别提供了for、while和do…while等控制语句实现循环结构程序。本章分别介绍它们的用法。

5.4.1 while语句及程序设计

语法格式：

```
while (表达式) 循环体语句
```

执行过程：先计算表达式，如果表达式的值为“真”，则执行循环体语句，然后继续判断表达式是否为“真”，只有当表达式为“假”时，结束循环。

该语句执行的N-S图如图5.16所示。

【例5.22】 求sum＝1＋2＋3＋…＋n的前n项之和刚好大于500时的项数n及和。

本题的算法如图5.17所示。

表达式

循环体语句

图5.16 while语句的执行过程

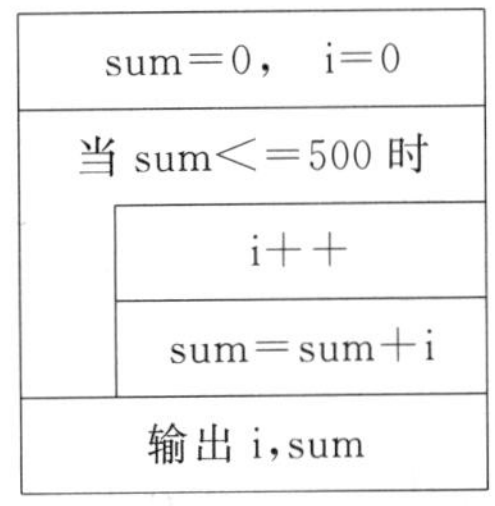

图5.17 例5.22的算法图

编程如下：

```
/*c05_22.c*/
#include "stdio.h"
main()
{  int i=0,sum=0;
   while(sum<=500)
```

```
   {  i++;
      sum=sum+i;
   }
   printf("n=%d,sum=%d\n",i,sum);
}
```

程序运行结果如下：

```
n=32,sum=528
```

关于 while 语句的说明如下。

(1) 循环条件表达式不仅可以是关系表达式、逻辑表达式,还可以是算术表达式、赋值表达式等。C 语言规定只要表达式的值为非 0,就认为条件是“真”;表达式的值为 0,就认为是“假”。

(2) while 语句是先判断表达式的值,后执行循环体语句,因此如果表达式一开始就为假,则循环体语句一次也不执行。

【例 5.23】 请分析下面程序的运行结果。

```
/*c05_23.c*/
#include<stdio.h>
main()
{int n=10;
 while(n>7)
 {  n--;
    printf("%d\n",n);
 }
}
```

以下输出结果正确的是________。

A. 10	B. 9	C. 9	D. 什么也不显示
9	8	8	
8	7	7	
	6		

答案是 C。

如果将程序中 n=10 改为 n=6,则答案是 D,因为表达式一开始就为“假”,循环体一次也不执行。

(3) C 系统只认 while 后边的第一条语句为循环体语句,因此循环体语句如果有多条语句,则要用{}括起来形成一个复合语句。

例如,将上例程序中括住循环体语句的{}去掉,即：

```
#include<stdio.h>
main()
```

```
{   int n=10;
    while(n>7)
        n--;
    printf("%d\n",n);
}
```

则输出结果是 7。

因为程序中的循环体只有 n——;,而 printf("%d\n",n);语句将在结束循环后才执行,所以输出的是退出循环时的 n 值。

(4) 循环体中的语句应能不断修改循环条件表达式的值,使之不断地向 0 靠近,最终使循环结束,否则循环将无限进行下去。

例如,将例 5.23 程序中的 n——改为 n++,则程序执行循环体语句时,由于 n++,使得循环条件 n>7 永远为"真",因此循环将无法退出,陷入死循环。这是我们所不希望的。

5.4.2 do…while 语句及程序设计

语句格式:

```
do 循环体语句 while(表达式);
```

执行过程:先执行一次循环体语句,然后计算表达式,如果(表达式)为"真",再执行循环体语句,然后继续判断表达式。当表达式为"假"时,结束循环。

该语句执行的过程如图 5.18 所示。

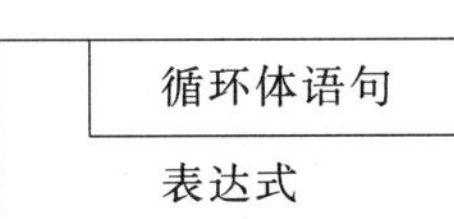

图 5.18 do…while 语句的执行过程

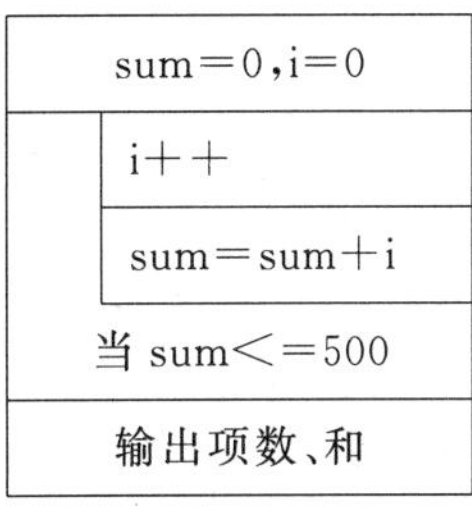

图 5.19 例 5.24 的算法

【例 5.24】 用 do…while 语句编写例 5.22,程序框图如图 5.19 所示,程序如下:

```
/*c05_24.c*/
#include<stdio.h>
main()
{   int  i=0,sum=0;
    do
    {   i++;
        sum=sum+i;
    } while(sum<=500);
```

```
    printf("n=%d,sum=%d\n",i,sum);
}
```

运行程序：

```
n=32,sum=528
```

关于 do…while 语句的说明如下。

(1) do…while 语句是先执行一次循环体语句,后判断表达式的值,因此无论表达式是否为“真”,循环体语句至少被执行一次。除此之外,do…while 语句的功能与 while 语句相同。

(2) 注意 do…while 语句的 while(表达式)后边一定要以“;”结束。

【例 5.25】 输入一个整数,将该整数逆序输出。即若输入 1234,则输出 4321。

分析：输入一个整数给 num,利用 num%10 可得到 num 的最低位,num=num/10 可去掉 num 的最低位。用 n=n*10+num%10 可以使 num 分离出来的各位逆序存放在 n 变量中。反复执行以上操作可以达到本题目的,直到 num=0 为止。

完整算法如图 5.20 所示,据此写出程序如下：

```
/* c05_25.c */
#include<stdio.h>
main()
{  long  n=0,num;
   printf("Enter an integer: ");
   scanf("%ld",&num);
   do
   {  n=n*10+num%10;
      num=num/10;
   } while(num !=0);
   printf("%ld\n",n);
}
```

n=0
输入 num
n=n*10+num%10
num=num/10
当 num!=0
输出 n

图 5.20 例 5.25 的算法

运行结果：

```
Enter an integer:  12305↵
50321
```

5.4.3 for 语句及程序设计

语法格式：

```
for(表达式 1;表达式 2;表达式 3)
循环体语句
```

执行过程：如图 5.21 所示,先执行表达式 1,然后处理表达式 2,若表达式 2 的值为

“真”,则执行循环体语句,并执行表达式 3;再返回去处理表达式 2,若表达式 2 为“真”再执行循环体语句,执行表达式 3……,这样循环往复,直到表达式 2 的值变为“假”时,退出循环。

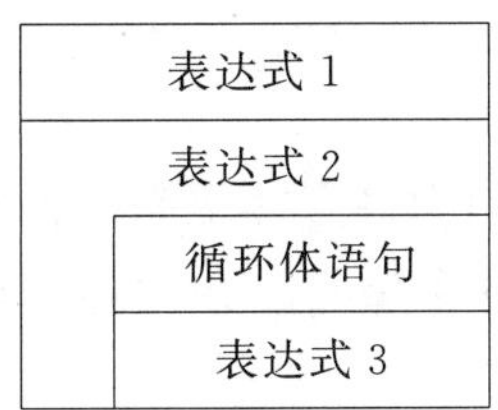

图 5.21 for 语句的执行过程

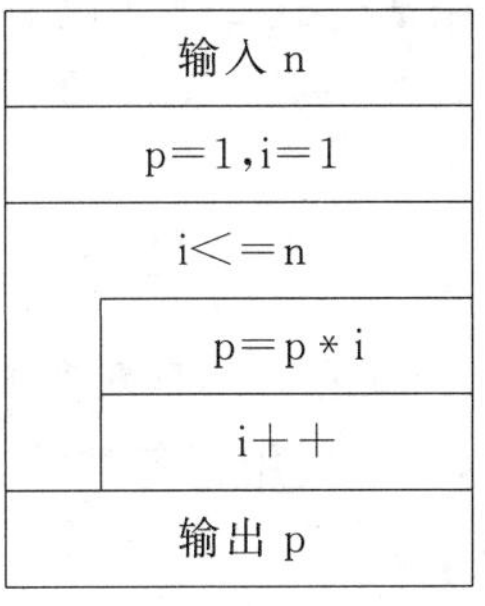

图 5.22 例 5.26 的算法图

【例 5.26】 用 for 语句编写 p=n!=1*2*…*n,n 由键盘输入。

本题的算法如图 5.22 所示。程序如下:

```
/*c05_26.c*/
#include<stdio.h>
main()
{  int i,n;long p;
   printf("Input  n: ");
   scanf("%d",&n);
   for(p=1,i=1;i<=n;i++)
      p=p*i;
   printf("%d!=%ld\n",n,p);
}
```

运行程序如下:

```
Input n: 10↲
10!=3628800
```

关于 for 语句的说明如下。

(1) 通常表达式 1 用于提供循环变量的初始值,表达式 2 提供循环条件,表达式 3 用于改变循环变量的值。

(2) for 语句中的 3 个表达式都是可以省略的,但其中的“;”不能省略。例如,上例中的 for 循环,可以省略表达式 1,将其放到 for 语句之前,则不改变原程序的功能。

```
p=1;i=1;
for( ;i<=10;i++)
  p=p*i;
```

还可以省略表达式 3,将其放到 for 语句的循环体之中,则不改变原程序的功能。

```
p=1;i=1;
```

```
for(i<=10)
  {p=p*i;
  i++};
```

如果省略表达式2,则用于判断循环结束的条件不存在了,C系统会默认这种情况为循环条件一直为"真"。如下面的循环将陷入死循环。

```
for(i=1;  ;i++)
  p=p*i;
```

(3) for语句和其他两种循环语句一样,默认一条语句为循环体语句,若循环体含有多条语句时,一定要用{}括住形成一个复合语句。一个复合语句中无论内含多少语句,在语法上都相当于一个语句。

(4) 无论是哪种循环语句,其循环体语句都允许是空语句。所谓空语句就是一个";",表示什么也不做。请看下面的程序段:

```
for(i=1;i<=5;i++)
  printf("%3d",i);
```

其中循环体语句是printf("%3d",i);,即每循环一次,执行一次printf(),所以输出结果是1 2 3 4 5。

再看下面的程序段输出的结果是什么?

```
for(i=1;i<=5;i++);
  printf("%3d",i);
```

注意这段程序和前一段程序很像,但并不一样。后者在for()后边多了一个";",因此这个分号成为循环体,即循环体是一个空语句。而语句printf("%3d ",i);则不属于循环体,而是循环结构之后的语句,因此其输出的是退出循环时的i值,所以输出结果是6。

在C语言中,for循环的形式很灵活,但从程序可读性的角度考虑,常用的for循环形式有以下两种。

```
for(循环变量=初值;循环变量<=终值;循环变量=循环变量+步长)
    循环体语句
for(循环变量=初值;循环变量>=终值;循环变量=循环变量-步长)
    循环体语句
```

例如程序段:

```
for(i=1;i<=5;i+=2)
  printf("%3d",i);
```

循环变量i的初值为1,终值为5,步长为2。每循环一次,i都要加一个步长2,当i变为7时,因超出终值5而结束循环。

对于循环变量的初值大于终值的情况,应注意每循环一次都应使循环变量减一个步长,才能保证循环变量不断靠近终值,当循环变量的值超出(小于)终值时循环结束。看下面程序段：

```
for(k=5;k>=0;k-=2)
  printf("%3d",k);
```

输出结果为5　3　1。

其中循环变量k的初值为5，终值为0，每循环一次，都要执行k－＝2，即k每次减的步长为2。当k值变为－1时退出循环。

【例5.27】 任意输入一个整数m，判断该整数是否是素数。

分析：素数，也称质数，是除了1和其本身外，不能被任何数所整除的数。

判断m是否是素数的基本思路是：按素数的定义，用小于m的所有整数(1除外)，逐个作分母，试探是否能整除m，若都不能整除m，则m就是素数，否则m不是素数。实际上，用于作分母的整数不必取到m－1，只需试探到m/2或$\sqrt{m}$即可。求$\sqrt{m}$要用库函数sqrt()，其定义信息在math.h头文件中。

编程采用如下变量。

m：要判断的整数。

i：用于试探的分母。

flag：作为是否素数的标志。若判断出m不是素数则flag＝0；否则若m是素数则flag＝1。

设计算法如图5.23所示。

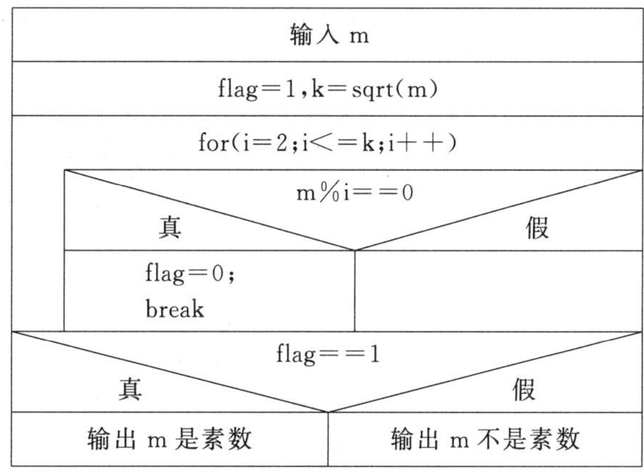

图5.23　判断素数的算法图

设计程序如下：

```
/*c05_27.c*/
#include<math.h>
main()
{  int m,i,k,flag=1;
   printf("Enter an int number: ");
   scanf("%d",&m);
```

```
   k=sqrt(m);
   for(i=2;i<=k;i++)
      if(m%i==0){flag=0;break;}
   if(flag)
      printf("%d is prime number.",m);
   else
      printf("%d is not prime number.",m);
}
```

运行结果如下：

```
Enter an int number: 47↵
47 is prime number .
```

再次运行，结果如下：

```
Enter an int number: 15↵
15 is not prime number.
```

5.4.4 循环的嵌套

循环的嵌套，也称多重循环，是指一个循环体内又包含另一个循环结构。C语言允许循环结构的多层嵌套。

for循环、while循环和do… while循环可以互相嵌套，例如以下的循环嵌套形式都是合法的。

```
while()          while()            for( ; ; )         for( ; ; )
{…               {…                 {…                 {…
 while()           do                 while()            for( ; ; )
 {…}               {…}while();        {…}                {…}
 …                 …                  …                  …
}                  }                  }                  }
```

双重循环的执行过程是：外层循环变量每取一个值，内循环从头至尾循环一遍，外循环变量再取下一个值……，依次类推，直到外循环变量超过终值为止。

看下边的程序段：

```
for(i=1;i<=3;i++)
{ for(j=1;j<=4;j++)
  printf("%3d ",i+j);
  printf("\n");
}
```

for(i=1;i<=3;i++)		
	for(j=1;j<=3;j++)	
		printf("%3d",i+j);
	printf("\n");	

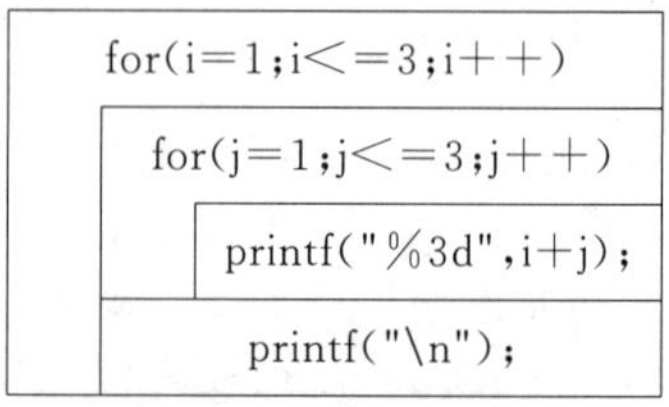

图 5.24 循环结构的嵌套

程序的结构如图5.24所示，执行过程分析如下：

	i=1:	j=1	j=2	j=3	j=4
输出	i+j:	2	3	4	5
	i=2:	j=1	j=2	j=3	j=4
输出	i+j:	3	4	5	6
	i=3:	j=1	j=2	j=3	j=4
输出	i+j:	4	5	6	7

即开始执行外层循环时，首先外层循环变量 i=1，因满足循环条件 i<=3，进入外层循环体。i=1 这个值在执行第一次外循环体的整个过程中保持不变。

由图 5.24 可见，由于外循环体内包含一个内循环结构和一个输出换行的语句，因此在执行外循环体的过程中，先要将内循环体执行完。即在 i=1 的情况下，内循环变量 j 的值要从 1 变化到 4，每次输出 i+j 的值，当最后执行 j++使 j=5 时，由于 j 超出终值 4，而退出内循环。

接下来执行 printf("\n");输出换行。到此为止已将外循环体整个执行了一遍。

外循环变量 i++，使 i=2，仍满足条件 i<=3，再次执行外循环体。在 i=2 的情况下，内循环变量 j 的值又从 1 变化到 4……，重复上述操作，直到 i 超过终值 3，外循环结束。

上述程序段的输出结果应是：

```
2 3 4 5
3 4 5 6
4 5 6 7
```

【例 5.28】 假设班里有 4 名学生，每个学生有 3 门课的考试成绩。要求分别统计出全班学生各门课的平均成绩。

分析：用双层循环来处理这个问题，外层循环确定某一门课。共 3 门课，所以循环 3 次，内层循环用来输入 4 个学生的某一门课成绩并求和，所以循环 4 次。内循环结束时求平均分。

算法如图 5.25 所示。可见外循环体中，不仅包含一个内层循环结构，还有求平均值语句和输出平均值语句。

编程如下：

```
/*c05_28.c*/
#include "stdio.h"
main()
{int i,j,sum,score;
  float aver;
  for(i=1;i<=3;i++)
  {  printf("\n Input %dth score: ",i);
     sum=0;
     for(j=1;j<=4;j++)
     {  scanf("%d",&score);
        sum=sum+score;
     }
```

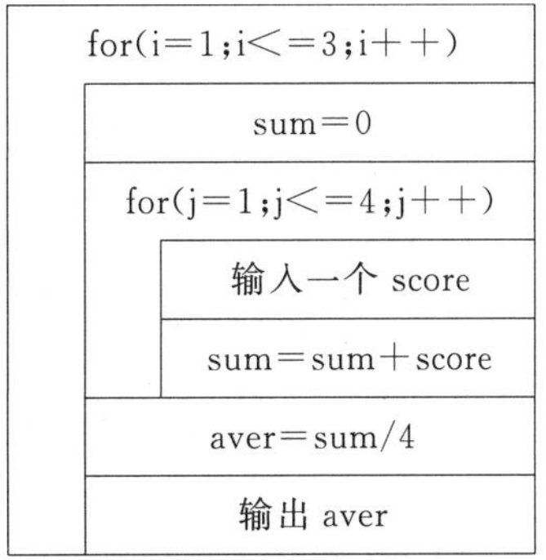

图 5.25 例 5.28 的算法框图

```
        aver=(float)sum/4;
        printf("The %dth aver=%.2f\n",i,aver);
    }
}
```

运行结果如下：

```
Input 1th score: 55 80 70 90↵
The 1th aver=73.75
Input 2th score: 65 85 70 95↵
The 2th aver=78.75
Input 3th score: 70 80 85 80↵
The 3th aver=78.75
```

程序的执行过程如下：

当i取1时,内循环实际上是循环输入第1科的4个分数,然后计算并显示该科的平均分数;同理,i取2时,循环输入第2科成绩,计算并显示第2科的平均分数。当i从1变化到3时,将计算并显示出3门课的平均分数,当i的值变为4时,因判断超过了终值,而退出外循环。

使用循环嵌套时还要注意以下几点。

(1) 在多层循环中各层的循环变量名不应当相同,以免造成混乱。

(2) 循环嵌套的层数没有限制,但是层数太多,程序的可读性变差。

(3) 为使嵌套的层次关系清晰,最好采用缩排格式书写程序。

【例5.29】 输出所有"水仙花数"。"水仙花数"是指一个三位数,其各位数字的立方和等于该数本身。例如 $153=1^3+5^3+3^3$,所以153就是一个水仙花数。

分析：设所求的三位数,其百位数是i,十位数是j,个位数是k,若满足条件：

```
i*i*i+j*j*j+k*k*k==100*i+10*j+k
```

就是水仙花数。

编程如下：

```
/*c05_29.c*/
#include "stdio.h"
main()
{  int i,j,k;
   for(i=1;i<=9;i++)
    for(j=0;j<=9;j++)
      for(k=0;k<=9;k++)
        if(i*i*i+j*j*j+k*k*k==100*i+10*j+k)
          printf("%d%d%d ",i,j,k);
}
```

思政5

运行结果如下：

```
153  370  371  407
```

5.4.5 转移控制语句的应用

C语言提供了4种转移控制语句：break、continue、goto和return。return语句将在第7章的函数中介绍，本节介绍其余几种转移控制语句的用法。

1. break语句

语法格式：

```
break;
```

功能：用在switch结构中，强迫控制跳出switch结构；还可以用在循环结构中，强迫控制退出循环。

例如，

```
for(k=1;k<=10;k+=2)
{  if(k==7) break;
   printf("%3d",k);
}
```

该程序段显示结果如下：

```
1  3  5
```

这是一个循环程序，当运行到k=7时，虽然k没有超过循环终值10，但因满足了if语句的(k==7)这个条件，而执行break;，因此提前退出循环。

使用break时应注意以下两点。

(1) break在switch中，只退出其所在的switch结构而不影响switch所在的任何循环或与其嵌套的switch结构。

(2) break在嵌套的循环中只能退出一层循环，而不能从多层嵌套循环的内层一下子跳出最外层循环。例如：

```
for(j=1;j<=3;j++)
{  for(k=1;k<=10;k+=2)
   {  if (k==7) break;
      printf("%3d",k);
   }
   printf("\n");
}
```

该程序段的内层循环执行时只要满足k==7时，就执行break语句，因此退出内循环，但不退出外循环，外循环共执行3次。所以本程序段显示结果为：

```
1  3  5
1  3  5
1  3  5
```

2. continue 语句

语法格式：

```
continue;
```

功能：continue 语句只用在循环中，用来结束本次循环，但不退出循环。

例如，

```
for(k=1;k<=10;k+=2)
{ if(k==7) continue;
  printf("%3d",k);
  }
```

当 k=1、3、5 时，都不满足 if 语句的条件，所以执行输出 k 值 1、3、5。当 k=7 时，虽然没有超过循环终值 10，但因满足了 if 语句的(k==7)这个条件，而执行 continue;语句，因此结束本次循环，即不执行 continue 后边的 printf("%3d",k);语句，转而接着进行下一次循环，执行 for 语句的 k+=2，使 k=9。此时因在循环体中不满足 if 语句的(k==7)这个条件，而执行 printf("%3d",k);语句输出 9，再执行 for 语句的 k+=2，使 k=11，此时因 k 超出循环条件终值而退出循环。所以该程序段应输出：

```
1  3  5  9
```

【例 5.30】 输出 30 以内所有能被 3 整除的数。

编程如下：

```
/*c05_30.c*/
#include "stdio.h"
main()
{  int j;
   for(j=3;j<=30;j++)
   {  if(j%3!=0) continue;
      printf("%4d",j);
   }
}
```

运行结果如下：

```
3   6   9  12  15  18  21  24  27  30
```

若将程序中的 continue 改为 break,则输出结果是什么？请读者思考。

3. goto 语句

语法格式：

```
goto  语句标号;
```

功能：控制程序无条件转移。

其中,语句标号是用标识符加冒号表示,用来表示程序的位置,常用来表示转移语句 goto 的转移目标。goto 语句的执行,使控制转移到语句标号处去执行。

goto 语句与 if 语句配合,可以构成循环程序。

【例 5.31】 用 goto 和 if 配合,编写求 2＋4＋…＋100 的程序。

编程如下：

```
/*c05_31.c*/
#include "stdio.h"
main()
{  int  i=0,sum=0;
sta:                              /*语句标号*/
   if(i<=100)
   {  sum=sum+i;
      i+=2;
      goto  sta;      /*转移到 sta 处去执行*/
   }
   printf("sum=%d\n",sum);
}
```

goto 和 break 比较,goto 可以控制程序从多层循环内部一下子跳到循环之外,而 break 只能退出一层循环。如果用 break 来实现退出多层嵌套的循环,就要设置多个标志,逐层判断、跳出,从而增加了程序的复杂性。而使用 goto 语句,可以很容易地转移到本函数内程序的任何地方,但不能从循环体外转移到循环体内。

由于使用 goto 语句可以任意转移,使得程序的结构不够清晰,程序的可读性差,增加了程序维护的难度,所以应尽量少用 goto 语句。

5.4.6 循环结构程序设计综合举例

循环结构程序可以用 while、do…while 和 for 语句实现。对于事先能确定循环次数的问题采用 for 语句比较方便。while 和 do…while 语句则便于编写事先不能确定循环次数的循环程序。

【例 5.32】 打印如图所示的图案。

分析：图案共有 4 行,每行由空格和 * 组成,且先打印若干空格后打印 * 。

输出空格字符的规律是,随着行数增加逐渐减少一个空格,可用一个循环程序实现。

输出 * 字符的规律是,随着行数增加逐渐增加 2 个 * ,可用一个循环实现。

本题用一个外循环控制图案的总行数,内嵌上述两个循环,来达到本题的目的。具体算法如图 5.26 所示。

编程如下:

```
/* c05_32.c */
#include "stdio.h"
main()
{  int i,j;
   for(i=1;i<=4;i++)
   {  for(j=1;j<=4-i;j++)
        printf(" ");  /* 打印每行左边的空格 */
      for(j=1;j<=2*i-1;j++)
        printf("*");   /* 打印每行的 * 字符 */
      printf("\n");
   }
}
```

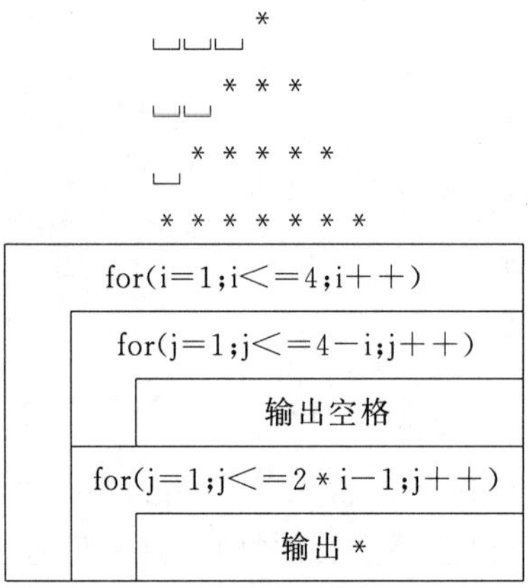

```
␣␣␣*
␣␣***
␣*****
*******
```

for(i=1;i<=4;i++)
- for(j=1;j<=4-i;j++)
  - 输出空格
- for(j=1;j<=2*i-1;j++)
  - 输出 *

图 5.26 例 5.32 的算法框图

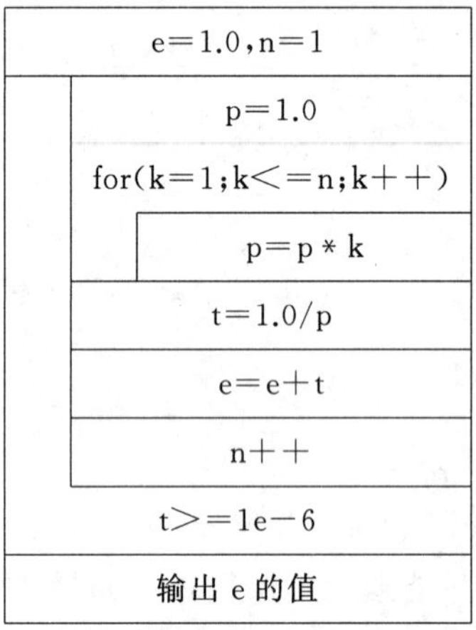

e=1.0,n=1
- p=1.0
- for(k=1;k<=n;k++)
  - p=p*k
- t=1.0/p
- e=e+t
- n++

t>=1e-6

输出 e 的值

图 5.27 例 5.33 的算法框图

【例 5.33】 用近似公式 $e\approx 1+1/1!+1/2!+\cdots+1/n!$ 求 e 的值,直到 $1/n!<10^{-6}$ 为止。

分析:用内循环计算 n!,用外循环完成累加求和。算法如图 5.27 所示。

编程如下:

```
/* c05_33.c */
#include "stdio.h"
main()
{ int n,k;
  double e,t,p;
  e=1.0;n=1;
  do
```

```
  {  p=1.0;
     for(k=1;k<=n;k++)  p=p*k;      /*求 n!*/
     t=1.0/p;                       /*计算第 n 项值*/
     e=e+t;                         /*累加第 n 项值*/
     n++;
   }while(t>=1e-6);
  printf("e=%lf \n",e);
}
```

运行结果：

```
e=2.718282
```

【例 5.34】 求三位数中最大的 5 个素数。

分析：本题要求出 1000 以内最大的 5 个素数，由于事先不知道这 5 个数中的最小者，因此不能确定 for 循环的终值，需要通过统计素数个数达到 5 后用 break 来退出循环。编程如下：

```
/*c05_34.c*/
#include "stdio.h"
main()
{  int m,i,k=0,flag;
   for(m=999;m>101;m--)
   {  flag=1;
      for(i=2;i<=m/2;i++)
        if(m%i==0) {flag=0;break;}        /*不是素数*/
      if (flag)
      {  printf("%d ",m);k++;}            /*输出素数,并统计素数的个数*/
      if(k==5)  break;                    /*素数够 5 个后退出*/
   }
}
```

运行结果：

```
997  991  983  977  971
```

【例 5.35】 编写求函数 $f(x)=x^2+1$ 的定积分 $\int_a^b f(x)dx$ 的程序。

分析：定积分 $\int_a^b f(x)dx$ 的几何意义是求曲线 $y=f(x)$、$x=a$、$x=b$ 和 $y=0$ 所围成的面积，如图 5.28 所示。把[a,b]区间分 n 份，可得若干小梯形，积分值就近似等于这些小梯形面积之和。第 i 个梯形面积近似为：

$$(f(xi-1)+f(xi))*h/2$$

$$h=(b-a)/n$$

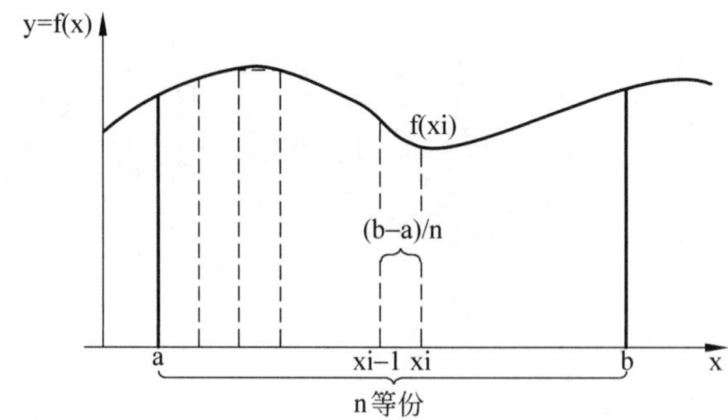

图 5.28　曲线近似积分示意图

编程如下：

```
/* c05_35.c */
#include<stdio.h>
main()
{int i;
 float s=0,h,f0,f1,n,a,b;
 printf("Input a,b,n: ");
 scanf("%f,%f,%f",&a,&b,&n);
 h=(b-a)/n;
 f0=a*a+1;                /*计算 f(a) */
 while(i<=n)
 {  a=a+h;
    f1=a*a+1;             /*计算 f(a+h) */
    s+=(f0+f1)*h/2.0;     /*计算并累加小梯形面积*/
    f0=f1;
    i++;
 }
 printf("s=%.2f\n",s);
}
```

运行结果：

```
input a,b,n: 0,20,1000↵
s=2686.72
```

【例 5.36】 设计一个算术加法练习程序。

分析：设计一个菜单，显示当输入 0 时，退出程序；输入 1 时，开始算术加法练习。

在算术加法练习中，随机产生两个整数，让用户输入答案。若用户输入正确时，显示 Right!，若用户输入错误时，显示 Wrong!，并给出正确答案。程序中随机数的产生是利用了库函数 rand()，它定义在 math.h 头文件中。每做完一题，循环回去再显示菜单，重复上述操作，直到选择 0，则执行 exit(0)，而退出程序。编程如下：

```
/*c05_36.c*/
#include "stdio.h"
#include "stdlib.h"
#include "math.h"
main()
{char op;int ch;
  int a,b,c;
  while(1)
  {  printf("--------------------------------------------\n");
     printf("0.  End program\n");                     /*显示菜单*/
     printf("1.  Begin \n ");
     printf("--------------------------------------------\n");
     printf("\n Please choose: ");
     scanf("%d",&ch);                                 /*输入所选菜单项 0 或 1*/
     switch(ch)
     {  case 0: printf("\n***Good Bye !***\n ");exit(0);  /*选择 0,退出程序*/
        case 1:                                       /*选择 1,开始加法练习*/
        a=rand();  b=rand();                          /*产生两个随机数*/
        printf("%d+%d=? ",a,b);                       /*提示用户输入答案*/
        scanf("%d",&c);
        if(c !=(a+b))                                 /*若用户输入答案错误*/
        {  printf("\n ####  Wrong!####\n");
           printf("\n %d+%d=%d \n",a,b,a+b);}         /*给出标准答案*/
           else
              printf("  ****Right!****\n");           /*提示用户输入答案正确*/
        }
     }
}
```

运行结果如下：

```
--------------------------------------
0.  End program             ←显示菜单
1.  Begin
--------------------------------------
Please choose:  1↲          ←提示选择信息。输入 1
346+130=?  476↲             ←随机显示一道题。输入答案 476
***  Right !  ***           ←表示结果正确


--------------------------------------
0.  End program             ←返回主菜单
1.  Begin
--------------------------------------
Please choose:  1↲          ←选择并输入 1
```

```
10982+1090=?11200↵              ←随机显示一道题,输入错误答案
####  Wrong! ####               ←表示结果错
10982+1090=12072                ←给出标准答案

-----------------------------
0.  End program                 ←显示主菜单
1.  Begin
-----------------------------
Please choose:   0↵             ←选择输入 0
* * * Good Bye ! * * *          ←退出程序运行
```

例 5.36 中用到的 exit()函数用来终止整个程序的运行,返回操作系统。该函数定义在头文件 stdlib.h 中。使用时,如果在括号中写 0,即 exit(0),则表示程序正常终止,若写非 0 值,则表示程序非正常终止。调用 exit()函数还可以清除和关闭所有已打开的文件。exit()函数常用于菜单程序,实现退出程序功能。

习 题 5

5.1 单项选择题

① 在下列语句中,符合 C 语言语法的赋值语句是(   )。

A. a=7+b+c=a+7;   B. a=7+b;c+7=a;

C. a=(7+b,b++,c+7);   D. a=b=c=7

② 以下程序运行时,有输出结果时输入的值为(   )。

```
#include <stdio.h>
main( )
{  int x;
   scanf("%d",&x);
   if(x<=3);
   else if(x!=10)printf("%d\n",x);
}
```

A. 不等于 10 的整数   B. 大于 3 且不等于 10 的整数

C. 大于 3 或等于 10 的整数   D. 小于 3 的整数

③ 以下程序的输出结果是(   )。

```
main( )
{  int x=1,a=0,b=0;
   switch(x){
       case 0: b++;
       case 1: a++;
       case 2: a++;b++;
```

```
  }
  printf("a=%d,b=%d",a,b);
}
```

A. a=2,b=1　　B. a=1,b=1　　C. a=1,b=0　　D. a=2,b=2

④ 下面程序段的输出结果是(　　)。

```
int x=3,y=0;
do{  y=x--;
    if(!y){ printf("*");break; }
    printf("#");
}while(x=2);
```

A. ##　　B. ##*　　C. 死循环　　D. 输出错误信息

⑤ 对下面程序段描述正确的是(　　)。

```
int x=0,s=0;
while(!x!=0) s+=++x;
printf("%d",s);
```

A. 运行程序段后输出 0　　B. 运行程序段后输出 1

C. 程序段中的控制表达式是非法的　　D. 程序段循环无数次

⑥ 以下程序段的输出结果是(　　)。

```
int x=3;
do{
    printf("%3d ", x-=2);
}while(!(--x));
```

A. 1　　B. 30　　C.1　-2　　D. 死循环

⑦ 下列程序的输出结果是(　　)。

```
main()
{  int x=1,y=2,z=3;
   if(x==1&&y++==2)
       if(y!=2||z--!=3)
           printf("%d%d%d\n",x,y,z);
       else printf("%d%d%d\n",x,y,z);
   else printf("%d%d%d\n",x,y,z);
}
```

A. 123　　B. 133　　C. 321　　D. 331

⑧ 以下程序的输出结果是(　　)。

```
main()
{  if(2==3-1<=8!=4*3)
       printf("true ");
   printf("false");
```

```
}
```

A. true B. false C. true false D. false true

⑨ 若 i 为 int 型变量,则以下循环执行的次数是(　　)。

```
for(i=2;i==0;) printf("%d",i--);
```

A. 无限次 B. 0 次 C. 1 次 D. 2 次

⑩ 关于以下程序段,说法正确的是(　　)。

```
for(t=1;t<=100;t++)
{   scanf("%d",&x);
    if(x<0) continue;
    printf("%3d",t);
}
```

A. 当 x<0 时整个循环结束 B. x≥0 时什么也不输出

C.printf 函数永远也不执行 D. 最多允许输出 100 个非负整数

⑪ 下面关于 for 循环的说法正确的是(　　)。

A. for 循环只能用于循环次数已经确定的情况

B. for 循环是先执行循环体语句,后判断表达式

C. 在 for 循环中,不能用 break 语句跳出循环体

D. for 循环的循环体中可以包含多条语句,但必须用花括号括起来

⑫ 设变量已正确定义,以下不能统计出一行中输入字符个数(不包含回车符)的程序段是(　　)。

A. `n=0; while((ch=getchar())!='\n')n++;`

B. `n=0; while(getchar()!='\n')n++;`

C. `for(n=0;getchar()!='\n';n++);`

D. `n=0; for(ch=getchar();ch!='\n';n++);`

⑬ 下列关于 do…while 语句的说法正确的是(　　)。

A. do…while 语句构成的循环必须用 break 语句退出

B. do…while 语句构成的循环,当 while 语句中的表达式值为非零时结束循环

C. do…while 语句构成的循环,当 while 语句中的表达式值为零时结束循环

D. C 语言中不能使用 do…while 语句构成的循环

⑭ 以下程序段(　　)。

```
int x=-1;
do{x=x*x;
}while(!x);
```

A. 是死循环 B. 循环体执行一次

C. 循环体执行 2 次 D. 有语法错误

⑮ 与以下程序段等价的是(　　)。

```
while(a)
{  if(b) continue;
   c;
}
```

A. while(a){if(!b) c;}　　B. while(c){if(!b) break; c;}

C. while(c){if(b) c;}　　D. while(a){if(b) break; c;}

⑯ 有以下程序段，此处 do…while 循环的结束条件是(　　)。

```
int n=0,p;
do{scanf("%d",&p); n++;
}while(p!=12345 && n<3);
```

A. p 的值不等于 12345 并且 n 的值小于 3

B. p 的值等于 12345 并且 n 的值大于或等于 3

C. p 的值不等于 12345 或者 n 的值小于 3

D. p 的值等于 12345 或者 n 的值大于或等于 3

⑰ if 语句的基本形式为：if(表达式) 语句，其中括号中的表达式(　　)。

A. 必须是逻辑表达式　　B. 必须是关系表达式

C. 必须是逻辑表达式或关系表达式　　D. 可以是任意合法的表达式

⑱ 有以下程序段，其中 t 为整型变量，以下选项中叙述正确的是(　　)。

```
intt=1;
while (-1)
{  t--;
   if(t)  break;
}
```

A. 循环一次也不执行　　B. 循环执行一次

C. 循环执行 2 次　　D. 循环控制表达式(-1)不合法

⑲ 已知有以下程序，要使输出结果为 t=4，则给 a 和 b 输入的值应满足的条件是(　　)。

```
main( )
{  int s,t,a,b;
   scanf("%d,%d",&a,&b);
   s=t=1;
   if(a>0) s=s+1;
   if(a>b) t=s+t;
   else if(a==b) t=5;
       else t=2*s;
   printf("t=%d\n",t);
}
```

A. a>b　　B. a<b<0　　C. 0<a<b　　D. 0>a>b

⑳ 有以下程序段,其中 x 为整型变量,以下选项中叙述正确的是(　　)。

```
int x=-1;
do{ ; }while(x++);
printf("x=%d",x);
```

A. 该循环没有循环体,程序错误　　B. 输出 x=1

C. 输出 x=0　　D. 输出 x=−1

㉑ 下面程序的结果是(　　)。

```
main( )
{   int x=3,y=1,z=0;
    if (x=y+z) printf("* * * *");
    else printf("####");
}
```

A. 有语法错误,不能通过编译

B. 输出* * * *

C. 可以通过编译,但不能通过链接,因而不能运行

D. 输出# # # #

㉒ 下面程序的输出是(　　)。

```
main()
{   int x=100,a=10,b=20,ok1=5,ok2=0;
    if(a<b)
        if(b!=15)
            if(!ok1) x=1;
            else
                if(ok2) x=10;
            x=-1;
    printf("%d \\n",x);
}
```

A. −1　　B. 0　　C. 1　　D. 不确定的值

㉓ 若有定义 float x;int a,b;,以下正确的是(　　)。

A.
```
switch(x)
{   case 1.0: printf("AAAA\\n");
    case 2.0:printf("BBBB\\n");}
```

B.
```
switch(a)
{   case 1,2: printf("AAAA\\n");
    case 3:printf("BBBB\\n");}
```

C.
```
switch(a+ b)
{   case 1: printf("AAAA\\n");
    case 1+2:printf("BBBB\\n");}
```

D.
```
switch(a)
```

```
{  case 1+b: printf("AAAA\\n");
   case 2:printf("BBBB\\n"); }
```

㉔ 下面程序的输出结果是(　　)。

```
main()
{  int i;
   for(i=0;i<10;i++);
   printf("%d ",i);
}
```

A. 0　　B. 123456789　　C. 0123456789　　D. 10

㉕ 下面的程序执行后,a 的值为(　　)。

```
main()
{  int a,b;
   for(a=1,b=1; a<=100; a++)
   {  if (b>=20) break;
      if(b%3==1)
      {b+=3; continue;}
      b-=5;
   }
      printf("%d\n",a);
}
```

A. 7　　B. 8　　C. 9　　D. 10

㉖ 下列程序段中,不是死循环的是(　　)。

A.
```
int i=100;
while(1)
{  i=i%100+1;
   if(i<100) break;
}
```

B.
```
for (; ;);
```

C.
```
int k=0;
do
{  ++k;
} while(k>=0);
```

D.
```
int s=3379;
while(s++%2+s%2)s++;
```

5.2　填空题

① 所有的 C 程序都可以用 3 种控制结构编写,这 3 种控制结构是________、________和________。

② 执行循环结构或 switch 结构中的________语句能够立即退出该结构。

③ 执行循环结构中的________语句能够立即执行下一次循环。

④ 已有定义语句:int x=6,y=4,z=5;,执行语句 if(x<y) z=x; x=y; y=z;后,x 的值是________,y 的值是________,z 的值是________。

⑤ 若 x 为 int 类型,请以最简单的形式写出与!x 的逻辑值等价的 C 语言表达式________。

⑥ 设 y 是 int 型变量,请写出当 y 是奇数时值为 1 的关系表达式________。

⑦ 表示“整数 x 的绝对值大于 5”时值为“真”的 C 语言表达式是________。

⑧ 设 x,y,z,t 均为 int 型变量,则执行下述语句后,x 的值是________,y 的值是________,z 的值是________,t 的值是________。

```
x=y=z=3;  t=(++x||++y)&&++z;
```

⑨ 若有定义语句:int a=1,b=2,c=3,d=4;,则执行下述表达式语句后,表达式的值是________,a 的值是________,b 的值是________,c 的值是________,d 的值是________。

```
(a*=a<b)&&(c-=b<=d++);
```

⑩ 下列程序的运行结果是________。

```
main()
{  int a=0,b=0,c;
   if(a>b) c=1;
   else  if(a=b)  c=0;
       else  c=-1;
   printf("%d\n",c);
}
```

⑪ 若有定义:int a=5,b=4,c=9;,以下语句的执行结果是________。

```
(a++<=5&&b--<=2&&c++)
? printf("* * * a=%d,b=%d,c=%d\n",a,b,c) :
printf("###a=%d,b=%d,c=%d\n",a,b,c);
```

⑫ 若从键盘上输入 3 和 4,执行以下程序后的输出结果是________。

```
main()
{  int a=0,b=0,s=0;
   scanf("%d%d",&a,&b);
   if(a<b) s=b*a,s*=a;
   printf("%d\n",s);
}
```

⑬ 假设整型变量 i 已定义,要求使以下程序段输出 10 个整数,请填空。

```
for(i=0;i<=________;printf("%d\n",i+=2));
```

⑭ 执行下面程序段后,k 的值是________。

```
int r=1,n=203,k=1;
do{  k*=n%10*r;  n/=10; r++;
}while(n);
```

⑮ 若从键盘上输入 58,则以下程序的输出结果是________。

```
int a;
scanf("%d",&a);
printf("%d",a);
if(a<50)  printf("%d",a);
    if(a>40)  printf("%d",a);
        if(a>30)  printf("%d",a);
```

⑯ 若下列程序段中的变量已正确定义，则下列程序段的输出结果是________。

```
for(i=0;i<4;i++,i++)
for(k=1;k<3;k++);printf("*");
```

⑰ 下列程序的输出结果是________。

```
main()
{  int a=-1,b=4,k;
   k=(a++<=0)&&(!(b--<=0));
   printf("%d,%d,%d",k,a,b);
}
```

⑱ 下列程序的输出结果是________。

```
int n=20;
while(n--);
printf("%d",n);
```

⑲ 下列程序的输出结果是________。

```
main()
{  int x=0,y=0,i;
   for(i=1; ;++i)
   {  if(i%2==0)  {x++; continue;}
      if(i%5==0)  {y++; break;}
   }
   printf("%d,%d",x,y);
}
```

⑳ 下列程序的输出结果是________。

```
main()
{  int i,j=2;
   for(i=1;i<=2*j;i++)
       switch(i/j)
   {  case 0: case 1: printf("*"); break;
      case 2: printf("#");
   }
}
```

5.3 分析下列程序的运行结果

①
```
#include "stdio.h"
main()
{int m=5;
 if (m++>5) printf("%d\n ",m);
 else printf("%d\n",m--);
}
```

②
```
#include "stdio.h"
main()
{ int a=-1,b=3,c=3,s=0,w=0,t=0;
  if (c>0) s=a+b;
  if(a<=0)
  { if (b>0)
    if(c<=0) w=a-b;
  }
    else if(c>0) t=a-b;
      else t=c;
    printf("%d,%d,%d\n",s,w,t);
}
```

③
```
#include "stdio.h"
 main()
{int m=0,n=1;
 switch(m)
 {  case 0:
    case 1: n+=7;
    case 2:
    case 3: n+=3;  break;
    default: n+=7;  }
 printf("%d,%d \n",m,n);
}
```

④
```
#include "stdio.h"
main()
{int x=1,y=0;
switch(x)
 {  case 1:
    switch(y)
     {case 0: printf ("Line 1\n");
break;
      case 1: printf ("Line 2\n");
break;
     }
    case 2: printf("Line 3\n");}
}
```

⑤
```
#include<stdio.h>
main()
{int y=9;
 for (;y>0;y--)
 {  if (y%3==0)
    printf ("%d",--y);continue;
  }
}
```

⑥
```
#include<stdio.h>
 main()
{int c;
 while ((c=getchar())!='\n')
 {  switch (c-'1')
    {case 0:
     case 1: putchar(c+4);break;
     case 2: putchar(c+4);
     case 3: putchar(c+3);break;
     case 4: putchar(c+2);
    }
 }
 printf("\n");
}
```
运行程序时,输入 2345

⑦
```
#include<stdio.h>
main()
{int x=1,i=1;
 for (;x<50;i++)
 {if (x>=10) break;
  if (x%2!=0)
  {x+=3;continue;}
  x-=1;}
printf("x=%d,i=%d \n",x,i);
}
```

5.4 阅读程序题,分析下列程序的运行结果

①
```
#include <stdio.h>
main()
{  int x=1,y=9,z;
   switch(x<y &&--x)
   {  case 0: x=6;  printf("%d ",x);
      case 1: x+=4;printf("%d ",x);
      case 2:--x;  printf("%d ",x);break;
      default: x %=3; printf("%d\n",x);
   }
}
```

②
```
#include <stdio.h>
main( )
{  int a=15 ,b=21, m=0;
   switch(a%3)
   {  case 0: m++;
      case 1: m++;
              switch(b%2)
              {  default: m++;
                 case0 : m++; break;
              }
              printf("%d\n" , m);
   }
}
```

③
```
#include <stdio.h>
main()
{  int x,y=1,z=10;
   if(y!=0) x=5;
   printf("x=%d\t",x);
   x=1;
   if(z<0)
       if(y>0) x=3;
       else x=5;
   printf("x=%d\t",x);
   if(z=y<0) x=3;
   else if(y==0) x=5;
       else x=7;
   printf("x=%d\t",x);
}
```

④
```
main()
{  int i;
   for(i=1;i<=5;i++)
```

```
    {  if(i%2) printf("*");
       else continue;
       printf("#");
    }
    printf("$\n");
}
```

⑤
```
#include <stdio.h>
main()
{  int i=10,j=18,k=30;
   switch(j-i){
      case 8: k++;
      case 9: k+=2;
      case 10: k+=3;break;
      default: k/=j;
   }
   printf("%d\n",k);
}
```

⑥
```
#include <stdio.h>
main()
{  long int s;int a,n,k,t,i;
   scanf("%d,%d",&n,&a);
   s=a;
   for (k=2;k<=n;k++)
   {  t=a;
      for (i=2;i<=k;i++)
         t=t*10+a;
      s=s+t;
   }
   printf("s=%ld\n",s);
}
```

运行时输入3,2,程序运行结果是________。

⑦
```
#include<stdio.h>
main()
{  int k=1, s=0;
   do{if((k%2)!=0) continue;
      s+=k; k++;
   }while(k>10);
   printf("s=%d\n",s);
}
```

⑧
```
#include <stdio.h>
main()
{  int a,b,m,n;
```

```
    scanf("%d %d",&a,&b);
    m=n=1;
    if(a>0) m=m+n;
    if(a<b) n=2*m;
    else if(a==b) n=5;
        else n=m+n;
    printf("m=%d n=%d\n",m,n);
}
```

程序运行时输入 3 6,运行结果是________。

⑨
```
#include <stdio.h>
main()
{   int v1=0,v2=0;
    char ch;
    while((ch=getchar())!='#') {
        switch(ch) {
            case 'a':
            case 'h':
            default: v1++;
            case 'o': v2++;
        }
    printf("%d,%d\n",v1,v2);
    }
}
```

程序运行时输入 China#,则运行结果为________。

⑩
```
#include <stdio.h>
main()
{   int x=21;
    while(x>10&&x<50)
    {   x--;
        if(x/4){ x+=5;break; }
        else continue;
    }
    printf("%d\n",x);
}
```

⑪
```
#include <stdio.h>
main()
{   int y,a;
    y=2;a=1;
    while(y--!=-1){
        do{  a*=y; a++;
        }while(y--);
}
```

```
printf("%d,%d",a,y);
}
```

⑫
```
#include <stdio.h>
main()
{  int i=0,x=0,y=0;
   do{  ++i;
        if(i%3!=0){  x=x+i; i+=2; }
        y=++i+y;
   }while(i<=8);
   printf("i=%d,x=%d,y=%d\n",i,x,y);
}
```

⑬
```
#include <stdio.h>
main()
{  int k=0;
   char c='a';
   do{  switch(++c){
            case 'b': k--;
            case 'c': k+=2;break;
            case 'd': k=k%2;break;
            default: k=k/3;
            case 'f': k-k*5;break;
        }k-=2;
   }while(c<'g');
   printf("k=%d\n",k);
}
```

⑭
```
#include <stdio.h>
main()
{  int m,n;
   for(m=0;m<=3;m++)
   {  for(n=0;n<=5;n++)
      {  if(m==0||n==0||m==3||n==5)
             printf("*");
         else
             printf(" ");
      }
      printf("\n");
   }
}
```

⑮
```
#include <stdio.h>
main()
{  int m,n;
   for(m=4;m>=1;m--)
   {  for(n=1;n<=m;n++)
```

```
            putchar('#');
        for(n=1;n<=4-m;n++)
            putchar('*');
        putchar('\n');
    }
}
```

⑯
```
#include <stdio.h>
main()
{  int j=1;
   while(j<=15)
       if(++j%3!=2) continue;
   else printf("%5d",j);
   printf("\n");
}
```

⑰
```
#include <stdio.h>
main()
{  int i,j,m=1;
   for(i=1;i<3;i++)
   {  for(j=3;j>0;j--){
          if((i*j)>3)  break;
          m=i*j;
      }
   }
   printf("m=%d\n",m);
}
```

⑱
```
#include <stdio.h>
main()
{  int i,j=0,a=0;
   for(i=0;i<5;i++)
   {  do{if(j%3) break;
          a++; j++;
      }while(j<10);
   }
   printf("%d,%d",j,a);
}
```

⑲
```
#include <stdio.h>
main()
{  int a,b,t;
   for(a=3,b=0;!a==b;a--,b++)
       if(a>b){ t=a; a=b; b=t; }
   printf("%d,%d\n",a,b);
}
```

⑳
```
#include <stdio.h>
main()
{  int x=0,y=0,i;
   for(i=1;;++i)
   {  if(i%2==0){ x++; continue; }
      if(i%5==0){ y++; break; }
   }
   printf("%d,%d",x,y);
}
```

5.5　编程题

① 编写C程序,计算并输出表达式 S=(a−b)/a+b 的值。其中 a 和 b 的值从键盘输入。

② 输入圆锥体的底半径 r 和高 h,计算并输出圆锥体的体积。圆锥体体积计算公式为:V=πrh 2/3。

③ 输入长、宽、高,求长方体的表面积和体积。

④ 输入小时、分、秒,计算共有多少秒,并输出结果。

⑤ 输入两个字符型数据给 ch1 和 ch2 变量,将其转换成相应的整数后,求二者的平均值并输出。

⑥ 输入一个整数,判断其能否既被 3 整除也能被 7 整除。若判断能,输出显示 Yes;否则显示 No。

⑦ 编写一个C程序,计算并输出下列分段函数值。键盘输入 x,输出对应的 y。

$$y=\begin{cases} x^2+2x-6 & (x<0,x!=-3) \\ x^2-5x+6 & (0<=x<10,\ x!=3,x!=2) \\ x^2-x-15 & (x=-3,x=2,x=3,x>=0) \end{cases}$$

⑧ 输出 3 位数中最大的 5 个能被 7 整除的数。

⑨ 某单位按以下原则涨工资:若原工资大于或等于 800 元,涨原工资的 20%;若小于 800 元大于或等于 400 元,涨原工资的 15%;若小于 400 元,涨原工资的 10%。编程实现:输入原工资,计算出涨工资后的工资数。

⑩ 分别用 for、while 和 do 语句编写程序,计算并输出如下数列前 n 项之和(n 从键盘输入):1+3+5+…+2n−1+…。

⑪ 编程计算:$1^3+2^3+3^3+\cdots 100^3$,并输出结果。

⑫ 编程利用 π/4=1−1/3+1/5−1/7+1/9−…公式,求 π 的近似值,直到最后一项的绝对值小于 10^{-6} 为止,并输出结果。

⑬ 编程计算 1!+2!+…+n!,n 由用户输入,并输出结果。

⑭ 按每行 5 个数打印输出 100 以内的所有素数。

⑮ 从键盘输入的一串字符中统计数字字符的个数,用换行符结束循环。

⑯ 计算 1~10 的奇数之和及偶数之和。

⑰ 输入正整数 a 和 n,计算 a+aa+aaa+…+a…a 的值。

⑱ 统计正整数的各位数字中零的个数,并求各位数字中的最大者。

⑲ 输出九九乘法口诀表。

⑳ 输入一个正整数,对其进行分解质因数,如 60=2×2×3×5。

㉑ 编程实现输出 500 以内能被 7 整除,且个位数为 6 的所有整数。

㉒ 编写一个程序,输入 15 个整数,统计并输出其中正数、负数和零的个数。

㉓ 编写一个程序,求 a+|b|的程序。

㉔ 编写程序,从键盘输入 3 个整数,输出较小的两个数之和。

㉕ 输入两个正整数,输出它们的最大公约数和最小公倍数。

㉖ 找出 2~99 的全部同构数。同构数是这样一组数:它出现在其平方数的右边,例如,5 是 25 右边的数,25 是 625 右边的数,5 和 25 都是同构数。

㉗ 根据以下近似公式求 π 值。$\frac{\pi^2}{6}=1+\frac{1}{2^2}+\frac{1}{3^2}+\cdots+\frac{1}{n^2}$,直到最后一项的绝对值小于 10^{-6}为止,并输出最终结果。

㉘ 根据以下公式求 S 的值。$S=1+\frac{1}{2!}+\frac{1}{3!}+\cdots+\frac{1}{n!}$,直到最后一项的绝对值小于 10^{-6}为止,输出最终求出的 S 值。

㉙ 已知 xyz+yzz=532,其中 x、y、z 都是整数,编写一个程序求出 x、y、z 分别代表什么数字。

㉚ 一个数如果恰好等于它的因子之和,这个数就称为“完数”。例如,6=1+2+3。编程找出 1000 以内的所有完数。

㉛ 有 1、2、3、4 四个数字,能组成多少个互不相同且无重复数字的三位数?分别是多少?

㉜ 两个乒乓球队进行比赛,各出三人。甲队为 a、b、c 三人,乙队为 x、y、z 三人。已抽签决定比赛名单。有人向队员打听比赛的名单。a 说他不和 x 比,c 说他不和 x、z 比,请编程序找出三队选手的名单。

㉝ 警察局抓住了 A、B、C、D 四名盗窃嫌疑犯,其中只有一人是小偷。在审问时,A 说:“我不是小偷。”B 说:“C 是小偷。”C 说:“小偷肯定是 D。”D 说:“C 在冤枉好人。”现在已经知道这四人中有三人说的是真话,一人说的是假话。请问到底谁是小偷?编程找到答案。

㉞ 验证“鬼谷猜想”:对任意自然数,若是奇数,就对它乘以 3 再加 1;若是偶数,就对它除以 2,这样得到一个新数,再按上述计算规则进行计算,一直进行下去,最终必然得到 1。

第 6 章 chapter 6

数　组

本章要点：

- 一维数组的定义和使用。
- 二维数组的定义和使用。
- 字符数组的定义和使用。
- 一维数组元素的排序、插入和删除方法。
- 字符串处理函数的使用。

C 语言具有丰富的数据类型，除了前面学习的一些基本数据类型(如整型、实型和字符型等)外，还有数组类型、指针类型、结构体类型、共用体类型和枚举类型等。本章先介绍数组类型。

什么是数组呢？数组就是一些相同类型数据元素的集合。如某个班级有 35 名同学，可以组成一个“班级”数组，这个数组有 35 个元素，每个元素分别对应一个学号的同学。

在 C 语言中，定义一个数组之后，就确定了它所能包含的相同类型数据元素的个数(即数组大小)和元素的数据类型。数组具有如下两个特点。

(1) 其大小必须是确定的，不允许随机变动。

(2) 数组中每一个数据元素的数据类型是相同的，不允许出现不同类型的数据。

6.1　一维数组

6.1.1　一维数组的定义

在使用一个数组之前，必须先对它定义，然后才能使用。数组定义的任务是：

(1) 标识数组的名称；

(2) 确定数组的大小，即数组中元素的个数；

(3) 表明数组中元素的数据类型。

1. 一维数组的定义形式

一维数组的定义形式为：

```
数据类型  数组名[整型常数表达式];
```

例如：

```
int  a[6];    /* 表示该数组的数组名为 a,数组 a 有 6 个元素,数组元素的下标从 0 开始表示,
              这 6 个元素分别是 a[0]、a[1]、a[2]、a[3]、a[4]和 a[5],它们都是整型数据 */
```

再例如：

```
double  value[5];   /* 表示该数组的数组名为 value,数组 value 有 5 个元素,这 5 个元
                    素分别是 value[0]、value [1]、value [2]、value[3]和 value [4],
                    它们都是实型数据 */
```

定义数组时应注意以下几点。

(1) 数组名与变量名一样都是标识符,因此,数组名遵循标识符的命名规则。

(2) 数组名之后是用一对方括号括起一个整型常数表达式,方括号是数组的标志,不能用圆括号代替。

(3) 整型常量表达式表示数组元素的个数,即数组的大小或长度。

(4) 整型常量表达式中可以包含常量和符号常量,不能包含变量。

例如,下面的数组定义是错误的。

```
int n,err[n];
```

因为C语言不允许对数组作动态定义,即数组在定义时必须确定数组的大小,而不能在定义时用变量来随意指定数组的大小。

2. 一维数组的存放形式

定义好一个数组之后,数组中各个元素的相对位置就确定了,并且每个元素都用一个统一的数组名和不同的下标来唯一地确定,它们分别“按号就座”,不会发生混乱。那么,数组在内存中是如何存放的呢?

对定义好的数组,C编译系统在内存中为它分配了一片连续的存放空间,分别用于存放数组中的所有元素。顺序为:先存放第一个元素,再存放第二个元素,依次类推,直到存放最后一个元素。因此每个数组都有一个基地址,数组的基地址是指该数组存放在内存中的起始地址,即第一个元素的存放位置。

例如:

```
int a[5];
```

在编译时,系统分配给数组 a 的起始地址假如是 3000,那么,3000 即是数组 a 的基地址,并且将 3000 和 3001 两个字节用于存放元素 a[0],3002 和 3003 两个字节用于存放元素 a[1],3004 和 3005 两个字节用于存放元素 a[2],3006 和 3007 两个字节用于存放元素 a[3],3008 和 3009 两个字节用于存放元素 a[4],如图 6.1 所示。

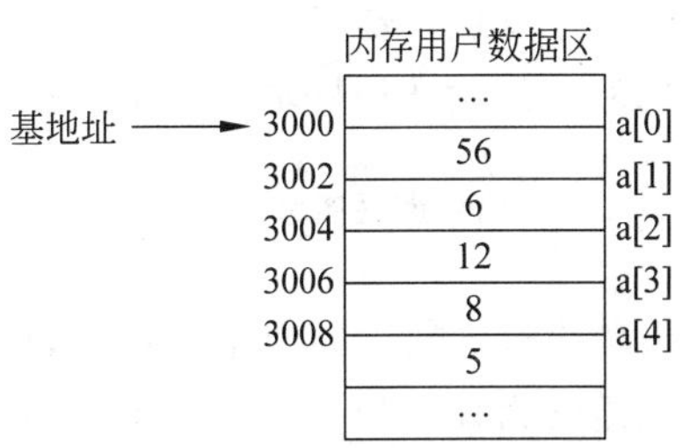

图 6.1　一维数组 a 在内存中的存放形式

6.1.2 一维数组元素的引用

在C语言中,数组中的每个元素都是一个变量,可以分别加以引用。引用一维数组元素的一般形式是:

```
数组名[下标]
```

下标可以是整型常量或整型表达式。例如:

```
a[0]=a[1]+a[2*2]-a[8%6];
```

在引用数组元素时应注意以下3点。

(1) 数组必须先定义,然后使用。而且C语言规定只能逐个引用数组元素,而不能一次引用整个数组。

(2) C语言中,数组元素的下标是从0开始表示的。如果一个数组定义为int a[6];,该数组中是不存在数组元素a[6]的。

(3) 数组元素是一个变量,它可以像同类型的单一变量那样使用。

【例6.1】 数组元素的引用。

程序如下:

```
/*c06_01.c*/
#include<stdio.h>
main()
{
  int n,a[5];
  for (n=0;n<=4;n++)
    a[n]=n;
  for (n=4;n>=0;n--)
    printf ("%d",a[n]);
}
```

运行结果为:

```
4 3 2 1 0
```

程序说明:先定义一个变量和一个数组,然后给数组元素a[0]~a[4]分别赋值为0、1、2、3、4,最后按逆序输出数组元素a[4]~a[0]的值。

6.1.3 一维数组的初始化

C语言中数组的使用很灵活,可以在使用时给数组元素赋值,也可以在定义数组时给数组元素赋初值。一维数组初始化的方式有如下两种。

(1) 先定义数组,然后分别为各个元素赋以初值。

例如:

```
int a[5];
a[0]=1;a[1]=2;a[2]=3;a[3]=4;a[4]=5;
```

(2) 在定义数组时对整个数组赋以初值。

在定义数组时对整个数组元素赋以初值的一般形式是:

```
数据类型   数组名[整型常量表达式]= {初始值};
```

例如:

```
int a[8]={0,1,2,3,4,5,6,7};
```

在数组初始化时需要注意以下几点。

(1) 在初始化时,初值的个数最好等于数组元素的个数,不能多于数组元素的个数。但允许少于数组元素的个数,这时表示只给前面一部分元素赋初值。

例如:

```
int a[8]={0,1,2,3,4,5};
```

从左到右依次只给前 6 个元素赋初值,后两个元素的值为 0。

(2) 在对全部数组元素赋初值时,可以不指定数组长度。系统会根据初值的个数自动定义数组的长度。

例如:

```
int a[ ]={1,2,3,4,5};
```

数组 a 的长度自动确定为 5,等同于

```
int a[5]={1,2,3,4,5};
```

(3) 如果初值的类型与数组元素的类型不一致,C 编译系统则把初值类型转换为数组元素的类型赋以初值。

例如:

```
int a[ ]={1.5,2.3,3,4,5};
```

则数组元素 a[0]和 a[1]的初值分别为 1 和 2。

(4) 若使一个数组中全部元素的初值为 0,可以写成下面的形式:

```
int a[5]={0,0,0,0,0};
```

6.1.4 一维数组编程举例

数组是 C 语言中非常常用的一种数据类型,有关数组的使用,通常要涉及对数组元素的查找、插入、删除、升序或降序排列问题。下面针对这些问题介绍一维数组的编程方法。

1. 数组元素的插入

一维数组元素在内存中是以连续的顺序存储的。因此,对数组元素的插入和删除操作会引起数组元素的位置移动。

例如,有一个整型数组 a[6],它包含 6 个元素,可以存放 6 个整型数据,现在已经装入了 5 个数据,如图 6.2 所示。

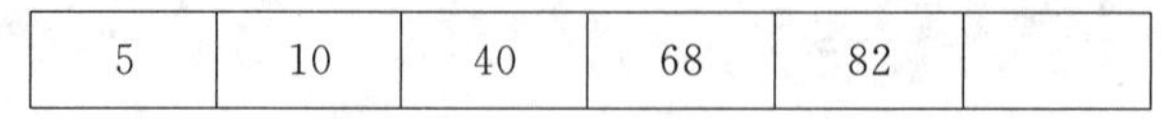

5	10	40	68	82	

图 6.2　插入前数组状态

如果要在第 3 个元素的位置插入一个新数据 33,那么,首先是从插入位置 a[2]起以后的所有元素都要向后移动一个位置,以便空出第 3 个元素 a[2]的位置来,然后在第 3 个元素的位置 a[2]上写入新数据 33。插入后的数组状态如图 6.3 所示。

5	10	33	40	68	82

图 6.3　插入后数组状态

这里要注意的是:数组中的元素值在向后移动时,要从最后面的元素值开始向后移动(即先将 a[4]移到 a[5],然后 a[3]移到 a[4],再将 a[2]移到 a[3],这样就空出了 a[2]的位置),否则会造成值的覆盖和混乱。

【例 6.2】 有一个已由小到大排序好的数组,现输入一个数,要求按原来排序规律将它插入到数组中。

用 N-S 流程图表示该程序的算法如图 6.4 所示。

程序如下:

```
/*c06_02.c*/
#include<stdio.h>
main()
{  int a[6]={5,10,40,68,82};
   int num;                /*记录待插入的元素值*/
   int add;                /*记录待插入的位置*/
   int i;
   printf ("初始数组如下: ");
   for (i=0;i<5;i++) printf ("%5d",a[i]);
   printf ("\n");
   printf ("输入一个待插入的数据: ");
   scanf ("%d",&num);
   if (num>a[4])    add=5; /*是否插在数组末尾,若是 add=5*/
   else                    /*不是,继续寻找插入位置,并赋值给 add*/
   {for (i=0;i<5;i++)
      {if (num<=a[i])
```

```
            {add=i;break;}
        }
    }
    for (i=5;i>add;i--)
        a[i]=a[i-1];      /* 先将 a[add]及后面的元素向后移动一个位置,空出 a[add] */
    a[add]=num;           /* 插入待插入的数据 num 给 a[add] */
    printf ("插入后的数组如下: ");
    for (i=0;i<6;i++)  printf ("%5d",a[i]);
    printf("\n");
}
```

程序运行结果如下：

```
初始数组如下：    5   10   40   68   82
输入一个待插入的数据：33
插入后的数组如下：5   10   33   40   68   82
```

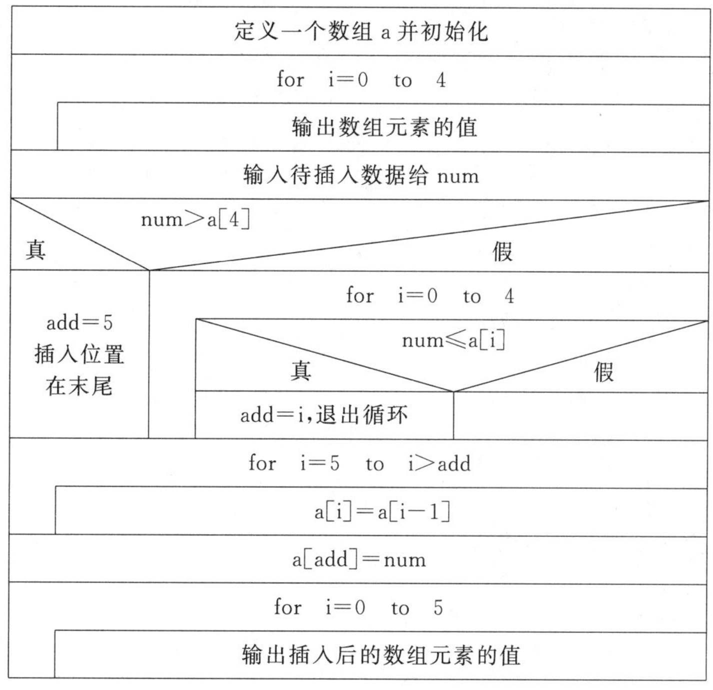

图 6.4 例 6.2 程序的 N-S 流程图

2. 数组元素的查找和删除

数组元素的查找方法很简单,用一个 for 循环,从数组中的第 1 个元素开始,分别与待查找的数据值相比较,如果相等就把查找到的元素位置记录下来。

如果要删除数组中的某一个元素值,如删除前面数组中的第 2 个元素值 10,那么被删除位置 a[1]以后的所有元素的值都要向前移动一个位置,最后一个元素值可以置成 0

或其他一个标记值,这样就完成了数组元素的删除操作。删除后的数组状态如图 6.5 所示。

5	33	40	68	82	0

图 6.5　删除后的数组状态

这里要注意的是:数组中的元素值在向前移动时,要从删除位置 a[1]后面的第一个元素值开始向前移动,直到最后一个元素(即先将 a[2]移到 a[1],然后 a[3]移到 a[2],再将 a[4]移到 a[3],a[5]移到 a[4],空出最后一个元素 a[5]的位置可以写成 0),否则会造成值的覆盖和混乱。

【例 6.3】 有一个已由小到大排序好的数组,现输入一个数,要求查找该数是否为数组中的某一个元素值,如果是就将其从数组中删除,否则输出"查无此数"。

用 N-S 流程图表示该程序的算法如图 6.6 所示。程序如下:

```
/*c06_03.c*/
#include<stdio.h>
main()
{  int a[6]={5,10,33,40,68,82};
   int num;                     /*记录待删除的元素值*/
   int add;                     /*记录待删除元素的位置*/
   int i;
   printf ("初始数组如下: ");
   for (i=0;i<6;i++)   printf ("%5d",a[i]);
   printf ("\n");
   printf ("输入一个待删除数据: ");
   scanf ("%d",&num);
   add=-1;                      /*删除位置 add 初值为-1*/
   for (i=0;i<6;i++)            /*寻找删除位置,并赋值给 add*/
   {  if (num==a[i])
      {  add=i;
         break;}
   }
   if (add==-1)  printf ("查无此数");
   else
   {  for (i=add;i<5;i++)
         a[i]=a[i+1];           /*从删除位置后面的第一个元素值开始向前移动*/
      a[5]=0;                   /*最后一个元素值置成 0*/
      printf ("删除后的数组如下:");
      for (i=0;i<5;i++)  printf ("%5d",a[i]);
   }
}
```

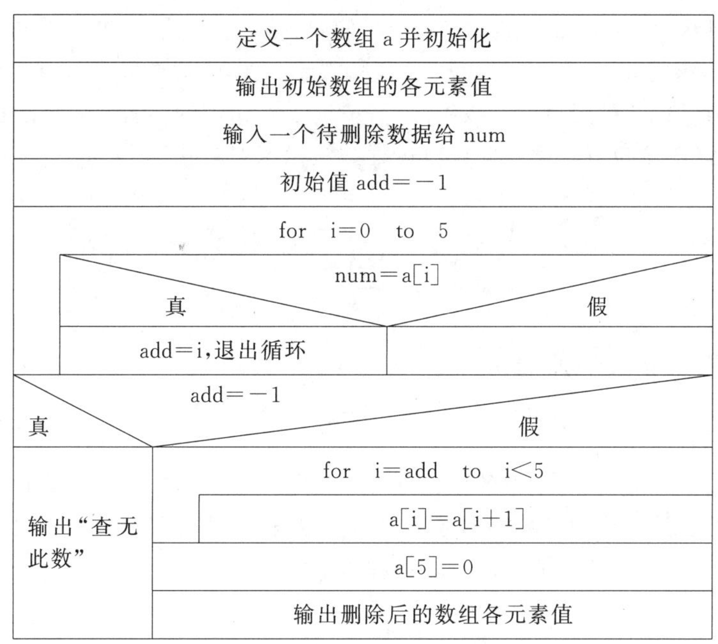

图 6.6　例 6.3 程序的 N-S 流程图

程序运行结果如下：

```
初始数组如下：   5   10   33   40   68   82
输入一个待删除数据：10
删除后的数组如下：5   33   40   68   82
```

3. 数组元素的排序

数组元素的排序，就是将数组元素的值按照从小到大（升序）或者从大到小（降序）的顺序排列到数组中。排序后的数组非常方便数组元素的查找。常用的数组元素的排序方法有冒泡法和选择法，此外还有其他快速排序的方法。首先介绍非常经典的排序方法冒泡法。

冒泡法升序排序的思路是：将相邻两个元素的值进行比较，如果前面的元素值大后面的元素值小，就相互交换位置；否则相邻两个元素的位置不变，……，一直到数组中所有相邻元素的值中，前面的元素值总比后面的元素值小为止，于是就完成了从小到大的排序。这种排序的方法就像水中的气泡由于比水轻而向上冒一样，形象地叫作冒泡法。

例如有一个数组 a：

```
int a[5]={56,6,12,8,5};
```

下面用冒泡法对数组元素的值从小到大进行排序，用两层循环算法来实现。

第一回比较，对全部 5 个元素值，进行相邻两个元素值的比较，如果前面的元素值大后面的元素值小，就相互交换位置；否则相邻两个元素值的位置不变（即 a[0]与 a[1]比较后,使 a[1]大于 a[0];再将 a[1]与 a[2]比较,使 a[2]大于 a[1];再将 a[2]与 a[3]比较,使 a[3]大于 a[2];再将 a[3]与 a[4]比较,使 a[4]大于 a[3])。5 个元素一共需要比较 4 次,结果最大的元素值 56 被交换到了数组最后一个元素 a[4]的位置上,其余比它小的元素值都向上"浮起"一个位置。第一回比较过程数组状态如图 6.7 所示。

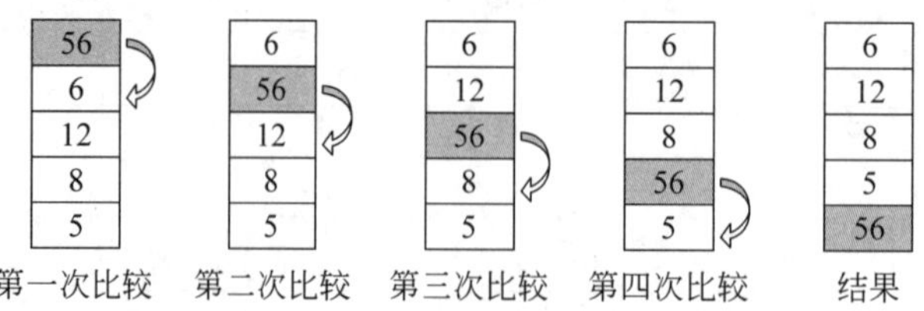

图 6.7　第一回比较过程数组的状态

第二回,按上述方法,对余下的前面 4 个元素值进行比较,一共需要比较 3 次,结果次大的元素值 12 被交换到了数组倒数第二个元素 a[3]的位置上,其余比它小的元素值又都向上"浮起"一个位置。第二回比较过程数组状态如图 6.8 所示。

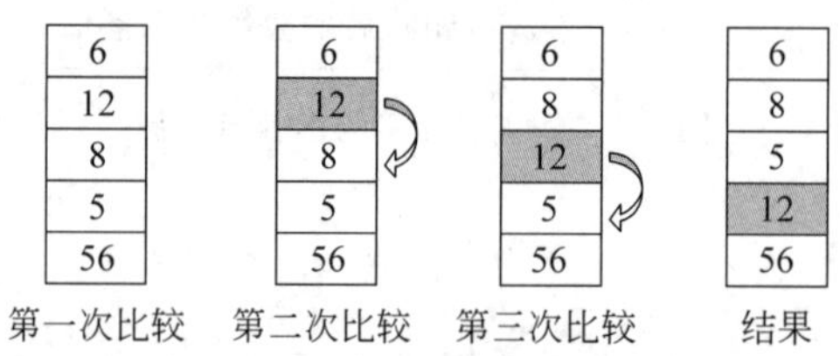

图 6.8　第二回比较过程数组的状态

第三回,按上述方法,对余下的前面 3 个元素值进行比较,一共需要比较 2 次,结果第 3 大的元素值 8 被交换到了数组倒数第三个元素 a[2]的位置上,其余比它小的元素值又都向上"浮起"一个位置。第三回比较过程数组状态如图 6.9 所示。

第四回,按上述方法,对余下的前面 2 个元素值进行比较,只比较一次,结果第 4 大的元素值 6 被交换到了数组倒数第四个元素 a[1]的位置上,最小的元素值 5 就被交换到了数组最前面的元素 a[0]的位置上。第四回比较过程数组状态如图 6.10 所示。

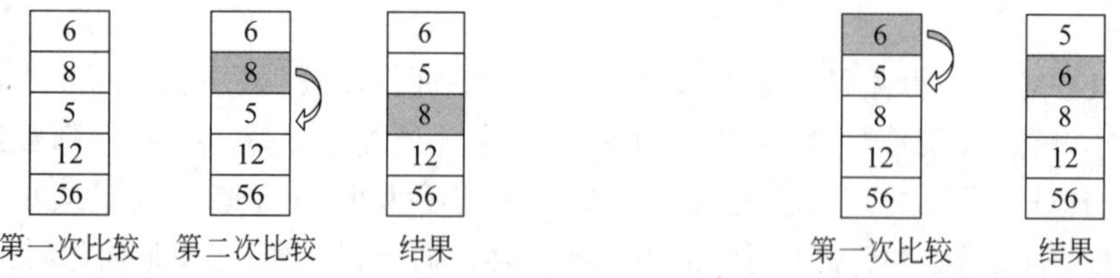

图 6.9　第三回比较过程数组的状态　　**图 6.10　第四回比较过程数组的状态**

经过这 4 个回合的比较,可以把包含 5 个元素的数组升序或降序排序。每个回合比较的结果如图 6.11 所示。

总结一下,对于具有 N 个元素的数组,用冒泡法对数组元素的值进行升序或降序排序问题,要用两层循环算法来实现。外循环的次数(若用 i 表示)是 0～N－2(共 N－1

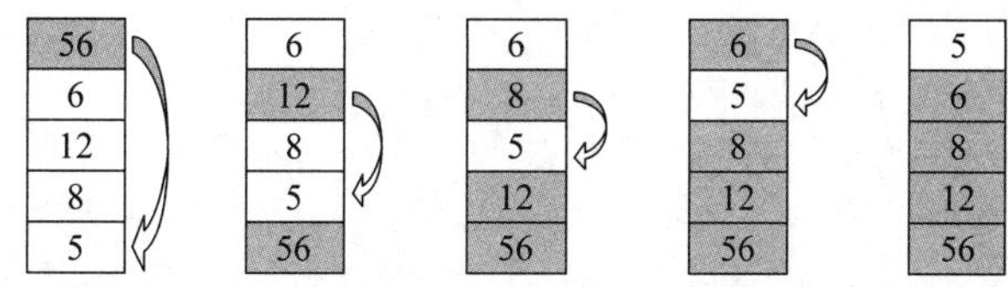

图 6.11 将 5 个元素的数组升序排序的过程

次),表示 N 个元素的数组要经过 N−1 个回合的比较,每个回合都找出其中最大元素的值,并把它放在下面。内循环的次数(若用 j 表示)是 0～N−2−i(共 N−1−i 次),表示要寻找 N−i 个元素中的最大值要进行 N−i−1 次相邻元素值的比较。举例如下。

【例 6.4】 用冒泡法对 10 个数据进行由小到大(升序)排序。

用 N-S 流程图表示该程序的算法如图 6.12 所示。

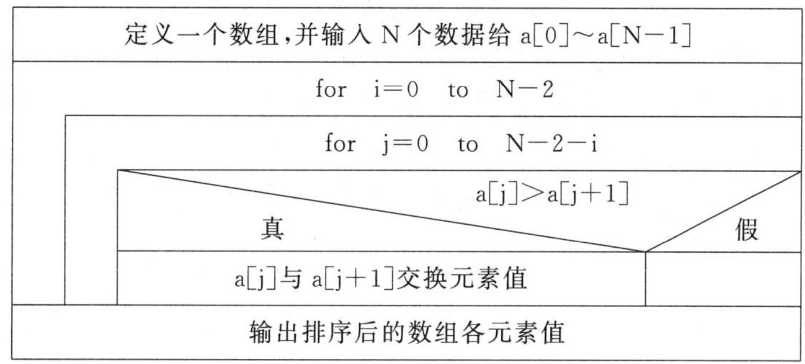

图 6.12 例 6.4 程序的 N-S 流程图

程序如下:

```
/*c06_04.c*/
#include<stdio.h>
#define N 10
main()
{  int a[N];
   int i,j;
   int temp;                  /*用于交换元素值*/
   printf ("请输入 10 个数据:\n");
   for (i=0;i<=N-1;i++)
      scanf ("%d",&a[i]);
   printf ("\n");
   for (i=0;i<N-1;i++)        /*用 i 记录排序的回数,共进行 9 次*/
      for (j=0;j<N-1-i;j++) /*用 j 记录每回比较的次数,共进行 10-i 次*/
          if (a[j]>a[j+1])    /*比较相邻两个元素值的大小*/
          {  temp=a[j];
             a[j]=a[j+1];
             a[j+1]=temp;
          }                   /*如果前面的元素值大后面的元素值小,则相互交换位置*/
```

```
    printf ("输出排序后的数组：\n");
    for (i=0;i<=N-1;i++)
        printf ("%d,",a[i]);
}
```

程序运行结果如下：

```
请输入10个数据：
4 5 2 6 7 1 8 9 0
输出排序后的数组：
0,1,2,3,4,5,6,7,8,9,
```

下面再介绍一种数组排序的方法选择法。

选择法升序排序的思路是：第1轮是从所有数组元素中找出值最小的那个元素，并与数组中第1个元素值进行交换，第1轮选择结果是将数组中最小元素的值放在了第1个元素的位置上；然后，第2轮再从数组中第2个元素至最后一个元素中找出值最小的那个元素，并与数组中第2个元素值进行交换，第2轮选择结果是将数组中值第2小的那个元素的值放在了第2个元素的位置上；如此进行下去……，第i轮选择结果是将数组中值第i小的那个元素的值放在了第i个元素的位置上，直到最后一轮选择完为止。此时，数组中所有的元素值就按升序排列好了。

例如下面一个数组：

```
int a[5]={5,3,4,1,2};
```

下面用选择法对数组元素的值从小到大进行排序，用两层循环算法来实现。

第一轮选择，找出元素值最小的元素所在的位置，然后将此位置的元素值与第1个元素a[0]的值进行交换，结果将数组中值最小的元素放在了第1个元素a[0]的位置上；选择时，假设第1个位置的元素值最小(用k记录值最小的元素位置，即k=0)，然后将第2个元素与第1个元素的值进行比较，如果第2个元素值小，则k=1，那么接下来第3个元素就与第2个元素的值进行比较，……；否则，第1个元素值小，则仍然k=0，那么接下来第3个元素仍与第1个元素的值进行比较，……。一共需要比较4次，结果找到值最小的那个元素的位置k的值。最后，将值最小的元素a[k]与第1个元素a[0]交换位置。第一轮选择过程数组状态如图6.13所示。

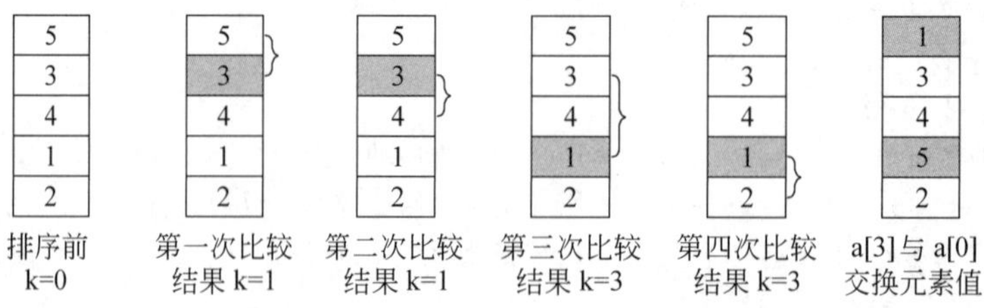

图6.13 第一轮选择过程数组的状态

第二轮选择，是寻找a[1]～a[4]中最小元素值的位置k的值，并将a[k]与a[1]交换位置。第二轮选择过程数组状态如图 6.14 所示。

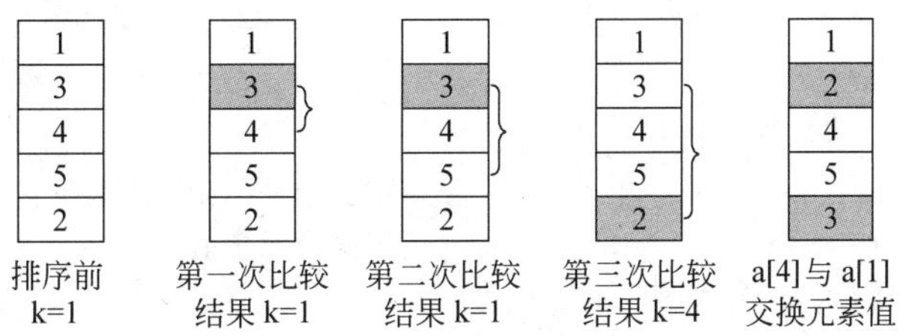

图 6.14　第二轮选择过程数组的状态

第三轮选择，是寻找 a[2]～a[4]中最小元素值的位置 k 的值，并将 a[k]与 a[2]交换位置。第三轮选择过程数组状态如图 6.15 所示。

第四轮选择，是寻找 a[3]～a[4]中最小元素值的位置 k 的值，并将 a[k]与 a[3]交换位置。第四轮选择过程数组状态如图 6.16 所示。

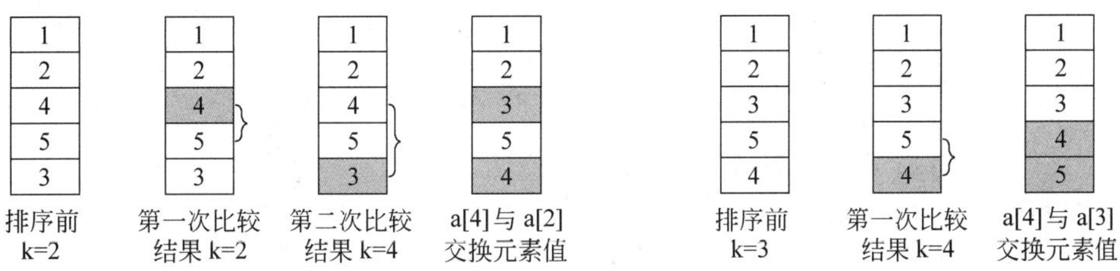

图 6.15　第三轮选择过程数组的状态

图 6.16　第四轮选择过程数组的状态

经过 4 轮的选择，可以把包含 5 个元素的数组升序或降序排序。每轮的选择结果如图 6.17 所示。

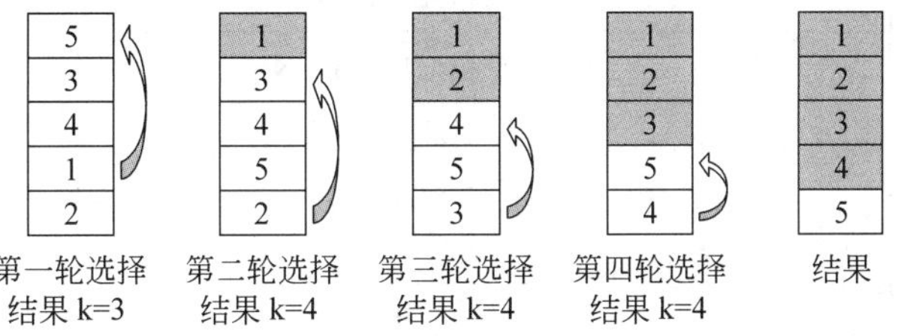

图 6.17　将 5 个元素的数组升序排序的过程

总结一下，对于具有 N 个元素的数组，用选择法对数组元素的值进行升序或降序排序问题，要用两层循环算法来实现。外循环的次数(若用 i 表示)是 0～N－2(共 N－1 次)，表示 N 个元素的数组要经过 N－1 轮的选择，每轮都找出其中最小元素的值，并把它放在上面。内循环的次数(若用 j 表示)是 i＋1～N－1(共 N－1－i 次)，表示要选择 N－i 个元素中的最小值要进行 N－i－1 次与最小元素值的比较。举例如下。

【例 6.5】 用选择法对 10 个数据进行由小到大(升序)排序。

用 N-S 流程图表示该程序的算法如图 6.18 所示。程序如下：

```
/*c06_05.c*/
```

```
#include "stdio.h"
#define N 10
main()
{  int a[N];
   int i,j;
   int k;                              /* 用于记录最小元素值的位置 */
   int temp;                           /* 用于交换元素值 */
   printf ("请输入 10 个数据: \n");
   for (i=0;i<=N-1;i++)
      scanf ("%d",&a[i]);
   for (i=0;i<=N-2;i++)
   {  k=i;
      for (j=i+1;j<=N-1;j++)
        if (a[j]<a[k])   k=j;          /* 将最小元素值的位置赋值给 k */
      if (i!=k)
      {    temp=a[i];
           a[i]=a[k];
           a[k]=temp;
      }                                /* 与最小元素值交换位置 */
   }
   printf ("输出排序后的数组: \n");
   for (i=0;i<=N-1;i++)
      printf ("%d,",a[i]);
}
```

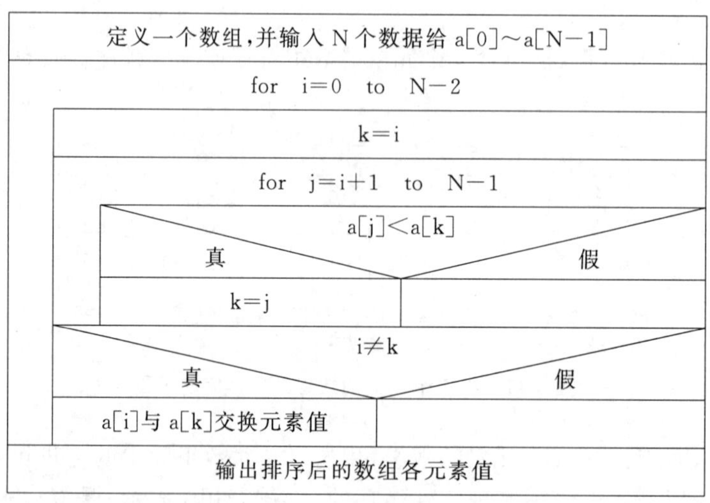

图 6.18 例 6.5 程序的 N-S 流程图

程序运行结果如下:

```
请输入 10 个数据:
12  52  67  80  4  65  27  93  120  42 (回车)
输出排序后的数组:
4,12,27,42,52,65,67,80,93,120,
```

4. 用数组处理数列问题

数列是由一组有规律排列的一系列数据所组成，由于数列中前后数据之间具有一定的规律性，即数列中前后数据之间具有一定的相互关系，因此，可以利用数组具有有序和连续存放数据的特点，来保存数列中的各个数据。那么，数列中前后数据之间的相互关系，就可以表示成数组中前后元素之间的相互关系。所以，使用数组处理数列问题，十分便于计算和保存。

【例 6.6】 设有一头母牛，它每年年初生一头小母牛。每头小母牛从第 4 个年头开始，每年年初也生一头小母牛。问在第 15 年时，共有多少头牛？分别输出第 1～15 年每年的牛数。

程序分析如下。

首先分析题意，可得到如表 6.1 所示的数据。

表 6.1 每年牛的数量分布情况

年数	第 0 年	第 1 年	第 2 年	第 3 年	第 4 年	第 5 年	第 6 年	…
牛头数	1	2	3	4	6	9	13	

然后，由前后数据之间的相互关系找出其规律。假设用 U_n 表示第 n 年($n\geqslant4$)时牛的头数，U_n-1 和 U_n-3 分别表示第 $n-1$ 年和第 $n-3$ 年($n\geqslant4$)时牛的头数，由表中数据间的关系可得出下面的式子：

$$U_n=U_n-1+U_n-3 \quad (n\geqslant4)$$

如果建立一个数组 ncow[16]，用数组元素来存放每年牛的头数，根据上式可得出下面数组元素之间的关系式：

$$\text{ncow}[n]=\text{ncow}[n-1]+\text{ncow}[n-3] \quad (n\geqslant4)$$

程序如下：

```
/*c06_06.c*/
#include<stdio.h>
main()
{  int  i,ncow[16];
   ncow[0]=1;
   ncow[1]=2;
   ncow[2]=3;
   ncow[3]=4;
   for (i=4;i<=15;++i)
      ncow[i]=ncow[i-1]+ncow[i-3];
   for (i=1;i<=15;++i)
   {  printf ("%12d",ncow[i]);
      if(i%5==0)
      printf ("\n");
   }
```

```
}
```

程序运行结果如下：

```
2          3          4          6          9
13         19         28         41         60
88         129        189        277        406
```

【例 6.7】 用数组来处理求 Fibonacci 数列问题。

Fibonacci 数列中前后数据项之间具有下面的关系式：

$$F_n = F_n - 1 + F_n - 2 \quad (n \geqslant 3)$$

为了简化程序，这里只求前 20 项数据。定义一个数组 $f[20]$，用数组元素来存放 Fibonacci 数列中的各数据项。因此，数组元素之间的关系如下：

$$f[n] = f[n-1] + f[n-2] \quad (n \geqslant 3)$$

程序如下：

```
/* c06_07.c */
#include<stdio.h>
main()
{  int i;
   long int f [20]={1,1};
   for (i=2;i<20;i++)              /* 从第三项开始计算 */
         f [i]=f [i-1]+f [i-2];
         for (i=0;i<20;i++)
         {  if (i%5==0)
                printf ("\n");
            printf ("%12ld",f [i]);
         }
}
```

程序运行结果如下：

```
1          1          2          3          5
8          13         21         34         55
89         144        233        377        610
987        1597       2584       4181       6765
```

思政 6

5. 用数组处理实际问题

下面是数组在处理比赛打分计算问题中的应用。

【例 6.8】 评委会对每一个参赛人员进行打分，每一个参赛人员得分的规则为去掉一个最高分和一个最低分，然后计算得分的平均值。请用数组类型编写一个程序，计算并打印出参赛人员的得分，假设评委会的人数为 15。

用 N-S 流程图表示该程序的算法如图 6.19 所示。程序如下：

```
/*c06_08.c*/
#include "stdio.h"
#define N 15
main()
{  float score[N];
   float sum;                          /*用于存放总得分*/
   float min,max,result;               /*用于存放最低分、最高分和平均分*/
   int i;
   printf ("please input scores: \n");
   for (i=0;i<N;i++)
      scanf ("%f",&score[i]);
   min=max=score[0];
   sum=0.0;
   for (i=0;i<N;i++)                   /*计算总得分 sum,并寻找最高分和最低分*/
   {  sum+=score[i];
      if (score[i]<min)
        min=score[i];
      else if (score[i]>max)
        max=score[i];
   }
      result=(sum-min-max)/(N-2);      /*总得分减去最高分和最低分*/
   printf ("the result score is %f.\n",result);
}
```

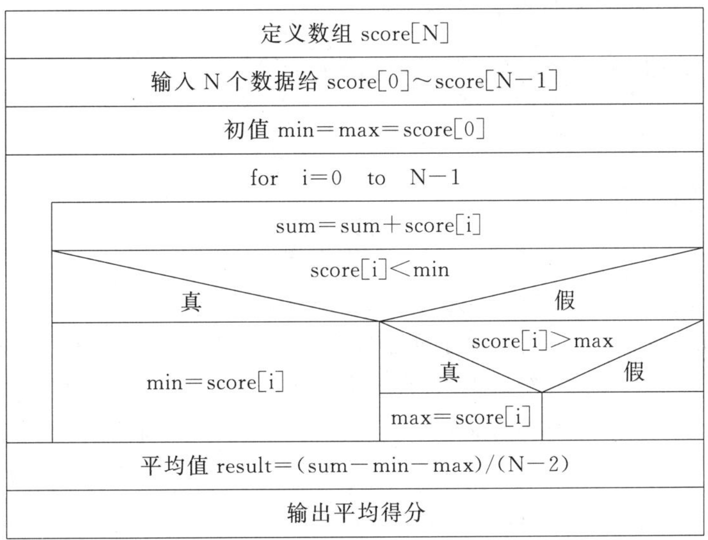

图 6.19 例 6.8 程序的 N-S 流程图

程序运行结果如下：

```
please input scores:
78  89  90  85  95  75  83  91  83  79  90  88  77  90  85(回车)
the result score is 85.230769.
```

程序分析：该程序定义了一个浮点型的数组 score[15],用来记录每一个评委的打分值。程序中使用一个循环语句来输入每一个评委所打的分数,输入的分数存入数组 score 的 N 个元素中,其中的 &score[i]是取数组中的第 i 个元素的地址,当 i 的值分别为 0,1,2,…,N−1 时,就将输入的数据存入数组的第 0,1,…,N−1 个元素中了。注意,这里循环变量的终值为 N−1,如果 i 超过了这个值,如 i 的值为 N 时,数组的下标就会越界,显然这时的程序就会出错。因此,在采用循环语句处理数组时,要谨慎确定循环的终值,避免下标越界。然后,程序又利用循环语句来完成以下几个任务。

(1) 累计所有评委所打的分数。

(2) 统计其中的最高分数。

(3) 统计其中的最低分数。

最后,计算去掉最高分和最低分之后的平均分数,并打印出计算的结果。

6.2 二维数组

在 C 语言中,数组的元素还可以是数组,这样就构成了多维数组。所以,二维数组可以看成是特殊的一维数组,它的每个元素又是一个一维数组。

6.2.1 二维数组的定义

二维数组的一般定义形式：

```
数据类型  数组名[整型常量表达式][整型常量表达式];
```

例如：

```
int  a[3][4];
```

其中,a 为二维数组名,3 是二维数组的第一个下标(或行标),4 是二维数组的第二个下标(或列标)。

```
  ┌      ┌ a[0][0]
  │      │ a[0][1]
  │ a[0] │ a[0][2]
  │      └ a[0][3]
  │      ┌ a[1][0]
  │      │ a[1][1]
a │ a[1] │ a[1][2]
  │      └ a[1][3]
  │      ┌ a[2][0]
  │      │ a[2][1]
  │ a[2] │ a[2][2]
  └      └ a[2][3]
```

图 6.20 二维数组 a 的结构

为了便于理解,可以把二维数组 a 看作是一个特殊的一维数组,它有 3 个元素分别是 a[0]、a[1]和 a[2],这 3 个元素本身又是一个包含 4 个元素的一维数组,这里可以把 a[0]、a[1]和 a[2]看作是一维数组名,其中 a[0]包含的 4 个元素分别是 a[0][0]、a[0][1]、a[0][2]和 a[0][3];a[1]包含的 4 个元素分别是 a[1][0],a[1][1]、a[1][2]和 a[1][3];a[2]包含的 4 个元素分别是 a[2][0]、a[2][1]、a[2][2]和 a[2][3]。二维数组 a 的结构如图 6.20 所示。

对定义好的二维数组,C 在编译时,系统同样在内存中为它分配一片连续的存放空间,存放顺序是：按行存放,即先顺序存放第一行的元素,再存放第二行的元素,依次类推,直到最后一行元素。因此每个二维数组也有一个基地址，即二维数组存放在内存中的起始地址，这个地址也就是第一行第一个元素 a[0][0]的存放位置。

例如，上面定义的二维数组 a 在内存中的存放顺序依次为 a[0][0]、a[0][1]、a[0][2]、a[0][3]、a[1][0]、a[1][1]、a[1][2]、a[1][3]、a[2][0]、a[2][1]、a[2][2]、a[2][3]。

有了二维数组的基础，再来理解多维数组就容易多了。C 语言允许使用多维数组，对于多维数组的定义类似于二维数组，形式如下：

```
数据类型  数组名[整型常量表达式][整型常量表达式]…[整型常量表达式];
```

例如：

```
float  b[2][3][4];                /*定义一个三维数组 b*/
```

多维数组元素在内存中的存放顺序是：最左边的下标变化最慢，最右边的下标变化最快。

例如，上面定义的三维数组 b 在内存中的存放顺序依此为 b[0][0][0]、b[0][0][1]、b[0][0][2]、b[0][0][3]、b[0][1][0]、b[0][1][1]、b[0][1][2]、b[0][1][3]、b[0][2][0]、b[0][2][1]、b[0][2][2]、b[0][2][3]、b[1][0][0]、b[1][0][1]、b[1][0][2]、b[1][0][3]、b[1][1][0]、b[1][1][1]、b[1][1][2]、b[1][1][3]、b[1][2][0]、b[1][2][1]、b[1][2][2]、b[1][2][3]。

6.2.2 二维数组的引用

引用二维数组元素的一般形式：

```
数组名[行下标][列下标]
```

其中，下标可以是整型常量或整型表达式。

例如，a[2][2*2−1]表示的数组元素是 a[2][3]。

在引用二维数组元素时应注意以下两点。

(1) 二维数组的行下标和列下标的值都是从 0 开始的。下标值应在已定义的数组大小的范围内。

例如：

```
float  b[3][4];                /*数组 b 的下标值最大的元素是 b[2][3]*/
```

(2) 二维数组元素也是一个变量，可以像同类型的简单变量那样使用。但应注意使用时行下标和列下标都应齐备。

6.2.3 二维数组的初始化

对二维数组初始化的形式有如下两种。

(1) 将所有初值写在一对花括号内，按数组元素的排列顺序依次对各元素赋初值。

例如：

```
int  a[2][3]={1,2,3,4,5,6};
```

赋值后数组各元素的值分别为 a[0][0]=1、a[0][1]=2、a[0][2]=3、a[1][0]=4、a[1][1]=5、a[1][2]=6，形式如下。

$$\begin{pmatrix}1 & 2 & 3\\4 & 5 & 6\end{pmatrix}$$

如果在定义二维数组时，对它的全部元素提供初值，则该数组的行标可以不指定，但列标不能缺少。

例如：

```
int  a[2][3]={1,2,3,4,5,6};
```

可以写成行标省略的形式：

```
int  a[][3]={1,2,3,4,5,6};
```

这里行标可以省略，但方括弧不能省略。

(2) 分行给二维数组赋初值。

例如：

```
int  a[2][3]={{1,2,3},{4,5,6}};
```

分行赋值时，可以对部分元素赋初值。

例如：

```
int  a[2][3]={{1},{4,5}};
```

这里初值的个数比数组元素个数少，它表明只对各行前面的元素赋初值，后面的元素初值自动为 0。赋值后数组各元素的值为

$$\begin{pmatrix}1 & 0 & 0\\4 & 5 & 0\end{pmatrix}$$

分行赋值时，行标值也可以省略，但列标值不能省略。

例如：

```
int  a[][3]={{1,2,3},{4,5,6}};
```

6.2.4 二维数组编程举例

二维数组通常用来处理矩阵的各种计算问题，以及处理多个字符串的问题。关于处理多个字符串问题的应用将在指针一章讨论，这里主要介绍在处理矩阵问题中的应用。

【例 6.9】 求一个矩阵中值最大的那个元素的值，并指明所处的行号和列号。

用 N-S 流程图表示该程序的算法如图 6.21 所示。

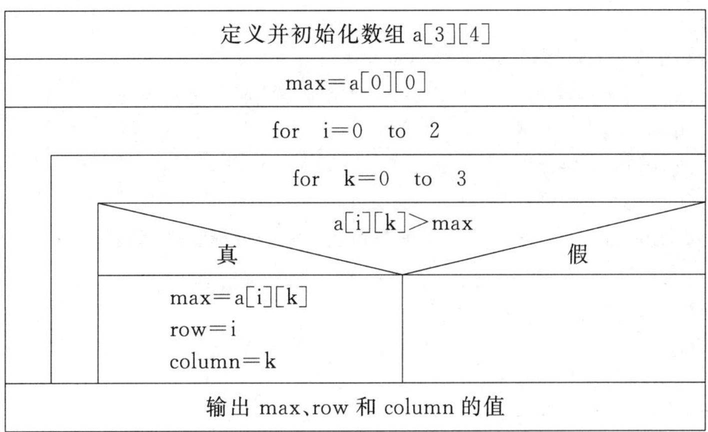

图 6.21 例 6.9 程序的 N-S 流程图

程序如下：

```
/*c06_09.c*/
#include< stdio.h>
main()
{  int i,k;
   int row=0,column=0;          /*用于存放行标、列标*/
   int max;                     /*用于存放最大值*/
   int a[3][4]={{1,9,-3,4},{7,5,20,-3},{-1,15,-8,5}};
   max=a[0][0];
   for (i=0;i<=2;i++)
      for (k=0;k<=3;k++)
        if (a[i][k]>max)
        {  max=a[i][k];
           row=i;
           column=k;
        }
   printf ("max=%d,row=%d,column=%d\n",max,row,column);
}
```

程序运行结果如下：

```
max= 20,row= 1,column= 2
```

【例 6.10】 求一个矩阵中两个对角线元素的平均值。

用 N-S 流程图表示该程序的算法如图 6.22 所示。

程序如下：

```
/*c06_10.c*/
#include<stdio.h>
main()
```

```
{  int i,k;
   int a[3][3]={{1,2,3},{9,8,7},{4,5,6}};
   float sum1=0,sum2=0;           /*分别用于存放两个对角线元素的和*/
   for (i=0;i<3;i++)
      for (k=0;k<3;k++)
        if (i==k)
          sum1+=a[i][k];          /*对角线元素的行标和列标相等*/
   for (i=0;i<3;i++)
      for (k=2;k>=0;k--)
        if (i+k==2)
          sum2+=a[i][k];
   printf ("rev1=%5.2f,rev2=%5.2f\n",sum1/3,sum2/3);
}
```

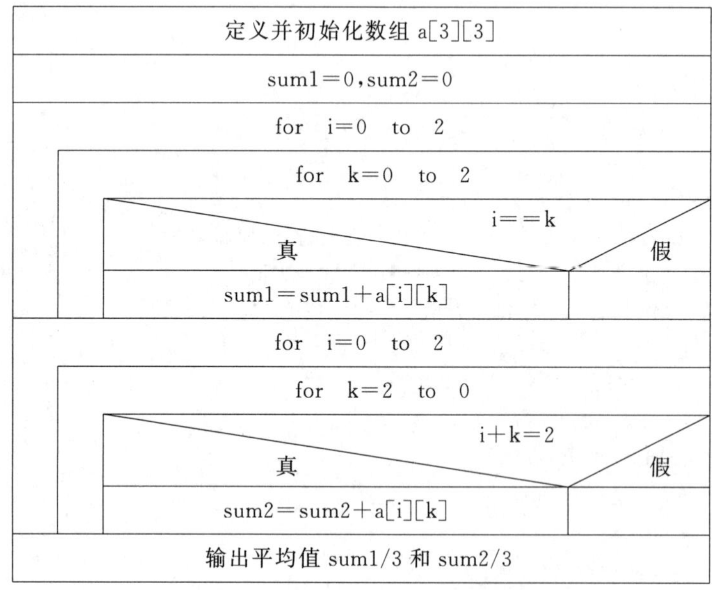

图 6.22 例 6.10 程序的 N-S 流程图

程序运行结果如下：

```
rev1=5.00,rev2=5.00
```

【例 6.11】 求两个矩阵的乘积。

用 N-S 流程图表示该程序的算法如图 6.23 所示。程序如下：

```
/*c06_11.c*/
#include<stdio.h>
main()
{  int a[3][2]={{2,-1},{-4,0},{3,1}};
   int b[2][2]={7,-9,-8,10};
   int i,k,m,s,c[3][2];          /*矩阵 c[3][2]表示 a[3][2]和 b[2][2]的乘积*/
```

```
    for (i=0;i<3;i++)                  /*计算两个矩阵的乘积矩阵中每个元素的值*/
      for (k=0;k<2;k++)
      {  for (m=s=0;m<2;m++)
            s+=a[i][m]*b[m][k];
           c[i][k]=s;
      }
    for (i=0;i<3;i++)                  /*输出乘积矩阵c[3][2]中各元素的值*/
    {  for (k=0;k<2;k++)
           printf ("%5d",c[i][k]);
       printf ("\n");
    }
}
```

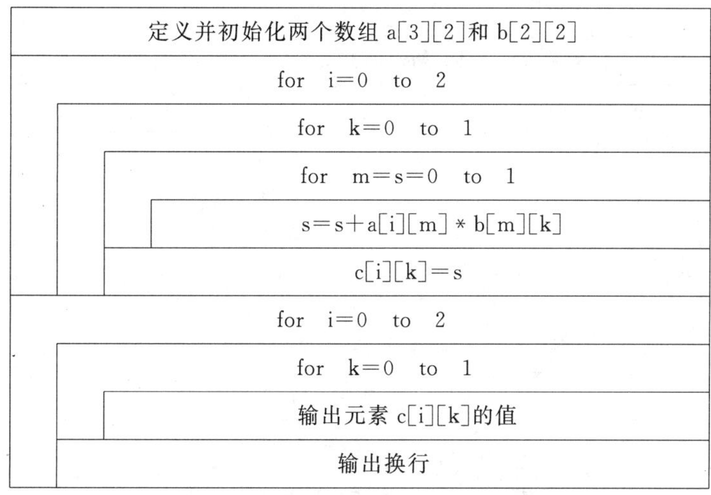

图 6.23 例 6.11 程序的 N-S 流程图

程序运行结果如下：

```
22      -28
-28    36
13      -17
```

【例 6.12】 某班一个小组有 4 位同学，已知期末考试有 4 门功课的成绩，用二维数组计算每位同学的总分和平均分。

用 N-S 流程图表示该程序的算法如图 6.24 所示。程序如下：

```
/*c06_12.c*/
#include<stdio.h>
main()
{  int a[4][7]={{001,89,90,91,93},{002,86,89,88,90},
       {003,73,82,80,83},{004,91,78,75,99}};          /*定义一个二维数组并初始化*/
   int i,j;
```

```
    for (i=0;i<4;i++)                              /*求每个学生的总分及平均分*/
    {  for (j=1;j<5;j++)
              a[i][5]+=a[i][j];
       a[i][6]=(int)a[i][5]/4;
    }
    printf("各门成绩、总分及平均分如下：\n");          /*打印输出二维数组*/
    printf ("\n学号    数学    语文    英语   计算机   总分   平均分\n");
    printf ("---------------------------------------------\n");
    for (i=0;i<4;i++)                              /*输出结果*/
    {   for (j=0;j<7;j++)
              printf ("  %5d",a[i][j]);
       printf ("\n");
    }
}
```

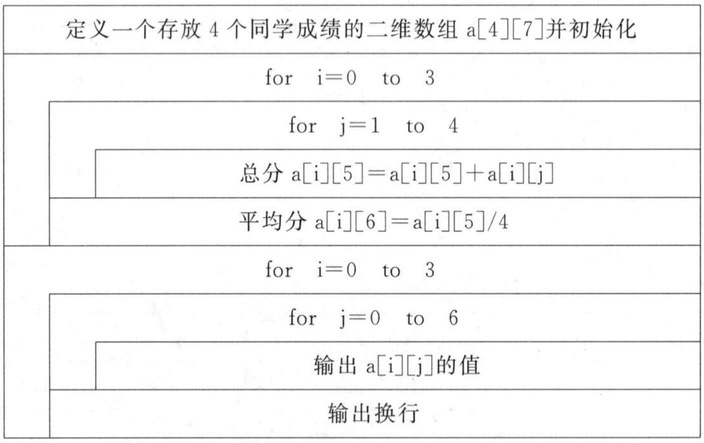

定义一个存放4个同学成绩的二维数组a[4][7]并初始化
for i=0 to 3
for j=1 to 4
总分 a[i][5]=a[i][5]+a[i][j]
平均分 a[i][6]=a[i][5]/4
for i=0 to 3
for j=0 to 6
输出 a[i][j]的值
输出换行

图 6.24 例 6.12 程序的 N-S 流程图

程序运行的结果如下：

```
各门成绩、总分及平均分如下：
学号    数学     语文     英语     计算机    总分     平均分
---------------------------------------------
1       89       90       91       93       363       90
2       86       89       88       90       353       88
3       73       82       80       83       318       79
4       91       78       75       99       343       85
```

【例 6.13】 分析下面程序的运行结果。

```
/*c06_13.c*/
#include<stdio.h>
#define  N  5
main()
{  int i,k,m=0;
```

```
    int a[N][ N]={1,2,3,4,5,6,7,8,9,0,2,3,4,6,7,5,4,7,3,7,8,0,9,7,6};
    double s=0;
    for (i=0;i<N;i++)
    {   for (k=0;k<N;k++)
            printf ("%5d",a[i][k]);
        printf ("\n");
    }
    for (i=0;i<N;i++)
        for (k=0;k<N;k++)
            if(i==0||i==N-1||k==0||k==N-1)
            {   s=s+a[i][k];
                m++;
            }
    printf ("结果是: %lf\n",s/m);
}
```

程序分析：程序开始定义了一个 N×N 的二维数组，第一个 for 嵌套循环是按格式输出这个二维数组；第二个 for 嵌套循环是将二维数组中，行标为 0 和 N−1，列标为 0 和 N−1 的所有元素加到一起，存放在实型变量 S 中，这些元素是二维数组中第一行和最后一行，第一列和最后一列的元素；最后将这些元素的和除以元素个数并输出。程序的功能是计算二维数组周边元素的平均值。

程序运行结果为：

```
1    2    3    4    5
6    7    8    9    0
2    3    4    6    7
5    4    7    3    7
8    0    9    7    6
结果是：4.500000
```

6.3 字符数组

在标准 C 中没有专门的字符串类型变量，所以一般用字符数组来存放字符串。一个字符型的一维数组可以用来存放一个字符串，一个字符型的二维数组可以用来存放多个字符串。

6.3.1 字符数组的定义

字符数组是用来存放字符数据的数组。字符数组中的每一个元素存放一个字符。

字符数组的一般定义形式：

```
char  数组名[整型常量表达式];
```

例如:

```
char  c[5];
c[0]='H';c[1]='e';c[2]='l';c[3]='l';c[4]= 'o';
```

字符数组在内存中占用连续的空间,每一个元素通常占用一个字节。在C语言中数组名代表该数组的起始地址。上面定义的字符数组在内存中的状态如图6.25所示。

c[0]	c[1]	c[2]	c[3]	c[4]
H	e	l	l	o

图 6.25 字符数组在内存中的状态

6.3.2 字符数组的初始化

对字符数组赋初值的方式有以下3种。

(1) 利用赋值语句对数组元素赋初值。

例如:

```
char  name[5];
name[0]='H';name[1]='a';
name[2]='p';name[3]='p';name[4]='y';
```

(2) 在定义时,用字符常量为逐个元素赋初值。

例如:

```
char  c[10]={'I',' ','a','m',' ','h','a','p','p','y'};
```

(3) 在定义时,用字符串常量直接对字符数组初始化。

例如:

```
char  c[15]={"Beijing"};
```

也可以省略花括号而直接写成下面的形式:

```
char  c[15]="Beijing";
```

在字符数组初始化时需要注意以下几点。

(1) 如果在定义的同时赋初值时,提供初值的个数(即字符个数)大于数组长度,则按语法错误处理。

例如:

```
char  c[5]={'I',' ','a','m',' ','h','a','p','p','y'};
```

在编译时,系统会提示语法错误。

(2) 如果提供初值的个数小于数组长度,则只对前面几个元素赋初值,后面其余的元素自动定为空字符(即'\0')。

(3) 如果提供初值的个数与预定的数组长度相同,在定义时可以省略数组长度,系统会根据初值的个数自动确定数组长度。

例如:

```
char c1[ ]={'h','a','p','p','y'};
```

数组 c1 的长度自动定为 5。但是,像下面这样的形式定义和赋初值,数组 c2 的长度自动定为 6。

```
char c2[ ]="happy";
```

这是因为在标准 C 中,系统对每个字符串常量都在其后面自动加一个'\0'作为字符串的结束标志,结束符'\0'的作用是判定字符串是否结束。因此,上面的定义中 5 个字符加上 1 个结束符,使得数组 c2 的长度自动定为 6。

这里说明一点,'\0'代表 ASCII 码值为 0 的字符,这个字符不是一个可以显示的字符,而是一个"空操作符",即什么也不干的意思。用它作为字符结束标志不会产生附加的操作或增加有效字符,它只起辨别字符串是否结束的作用。

由于有了结束标志符'\0',当在使用字符数组存放字符串时,系统就会根据结束符确定该字符串结束位置在哪里,而不必担心当字符数组中存放的字符串的长度小于字符数组长度时,如何确定该数组中字符串长度的问题了。所以,当在定义字符数组时,应事先估计一下所存放的实际字符串的长度,保证字符数组的长度始终大于字符串的实际长度。

例如:

```
char c[10]="happy";
```

数组 c 的前 5 个元素分别为'h','a','p','p','y',从第 6 个元素开始的后 5 个元素为空字符'\0'。

另外需要说明的是,字符数组并不要求它的最后一个字符一定为'\0',也可以不包含'\0'。是否需要加'\0',完全根据需要决定。像下面的定义是合法的:

```
char c[5]={'h','a','p','p','y'};
```

表明数组 c 的 5 个元素分别为'h'、'a'、'p'、'p'和'y'。

在使用字符串和字符数组时,为了使两者处理方法一致,便于测定字符串的实际长度,通常使字符数组中也包含一个'\0'。

例如:

```
char c[ ]={'h','a','p','p','y','\0'};
```

或者

```
char c[6]={'h','a','p','p','y','\0'};
```

6.3.3 字符数组的引用

对字符数组的引用可以通过引用其中的一个元素,得到一个字符。对字符数组的整体引用会在第9章深入学习。

【例 6.14】 对字符数组初始化,然后打印出各个元素的字符和相应的 ASCII 码值。

程序如下:

```
/*c06_14.c*/
#include<stdio.h>
main ()
{ int i;
  char  c[12]="In China";
  for (i=0;i<12;i++)
    printf ("%c=%d,\n",c[i],c[i]);
  printf ("%s\n",c);
}
```

程序运行结果为:

```
I=73,
n=110,
 =32,
C=67,
h=104,
i=105,
n=110,
a=97,
 =0,
 =0,
 =0,
 =0,
In China
```

从这个例题可以看到,字符型数据和整型数据之间可以相互转换。实际上,也可以用整型数组来存放字符型数据。但这样会浪费存储空间。

上例中,逐个输出字符元素还可以采用下面的语句实现:

```
for (i=0;c[i]!='\0';i++)
    printf ("%c=%d,\n",c[i],c[i]);
```

6.3.4 字符数组的输入输出

字符数组的输入输出可以用如下两种方法进行。

(1) 逐个字符输入输出。用格式符"%c"输入和输出一个字符。

例如：

```
char c[5]="ok";
printf ("%c,%c",c[0],c[1]);
```

(2) 将整个字符串一次输入输出。用格式符"%s",意思是输出整个字符串。

例如：

```
char c[10]="China";
printf ("%s",c);
```

在字符数组的输入输出时,要注意以下几点。

(1) 用格式符"%s"输入输出字符串时,printf 函数中输入输出项的参数是字符数组名,而不是数组元素名。

例如：

```
scanf ("%s",c);
printf ("%s",c);
```

(2) 如果数组长度大于字符串实际长度,输出遇到第一个空字符'\0'结束。输出的字符不包括结束符'\0'。

(3) 用格式符"%s"输入字符串时,从键盘输入的字符个数应短于已定义的字符数组的长度。并且遇到空格键或 Enter 键时,一个字符串输入结束。

例如：

```
char c[10];
scanf ("%s",c);
```

当从键盘输入如下字符：

```
Hello↵
```

系统自动在 Hello 后面加一个'\0'结束符一起赋值给数组 c。

再例如：

```
char str[13];
scanf ("%s",c);
```

当从键盘输入如下字符：

```
Good morning↵
```

字符数组 str 得到的初值是 4 个字符 Good 加上一个结束符'\0',而不是 12 个字符 Good　morning 加上一个结束符'\0'。因为 Good 和 morning 之间有一个空格,输入遇到空格时,scanf 函数认为一个字符串输入结束。

(4) 利用 scanf 函数输入多个字符串时,要以空格分隔。

例如：

```
char  str1[5],str2[5],str3[5];
scanf ("%s%s%s",str1,str2,str3);
```

从键盘输入数据：

```
How are you?
```

3个字符数组的初值状态如图6.26所示。

H	o	w	\0	
a	r	e	\0	
y	0	u	?	\0

图6.26　3个字符数组str1、str2和str3的初值状态

6.3.5　字符串处理函数

由于C语言中没有字符串变量，因此，对字符串的处理常常是通过字符数组来进行的。C语言中也没有对字符串进行合并、比较和赋值的运算符，对字符串的处理过程常常是被编写成库函数放在C的函数库里，供人们使用时调用。

应当指出：库函数并非C语言的组成部分，而是人们为了使用方便将具有固定功能的模块编写成供大家使用的公共函数，是各种版木C自带的部分。几乎在所有版本的C的函数库中，都提供了一些用来处理字符串的函数，这里介绍常用的几种字符串处理函数。

1. puts(字符数组)

puts()是字符串输出函数，其作用是：将一个字符串(以'\0'结束的字符序列)输出到终端。

例如：

```
char str[ ]="China";
puts(str);
```

结果是在终端上输出字符串China。注意：在输出时该函数将字符串结束标志'\0'转换成回车换行符'\n'，即输出结束后换行。

另外，用puts()函数输出的字符串中可以包含转义字符。

例如：

```
char str[ ]="China\nBeijing";
puts(str);
```

输出结果：

```
China
Beijing
```

2. gets(字符数组)

gets()是字符串输入函数,其作用是:从终端输入一个字符串到字符数组中,并且得到一个函数返回值。该返回值是字符数组的起始地址。

一般利用 gets()函数的目的是向字符数组输入一个字符串,而不太关心其函数返回值。

例如:

```
gets(str);
```

从键盘输入:

```
Computer↲
```

将字符串"Computer"连同结束标志'\0'送给字符数组 str,函数返回值为字符数组 str 的起始地址。

在使用 gets()和 puts()函数时要注意:这两个函数只能一次输入或输出一个字符串。

【例 6.15】 用 gets()和 puts()函数输入和输出字符串。

程序如下:

```
/*c06_15.c*/
#include<stdio.h>
main()
{  char  c1[80],c2[80];
   printf ("输入一个字符串: \n");
   gets (c1);
   printf ("输出你输入的字符串: \n");
   puts (c1);
   printf ("再输入一个字符串: \n");
   scanf ("%s",c2);
   printf ("输出你输入的字符串: \n");
   puts (c2);              /*也可以用 printf ("%s\n",c2);输出*/

}
```

程序运行结果为:

```
输入一个字符串:
I am a Chinese↲
输出你输入的字符串:
I am a Chinese
再输入一个字符串:
I am a Chinese↲
输出你输入的字符串:
I
```

从上面的例子可见,用gets()函数输入一个字符串时,可以包含空格一起输入,直到遇到回车键才结束输入。而用scanf()函数输入一个字符串时,遇到空格键或Enter键都可以结束输入,所以上例输出的结果不同。

3. strcat(字符数组1,字符数组2)

strcat()是字符串连接函数,其作用是:连接两个字符数组中的字符串,把字符串2接到字符串1的后面,结果放在字符数组1中。

例如:

```
char str1[30]="China";
char str2[ ]="Beijing";
printf ("%s",strcat(str1,str2));
```

输出结果:

```
China Beijing
```

strcat()函数的使用说明如下。

(1) 字符数组1的长度必须足够大,可容纳连接后的新字符串;否则,就会因为连接后的字符串长度大于数组1的长度而出现问题。

(2) 连接后的新字符串中,取消了字符串1后面的结束标志'\0',保留了字符串2后面的结束标志'\0'。

4. strcpy(字符数组1,字符串2)

strcpy()是字符串复制函数,其作用是:将字符串2复制到字符数组1中。

例如:

```
char str1[10],str2[ ]="Beijing";
strcpy (str1,str2);
```

执行结果是将字符串Beijing连同结束符'\0'复制到字符数组1中。

strcpy()函数的使用说明如下。

(1) 字符数组1的长度必须足够大,即不能小于被复制的字符串2的长度,以便容纳被复制的字符串2。

(2) 字符数组1必须是数组名形式,字符串2可以是数组名,也可以是字符串常量。

例如:

```
strcpy(str1,"Beijing");
```

(3) 复制时连同字符串2后面的结束标志'\0'一起复制。

(4) 不能用赋值语句将一个字符串常量或一个字符数组直接赋值给另一个字符数组。

例如:

```
char str1[5],str2[5];
str1=str2;            /* 这条语句是不合法的 */
str1="Beijing";       /* 这条语句也是不合法的 */
```

(5) 可以用 strcpy()函数将字符串 2 中的前面若干字符复制到字符数组 1 中。

例如：

```
strcpy(str1,str2,3);
```

作用是将 str2 中的前 3 个字符复制到 str1 中，这样 str1 中的前 3 个字符被取代。

5. strcmp(字符串 1,字符串 2)

strcmp()是字符串比较函数，其作用是：比较字符串 1 与字符串 2 是否相同，并且得到一个函数返回值，该函数返回值为字符串比较的结果。

例如：

```
char str1[10]="China";
char str2[10]="Beijing";
strcmp(str1,str2);
strcmp(str1,"China ");
strcmp("Beijing","Tianjin");
```

strcmp()函数的使用说明如下。

(1) 字符串 1 和字符串 2 既可以是数组名，也可以是字符串常量。

(2) 字符串比较的规则是：自左至右逐个字符按其 ASCII 码值大小比较，直到遇到字符不相同或结束标志'\0'为止。如果全部字符相同，则认为两个字符串相等；否则，以遇到第一个不相同字符的比较结果作为整个字符串的比较结果，并由函数返回值带回。

如果字符串 1＝字符串 2，表明两字符串全部字符相同，则函数值为 0。

如果字符串 1＞字符串 2，表明遇到不相同字符或结束标志'\0'时，字符串 1 中不相同字符的 ASCII 码值大于字符串 2 中相应字符的 ASCII 码值，则函数值为一个正整数。

如果字符串 1＜字符串 2，表明遇到不相同字符或结束标志'\0'时，字符串 1 中不相同字符的 ASCII 码值小于字符串 2 中相应字符的 ASCII 码值，则函数值为一个负整数。

例如：

```
if (strcmp(str1,str2)==0)
printf ("yes");
```

表示如果字符串 str1 等于字符串 str2，则显示输出 yes。

6. strlen (字符数组)

strlen()是测量字符串长度的函数，其作用是：测试字符串的实际长度(即不包括'\0'在内)，并将该长度作为函数返回值。

例如：

```
char str1[10]="China";
printf ("%d",strlen (str));
```

输出结果为 5,即不包括结束标志'\0'的字符串的实际长度。

7. strlwr（字符串）

strlwr()是字符串大小写字母转换函数,其作用是：将字符串中的大写字母换成小写字母。

8. strupr（字符串）

strupr()也是字符串大小写字母转换函数,其作用是：将字符串中的小写字母换成大写字母。

上面介绍了几种常用的字符串处理函数,这些函数的函数名和函数功能在不同版本的 C 中是基本相同的,这样就提高了程序的通用性。但是,对于一些其他库函数,不同系统提供的函数名和函数功能都不尽相同,使用时要查看相应的库函数使用手册,以免出现问题。

6.3.6 字符数组编程举例

对于字符数组的编程,通常也要涉及对数组内字符的查找、插入、删除、升序或降序排列问题,这些问题可以仿照一维数组的编程方法加以解决,其中在比较两个字符大小时是依据字符的 ASCII 码值进行比较的。下面针对字符串的一些操作特点来介绍字符数组的编程方法。

【例 6.16】 编写一个程序,将两个字符串连接起来。不要用 strcat 函数。

程序如下：

```
/*c06_16.c*/
#include<stdio.h>
main()
{  char s1[80],s2[80];
   int i=0,j=0;
   printf ("请输入字符串 1: ");
   scanf ("%s",s1);
   printf ("请输入字符串 2: ");
   scanf ("%s",s2);
   while (s1[i]!='\0')              /*寻找一个字符串的末尾位置*/
        i++;
   while (s2[j]!='\0')              /*将另一个字符串添加到第一个字符串的后面*/
        s1[i++]=s2[j++];
   s1[i]='\0';                      /*在连接后的字符串后添加结束标记*/
```

```
    printf ("\n连接后的字符串: %s",s1);
}
```

程序运行的结果如下：

```
请输入字符串 1: country
请输入字符串 2: side
连接后的字符串: countryside
```

【例 6.17】 编写一个程序，将两个字符串 s1 和 s2 进行比较。若 s1=s2 输出值为 0；若 s1>s2 输出值为正数；若 s1<s2 输出值为负数。不要用 strcmp 函数。

用 N-S 流程图表示该程序的算法如图 6.27 所示。程序如下：

```
/*c06_17.c*/
#include< stdio.h>
main()
{  char s1[80],s2[80];
   int i=0,j=0;
   int r;                                    /*用于存放两个字符串的比较结果*/
   printf ("请输入字符串 1: ");
   scanf ("%s",s1);
   printf ("请输入字符串 2: ");
   scanf ("%s",s2);
   for (i=0;s1[i]==s2[i];i++)                /*若两个字符不同,则退出循环*/
   {  if(s1[i]=='\0' && s2[i]=='\0')           /*两个字符相同时,判断两个字符串是否结
                                                束*/
      break;              /*若两个字符相同,而且两个字符串都结束,则终止循环*/
   }                      /*若两个字符相同,但两个字符串没有都结束,则继续循环判断*/
   r=s1[i]-s2[i];
   printf("\n比较后的结果: %d",r);
}
```

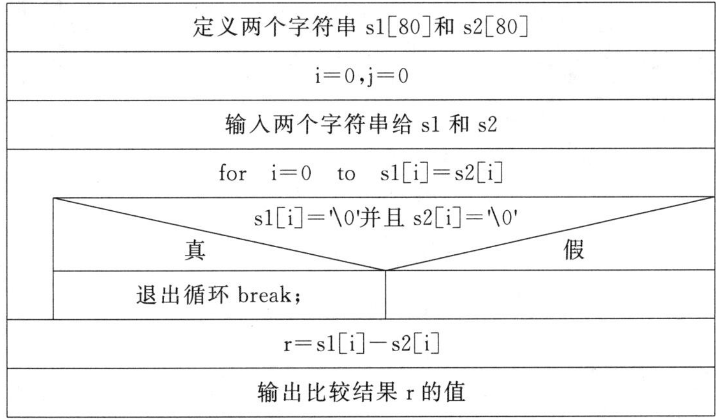

图 6.27 例 6.17 程序的 N-S 流程图

程序运行的结果如下：

```
请输入字符串1: 1234
请输入字符串2: 1235
比较后的结果: -1
```

【例 6.18】 编写一个程序,输入一组只包含字母和 * 号的字符串,将字符串中前面连续的 * 全部删除,中间和后面的不删除,然后输出删除后的字符串。

例如,输入的字符串为****abcd**efg * h****,删除后的字符串为 abcd**efg * h****。

程序如下：

```
/*c06_18.c*/
#include<stdio.h>
#include<string.h>                    /*字符串处理函数库*/
main()
{
  char temp[80]=" ";                  /*用来保存从键盘输入的字符串*/
  int n=0,k;
  printf ("请输入一组字符串,回车结束：\n");
  gets (temp);
  while(temp[n]=='*')  n++;           /*寻找第1个非*号字符的位置n*/
  for(k=0;temp[k+n]!='\0';k++)
     temp[k]=temp[k+n];               /*从第1个非*号字符开始,将其后的所有字
                                        符,移动到字符数组从头开始的位置*/
  temp[k]='\0';                       /*在字符串的最后加上结束标记*/
  printf ("删除后的字符串是：%s \n",temp);
}
```

程序运行的结果如下：

```
请输入一组字符串,回车结束：
*****hello***tom*****
删除后的字符串是：hello***tom*****
```

【例 6.19】 分析下面程序的运行结果。

```
/*c06_19.c*/
#include<stdio.h>
#include<string.h>
main()
{  char str[80]=" ";
   char temp[80]=" ";
   int n=0,k,m;
```

```
    printf ("请输入一组字符串,回车结束：\n");
    gets (str);
    while(str[n]!='\0')  n++;
    n--;
    while(str[n]=='*')  n--;
    for(k=0,m=0;k<=n;k++)
       if(str[k]!='*')  temp[m++]=str[k];
    for(;str[k]!='\0';k++)
       temp[m++]=str[k];
    temp[k]='\0';
    printf ("删除后的字符串是：%s \n",temp);
}
```

程序分析：程序开始定义两个字符数组用来保存字符串，然后输入一组字符串存放到 str[]中。第一个 while 循环是寻找字符串尾部位置，并用 n 记录最后一个字符的位置；第二个 while 循环是从后向前寻找字符串中不是 * 号的最后一个字符的位置，并用 n 记录该位置；第三个 for 循环是在 0～n 的范围内寻找非 * 号的字符，并将非 * 号字符复制到另一个字符串 temp[]中；第四个 for 循环是从 n 到字符串末尾将所有字符复制到另一个字符串 temp[]中，这部分字符是原字符串尾部连续的 * 号字符。最后在字符串 temp[]的末尾加上结束标记，并输出它。程序的整体功能是删除字符串中前部和中间部分的 * 号字符，保留其他字符和尾部连续的"*"号字符。

程序运行的结果如下：

```
请输入一组字符串,回车结束：
***abcd*ef***gh*****
删除后的字符串是：
abcdefgh*****
```

【例 6.20】 编写一个程序，找出 5 个字符串中的最大者并输出。

用 N-S 流程图表示该程序的算法如图 6.28 所示。

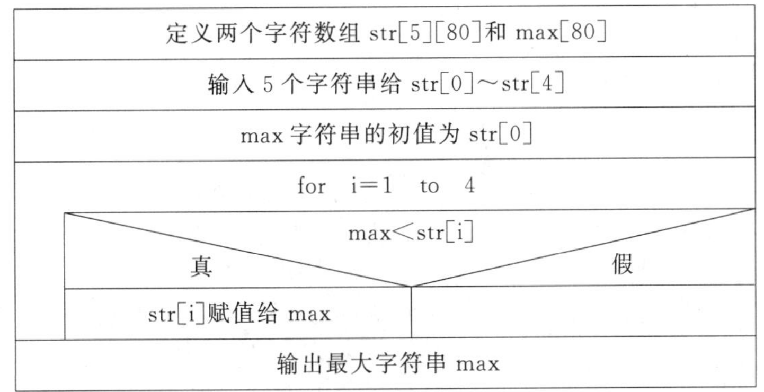

图 6.28 例 6.20 程序的 N-S 流程图

程序如下：

```
/*c06_20.c*/
#include<stdio.h>
#include<string.h>                    /*字符串处理函数库*/
main()
{  char max[80];                      /*用于存放最大的字符串*/
   char str[5][80];
   int i=0;
   printf ("请输入 5 个字符串：\n");
   for (i=0;i<5;i++)
      gets (str[i]);
   strcpy (max,str[0]);               /*最大的字符串初值是第一个输入的字符串*/
   for (i=1;i<5;i++)                  /*通过比较寻找最大的字符串*/
   {   if (strcmp (max,str[i])< 0)
             strcpy (max,str[i]);
   }
   printf ("最大的字符串为：%s\n",max);
}
```

程序运行的结果如下：

```
请输入 5 个字符串：
Beijing
Shanghai
Tianjin
Chongqing
Shenyang
最大的字符串为：Tianjin
```

【例 6.21】 编写一个程序，求若干字符串中最长和最短的字符串。
用 N-S 流程图表示该程序的算法如图 6.29 所示。程序如下：

```
/*c06_21.c*/
#include<stdio.h>
#include<string.h>                    /*字符串处理函数库*/
main()
{
    char temp[80]=" ";                /*用来保存从键盘输入的字符串*/
    int templen;                      /*输入字符串的长度*/
    char max[80]="";                  /*用来保存最长字符串*/
    char min[80]="";                  /*用来保存最短字符串*/
    int maxlen;                       /*最长字符串的长度*/
    int minlen;                       /*最短字符串的长度*/
    printf ("请输入一组字符串,回车结束：\n");
```

```
    gets (temp);
    maxlen=minlen=strlen(temp);     /*字符串长度初值*/
    strcpy (max,temp);              /*最长和最短字符串初值*/
    strcpy (min,temp);
    while (temp[0] !='\0')          /*若字符串为空,则输入结束;否则继续输入并比较*/
    {
        templen=strlen(temp);
        if (templen>maxlen)
        {
            maxlen=templen;
            strcpy (max,temp);      /*找出最长的字符串*/
        }
        if (templen<minlen)
        {
            minlen=templen;
            strcpy(min,temp);       /*找出最短的字符串*/
        }
        gets (temp);
    }
    printf ("最长的字符串是:%s \n",max);
    printf ("最短的字符串是:%s \n",min);
}
```

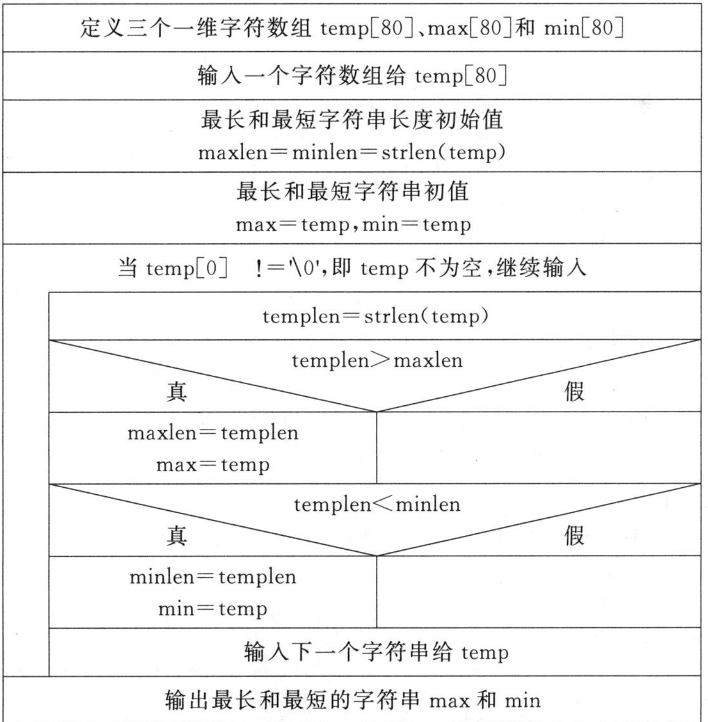

图 6.29 例 6.21 程序的 N-S 流程图

程序运行的结果如下：

```
请输入一组字符串,回车结束:
123
1234567
12345
12345678
1234567890

最长的字符串是：1234567890
最短的字符串是：123
```

习 题 6

6.1 下列数组的初始化语句中,哪条是错误的?指出错在何处。

```
① int a={1,2,3,4}                    /*
② int a[]={1,2,3};                   /*
③ int a[3]={1,2,3,4};                /*
④ int a[3]={1,2};                    /*
⑤ int a[];                           /*
⑥ int n=2,a[n]={1,2};                /*
⑦ int n=2,a[3]={1,2,3+n};            /*
⑧ int a[2][3]={{1,2},{3,4},{5,6}};   /*
⑨ int a[2][3]={{1,2,3},{4,5,6}};     /*
⑩ int a[2][3]={1,2,3,4,5,6};         /*
⑪ int a[2][]={{1,2,3,4,5,6};         /*
⑫ int a[][3],b[2][];                 /*
⑬ int a[][3]={1,2,3,4,5,6};          /*
```

6.2 单项选择题

① 设有定义 int a[4][3];则以下叙述不正确的是(　　)。

A. 定义了一个名为 a 的二维数组

B. a 数组共有 12 个元素

C. a 数组的行下标分别为 1、2、3,列下标分别为 1、2、3、4

D. a 数组中的每个元素都为整数

② 设有定义 int a[4][3];则对该数组元素引用形式正确的是(　　)。

A. a[2+1][1-1]　　B. a[2,3]　　C. a[4][0]　　D. a[0][3]

③ 以下能对数组正确初始化的语句是(　　)。

A. `int a[2][3]={{1,1},{2,2},{3,3}};`

B. int a[3][ ]={{1},{2},{3}};

C. int a[ ][ ]={1,1,2,2,3,3};

D. int a[ ][3]={{1,1,1},{2,2},{3}};

6.3 分析以下程序的运行结果。

```
#include<stdio.h>
main()
{  int a[10]={1,2,3,4,5,6,7,8,9,10};
   int m,s,i;
   float x;
   for (m=s=i=0;i<=9;i++)
   {  if (a[i]%2!=0)  continue;
      s+=a[i];
      m++;
   }
   if (m!=0)
   {  x=s/m;
      printf ("%d,%f\n",m,x);
   }
}
```

6.4 分析以下程序的运行结果。

```
#include<stdio.h>
main()
{  int k,a[10]={1,2,3,4,5};
   int j=0;
   do
      a[j]+=a[j+1];
   while(++j<4);
   for (k=0;k<5;k++)   printf ("%d,",a[k]);
   printf ("\n");
}
```

6.5 分析以下程序的运行结果。

```
#include<stdio.h>
main()
{  int a[][4]={{1,2,3,4},{5,6,7,8},{9,10,11,12}};
   int b[][4]={{11,12,13,14},{15,16,17,18},{19,20,21,22}};
   int i,j,c[3][4];
   for (i=0;i<3;i++)
      for (j=0;j<4;j++)
```

```
            c[i][j]=a[i][j]+b[i][j];
    for (i=0;i<3;i++)
    {   for (j=0;j<4;j++)
            printf ("%5d,",c[i][j]);
        printf ("\n");
    }
}
```

6.6 分析以下程序的运行结果。运行时输入 abc。

```
#include<stdio.h>
#include<string.h>
main()
{   char s[10]="12345";
    strcat (s,"6789");
    gets (s);
    printf ("%s\n",s);
}
```

6.7 分析以下程序的运行结果。

```
#include<stdio.h>
#include<string.h>
main()
{   char a[3][5]={"aaaa","bbbb","cc"};
    int i;
    a[1][2]='\0';
    for(i=0;i<3;i++)
        printf ("%s\n",a[i]);
}
```

6.8 下列程序的功能是使一个字符串按逆序存放,请填空。

```
#include<stdio.h>
#include<string.h>
main()
{   char str[11]="abcdefghij";
    char ch;
    int i,j;
    for (i=0,j=strlen(str)-1;i< ________;i++,j--)
    {   ch=str[i];
        str[i]=________;
        str[j]=________;
    }
    printf("%s\n",str);
}
```

6.9 求一个矩阵中最小元素的值,并指明所处的行号和列号。

6.10 用冒泡法对10个字符排序。

6.11 用选择法对10个字符排序。

6.12 已有一个有序的字符数组,现输入一个字符,要求按原来的排序规律将它插入到字符数组中去。

6.13 编写一个程序,先输入一组学生成绩,用-1表示输入结束,然后输入某一区间值,并查找该区间内所有学生成绩。

6.14 编写一个二维矩阵的转置程序。

6.15 编写一个程序,将两个有序的一维数组,归并成一个有序的一维数组。

6.16 编写一个程序,输出以下的杨辉三角形。

```
1
1  1
1  2  1
1  3  3  1
1  4  6  4  1
1  5  10  10  5  1
1  6  15  20  15  6  1
…
```

6.17 编写一个程序,打印以下图案。

```
        *
      * * *
    * * * * *
  * * * * * * *
* * * * * * * * *
```

6.18 编写一个程序,将字符数组S2中的字符串复制到字符数组S1中。不要用strcpy函数。

6.19 编写一个程序,输入一组字符串,将字符串中的小写字母转换为大写字母(其他字符不变)并输出。

6.20 编写一个程序,输入一组只包含字母和*号的字符串,将字符串尾部的*号全部删除,然后输出删除后的字符串。例如,输入的字符串为****fhh*fds**fg****,删除后的字符串为****fhh*fds**fg。

6.21 使用数组编写程序,在屏幕上画出一条正弦曲线。

第7章 chapter 7

函 数

本章要点：

- 函数的定义方法及调用方法。
- 函数参数的传递方式。
- 函数的嵌套调用及递归调用。
- 变量的作用域及其存储类型。

在程序中如果需要多次进行某种操作或运算，就要多次重复书写完成该操作或运算功能的程序段，因而使程序烦琐，且容易出错。能否对反复使用的程序段只写一次而又能多次使用呢？C语言提供的函数功能，可以满足以上愿望。

C语言程序的基本组成单位是函数，当程序比较大而复杂时，可以将复杂的功能划分为若干子功能模块，使每个模块都成为结构清晰、功能单一、接口简单、容易理解的小程序。利用C语言中的函数来实现这些功能模块，整个程序由多个函数和一个主函数组成，函数之间通过调用，执行各个函数的代码，从而实现整个程序的整体功能。这种做法使程序结构清晰，符合模块化编程风格。

7.1 函数的概念

一个稍复杂一些的C程序通常由一个主函数和多个子函数组成，每个函数完成某种操作或运算功能。函数之间通过调用，执行各个函数中的程序。

main()函数是程序执行的开始点，子函数中的代码只有被调用时才会执行。一般由main()函数调用其他子函数，子函数还可以调用其他子函数，但是子函数不能调用main()函数。调用其他函数的函数，称为主调函数，被调用的函数称为被调函数。一个函数可能既调用其他函数，也可能被其他函数所调用，因此该函数可能在某个调用与被调用过程中充当主调函数，而在另一个调用与被调用关系中充当被调函数。

C函数分为标准库函数和用户自定义函数两种。

7.1.1 标准库函数

标准库函数是C系统定义好的函数，存放在标准函数库中，可以供用户直接使用。

使用库函数时，要用预编译命令#include，将有关的头文件包含到用户的源程序文件中，头文件中包含了与所调用的库函数相关的信息。

C标准函数库中提供了很多标准函数，主要有以下几类。

1. 输入输出函数

输入输出函数如第6章讲过的printf()、scanf()、putchar()和getchar()等。

调用输入输出库函数时，需要包含的头文件为stdio.h，即应在源程序文件中使用编译预处理命令#include <stdio.h>，将该头文件包含进来。

2. 数学函数

调用数学函数时，要包含头文件math.h，即使用编译预处理命令#include <math.h>。

常用的数学库函数如下。

- abs(int x)：功能为求整数x的绝对值。
- fabs(double x)：功能为求实数x的绝对值。
- sqrt(double x)：功能为求x的平方根(要求$x \geq 0$)。
- pow(double x, double y)：功能为求x^y。
- sin(double x)：功能为计算x的正弦值，要求角度x以弧度表示。
- cos(double x)：功能为计算x的余弦值，要求角度x以弧度表示。

3. 字符和字符串处理函数

调用字符串处理函数时，要包含头文件string.h；而调用字符处理函数时，要包含头文件ctype.h。

常用的字符串函数如下。

- strcpy(x1,x2)：功能为将字符串x2复制到x1中。
- strlen(x)：功能为统计字符串x中字符的个数(不包括'\0')。
- strcat(x1,x2)：功能为将字符串x2连接到x1的后边，结果在x1中。

4. 动态存储分配函数

调用动态存储分配函数时，要包含头文件stdlib.h。

常用的函数如下。

- calloc(n, size)：功能是分配n个size大小的内存连续空间。
- malloc()：功能是分配size字节的存储区。
- free()：功能是释放动态分配的内存区。

更多的库函数及其功能列于附录D中，也可以查阅相关手册。

7.1.2 用户自定义函数

用户自定义函数是用户为解决自己的专门问题而编写的。在程序开发中，常将一些经常用到的功能模块编写成函数,或放在公共函数库中供大家使用,从而尽量减少重复书写相同的程序段。

下面通过一个简单的例子,看看自定义函数的作用。

【例 7.1】 编程输出如下字符。

```
********************
    Welcome!
********************
```

方法一:不用函数调用法,编程如下:

```
/* c07_01_1 */
#include<stdio.h>
main()
{ int i;
  for(i=0;i<20;i++)                 /* 输出 20 个 * 符号 */
    printf("*");
    printf("\n");
  printf("    Welcome!\n");         /* 输出文字 */
  for(i=0;i<20;i++)                 /* 输出 20 个 * 符号 */
    printf("*");
  printf("\n");
}
```

仔细观察上面的程序可以看到,打印 20 个 * 的程序段重复书写了两次,这是因为需要输出两行 * 字符。若程序要求输出更多行的 * 字符,则这段程序还要重复多次。

方法二:用函数调用法,编程如下:

```
/* c07_01_2.c */
#include<stdio.h>
pstar()                             /* 定义函数实现打印 20 个 * 的功能 */
{ int i;
  for(i=0; i<20; i++)
    printf("* ");
  printf("\n");
}
main()
{ pstar();                          /* 调用 pstar()函数打印 20 个 * */
  printf("    Welcome!\n");         /* 输出字符串 */
  pstar();                          /* 再次调用 pstar()函数打印 20 个 * */
}
```

上面的程序将打印一行 * 的程序段,单独定义在函数 pstar()中,在 main()函数中,通过两次调用 pstar()函数,来执行打印 * 符号的程序。可见完成打印一行 * 操作的程序段只书写一次即可,而一个函数是可以被多次调用的。

7.2 函数的定义

函数定义的一般格式如下：

```
类型名 函数名(形参列表)        /* 函数的头部 */
    { 定义变量
       语句序列                /* 函数体 */
    }
```

说明如下。

(1) 格式中第一行为函数的首部，其中函数名由用户自己定义，要符合C标识符的命名规则。

(2) 形式参数(简称形参)，是函数被调用时用来接受传来的实际参数的。形参列表中的每个形参都要声明其类型。

(3) 根据是否有形参，可以将函数分为有参函数和无参函数。有参函数的形参可以有一个或多个。若有两个以上的形参，则各参数之间要以逗号分隔。若没有形参，则称该函数为无参函数。如例7.1中的pstar()函数就属于无参函数。

(4) 函数头部下边的{}部分，称为函数体，是函数要执行的程序，用于实现函数的功能。

下面举例说明有参函数的定义。

在例7.1中，如果希望用同一个函数Pstar()实现先打印20个*，后打印30个*，就要采用有参函数的定义方法，定义Pstar(int n)函数，函数通过参数n得到要打印几个*的信息，从而实现输出n个*的功能。

编程如下：

```
/*c07_01_2.c*/
#include<stdio.h>
Pstar (int n)
{ int i;
  for(i=0; i<n; i++)
    printf("*");
  printf("\n");
}
main()
{  Pstar(20);                  /*调用函数打印20个**/
   printf("     Welcome!\n");  /*输出字符串*/
   Pstar(30);                  /*调用函数打印30个**/
}
```

运行结果如下：

```
********************
      Welcome!
******************************
```

上面的程序,Pstar(int n)函数可以实现打印 n 个 * 字符,当调用 Pstar()函数时,通过指定 n 的值为多少,打印多少个 * 。而例 7.1 的方法二中定义的无参函数 Pstar()只能固定打印 20 个 * 。可见有参函数 Pstar(int n) 要比无参函数 Pstar() 功能更灵活,通用性更好。

(5) 函数名前边的类型名是指函数值的数据类型。函数值的类型名若省略,则默认函数值为 int 型。请看下例。

【例 7.2】 定义函数根据实参传来的长、宽、高,求立方体体积。

分析:定义有参函数 funv(int x, int y, int z),3 个形参用来表示长、宽、高,函数功能是计算立方体体积。主函数中任意输入长、宽、高,调用函数 funv()求体积,并输出结果。

程序如下:

```
/*c07_02.c*/
#include<stdio.h>
funv(int x, int y, int z)              /*定义函数首部,省略了类型说明*/
{ int w;
    w=x*y*z;
    return (w);                        /*返回函数值*/
}
main()
{ int a,b,c,v;
  printf("Input 3 numbers: ");
  scanf("%d, %d, %d ",&a, &b, &c);     /*输入 3 个边长*/
  v=funv (a, b, c);                    /*调用函数*/
  printf(" V=%d\n ", v);
}
```

运行程序如下:

```
输入: 1,2,3↵
显示: V=6
```

该程序中定义的函数 funv(),因返回值为 int 型,所以定义函数首部时省略了类型名 int。若该题改为输入 3 个 float 类型的边长,则函数计算的体积结果应为 float 型,因此定义函数的首部时,不应省略类型名,即应定义为:

```
float funv(float x, float y, float z)
```

在 C 语言中可以定义无返回值的函数,类型名为 void,这种函数不返回函数值,只完成某种操作功能,如例 7.1 的 pstar()函数的头部可定义为 void pstar()。

(6) 函数的返回值。

函数一般有返回值。如例 7.2 中,funv (1,2,3)的函数值是 6,funv (2,2,3)的函数值是 12。

函数返回值由 return 语句得到,并传递给主调函数。返回语句的格式为:

```
return (表达式);
```

或

```
return 表达式;
```

return 后面的值可以是常量、变量,有没有括号都可。如例 7.2 中的 return (w);与 return w; 等价。

return 后面的值也可以是个表达式,如 return (2 * w);。

函数首部的类型定义与 return 后边表达式的类型要一致。如例 7.2 中的函数类型是整型的,则 return 后的 w 的类型也应是整型的。当函数的返回值与定义的函数值类型不一致时,就以函数值类型为准,对数值型数据可以自动进行类型转换。

例如上例中,若定义 funv()函数值为 int 型,而 w 为 float 型,二者不一致,如下:

```
int funv(int x, int y, int z)      /* 定义函数值为 int 型 */
{float w;
  …
  return (w);                       /* 返回函数值 */
}
```

则 C 编译系统会自动将 w 的值转换为 int 型,作为函数值返回到主调函数。

如果函数不带回值,只完成某种操作,则函数结尾可以用不带表达式的 return 语句,或省略 return 语句。如例 7.1 中,pstar()函数体结尾处没有用 return 语句,表示调用该函数不需返回值。这时,函数的类型可定义为 void(无值),表示该函数无返回值。如例 7.1 中的 pstar()函数也可以如下定义:

```
void pstar()        /* 定义无值函数 */
{ int i;
  for(i=0; i<20; i++)
    printf("* ");
  printf("\n");
  return; }         /* 无返回值 */
```

7.3 函数的调用

7.3.1 调用函数

调用函数的一般格式:

```
函数名(实参列表)
```

说明如下。

(1) 当调用无形参函数时,不应有实参。如例 7.1 的方法二中,在主函数中打印 * 的调用函数语句为 Pstar()。

(2) 若有多个实参,要用逗号分隔。且实参要与形参类型匹配,一一对应。

如例 7.2 中,定义 funv(int x, int y, int z)函数有 3 个 int 型的形参 x、y、z,则在主函数中调用该函数时,要有 3 个实参 a、b、c 与之对应,调用语句为 v=funv (a, b, c);。

调用该函数时,程序的执行过程是将实参 a、b、c 的内容分别传递给形参 x、y、z,然后执行 funv()函数体中的代码,最后通过 return 语句,将计算结果作为函数值,返回到主调函数,赋值给变量 v。

(3) 实参可以是常量、变量或表达式。如在例 7.2 中,也可以有 v=funv (1, 3, 9);这样的调用。

一般函数的调用有以下几种方式。

(1) 函数语句。

如 pstar();,这种方式适用于无返回值(void)函数的调用。

(2) 函数表达式。

如 v=funv(a,b,c) * 10+2;,这种方式适用于有返回值的函数调用。

(3) 函数值作为参数。如

```
printf("V=%d\n", funv(1,3,9));          /*运行结果输出 V=27*/
```

该语句执行结果是输出函数值 funv(1,3,9)。这种方式适用于有函数返回值的调用。

【例 7.3】 分析下面程序的输出结果。

```
/*c07_03.c*/
#include<stdio.h>
int fun(int x)
{x=x+3;
 return x;
}
main()
{int i, x=2,a[10];
 for(i=1;i<10;i++)      /*为数组赋值*/
   a[i]=8+i;
 printf("%d\n", a[fun(x)+x]);
}
```

输出结果:

```
15
```

程序中 printf() 输出的是一个元素的值,元素的下标是 fun(x)+x,其中 fun(x)是调用函数,即用函数值参与元素下标的运算。因 x=2,故 fun(2)的函数值为 5,元素的下标 fun(x)+x 即 fun(2)+2,值为 7,所以 printf() 输出的是 a[7]的值。从为数组赋值的循环体语句可知 a[7]=8+7=15,所以本题的输出结果是 15。

7.3.2 声明函数

在 C 语言中,变量需要先声明后使用,与此相似,如果要调用自定义的函数,一般也要在主调函数中先对被调函数进行声明,然后调用该函数。

如例 7.2 改为输入实数的长、宽、高,输出对应的立方体体积,将函数定义放在主函数之后,则要在主函数中声明函数,程序如下。

```
#include<stdio.h>
 main()
{ float a,b,c,v;
  float funv(float x, float y, float z);          /*声明要调用的函数*/
  printf("Input 3 numbers: ");
  scanf("%f, %f, %f ",&a, &b, &c);
  v=funv (a, b, c);                               /*调用函数*/
  printf("V=%f\n", v);
}
float funv(float x, float y, float z)             /*定义函数*/
{ float t w;
   w=x*y*z;
   return (w);
}
```

在声明函数时也可以不写形参变量名,只写形参类型。例如:

```
float funv (float,float,float);
```

称为函数原型。

如果自定义函数放在主调函数之前,则在主调函数之中可以省略函数声明语句。也可以在所有函数之前声明函数原型,则在主调函数中就不必再声明函数。

如上例程序可以改写如下,将函数定义放在前边,主函数中就可以省略函数声明语句。

```
#include<stdio.h>
float funv(float x, float y, float z)       /*定义函数*/
{ float t w;
    w=x*y*z;
    return (w);
}
 main()
{ float a,b,c,v;
```

```
  printf("Input 3 numbers: ");
  scanf("%f, %f, %f ",&a, &b, &c);
  v=funv (a, b, c);                                  /*调用函数*/
  printf(" V=%f \n ", v);
}
```

【例 7.4】 输入 a,b,c,求 sum=a!+b!+c!。

分析：本题需要 3 次用到求阶乘的功能,所以定义一个求 n!的函数 fac(int n),当调用函数给 n 传递 a 的值时,函数返回 a!值,给 n 传递 c 的值时,函数返回 c!值。主函数输入 a,b,c,3 次调用 fac()函数,求 a!、b!和 c!,并求出它们的和。

```
/*c07_04.c*/
long fac(int n)
{int i; long p;
 for(i=1,p=1; i<=n; i++)
  p=p*i;
 return p;
}
 main()
 {int a,b,c;
 long s;
 printf("Enter int numbers a,b,c: \n");
 scanf("%d,%d,%d", &a,&b,&c);
 s=fac(a)+fac(b)+fac(c);        /*3次调用 fac()函数*/
 printf("%d!+%d!+%d!=%ld \n",a,b,c, s);
}
```

运行程序：

```
显示：Enter int numbers a, b, c:
输入：2, 3, 4↵
结果显示：2!+3!+4!=32
```

上例程序中,定义了一个用于求 n 的阶乘的函数 fac(int n),并将该函数定义放到主函数之前,所以在主函数中不用声明 fac()函数原型。

7.4 函数的参数传递

定义函数时所带的参数称为形式参数（简称形参),调用函数时所带的参数称为实际参数(简称实参)。当调用函数时,实参的值要传递给对应的形参,传递方向是单向的,即只能是实参向形参传递。

实参与形参的传递方式有两种：传值方式和传地址方式。

7.4.1 传值方式

传值方式有以下特点。

(1) 实参和形参各占有不同的存储单元。所以在被调函数中若改变了形参的值，并不会影响实参的值。实参与形参允许同名，不会混淆。

(2) 实参的值传递给形参，称为值传递，且是单向传递，即只能由实参传值给形参。

(3) 形参和实参数目要相同、类型要匹配。

(4) 实参的求值顺序是自右到左。

请看下例。

【例 7.5】 分析以下程序执行的结果。

```
/*c07_05.c*/
void exchange(int x, int y)
{ int t;
  t=x;
  x=y;                        /*交换形参变量 x 和 y 的内容*/
  y=t;
}
main()
{ int a, b;
  printf("input a, b: ");
  scanf ("%d,%d",&a,&b);
  exchange (a, b);           /*调用无返回值的函数*/
  printf("a=%d, b=%d \n", a,b);
}
```

运行程序如下：

```
input a, b: 6,9↵
a=6, b=9          ←实参的值没有改变
```

调用函数执行的过程是：主函数中输入使 a=6，b=9，调用函数 exchange(a,b)时，实参 a，b 的值分别传递给形参 x，y，如图 7.1 所示。在 exchange()函数中，完成的功能是交换 x 和 y 的值，如图 7.2 所示。由于形参变量与实参变量各有自己的存储单元，故形参值的交换不会影响到实参的值，因此返回主函数时，实参 a，b 的值并没有交换。

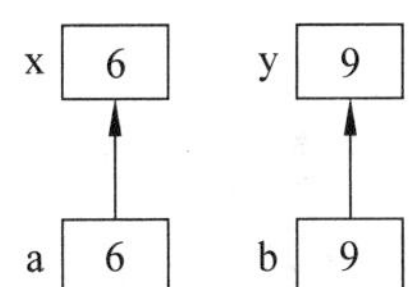

图 7.1 调用函数时实参值传递给形参

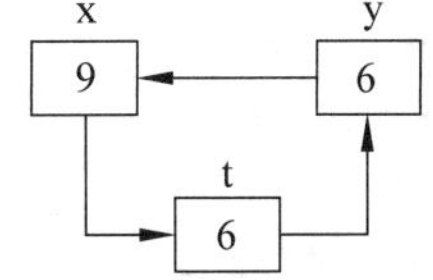

图 7.2 形参变量的值交换

【例 7.6】 分析以下程序的执行结果,注意实参的处理顺序是从右到左。

```
/*c07_06.c*/
#include<stdio.h>
int fun(int a, int b)
{ int c;
  if(a>b) c=1;
  else if (a==b) c=0;
  else c=-1;
  return c;
}
main()
{ int i=2, p;
    p=fun(i,++i);        /*调用 fun()函数*/
    printf("%d", p);
}
```

运行结果:

```
0
```

本例的主函数中,调用函数语句为 p=fun(i,++i);。两个实参的处理顺序是:先处理右边的++i,使 i 变量中的值加 1,变为 3。所以传递给形参 b 的是 3;传递给形参 a 的值是 i 的现在值 3。因此在 fun()函数中执行代码,由于 a==b 条件为“真”,所以 c=0,函数返回值为 0,主函数中输出结果为 0。

7.4.2 传地址方式

传地址方式是指实参传递给形参的是变量的地址,即指针。关于指针变量的内容在介绍指针的有关章节中有详细介绍。由于数组名代表数组的首地址,所以这里以数组为例,介绍传地址方式的参数传递的特点。

调用函数时,若以数组名作为函数的实参,则要求形参也应是数组名(或指针变量)。由于传递的是数组的首地址,则实参和形参都是实参数组的首地址,即实参和形参指同一个数组。因此在函数中若改变了形参数组的值,实际上也等于改变了实参数组的值。

【例 7.7】 分析下边程序的运行结果。

```
/*c07_07.c*/
#include<stdio.h>
void fun (int x[5])                          /*定义函数形参为数组名*/
{int i,t;
 for(i=0; i<5/2;i++)
  { t=x[i]; x[i]=x[4-i]; x[4-i]=t;}      /*将 x 数组元素值逆序存放*/
 }
main()
```

```
{int a[5]={1,2,3,4,5}, i;                    /* 初始化数组 */
 fun(a);                                     /* 调用函数,数组名作实参 */
 for(i=0; i<5;i++)
    printf("%3d",a[i]);                      /* 输出数组 */
}
```

运行结果：

```
5 4 3 2 1
```

程序分析：本例中，主函数调用函数 fun(a)，数组名 a 作为实参，传递给形参的是数组的首地址，则形参 x 和实参 a 同指一个数组。因此在函数 fun()中，将形参数组 x 的元素值进行了逆序存放，也就是将实参数组 a 进行了逆序存放，所以在主函数中输出的 a 数组的内容是与初始化内容相逆序的。

【例 7.8】 定义函数，求数组元素的平均值。

```
/*c07_08.c*/
#include<stdio.h>
float average(float array[10])                 /* 定义函数求数组平均值 */
{  int i;
   float aver, sum=array[0];
   for(i=1;i<10;i++)
    sum=sum+array[i];
   aver=sum/10;
   return aver;                                /* 函数返回平均值 */
}
main()
{ float score[10], aver;
  int i;
  printf("input 10 numbers: ");
  for(i=0;i<10;i++)
    scanf("%f",&score[i]);                     /* 为数组输入值 */
  aver=average(score);                         /* 调用函数,数组名作实参 */
  printf("\naverage=%5.2f\n",aver);
}
```

运行结果如下：

```
input 10 numbers: 1 2 3 4 5 6 7 8 9 10
average=5.50
```

上例程序将求数组元素平均值的程序段定义在一个函数 average()中，主函数中为数组 score[10]输入值，调用函数并以数组名 score 作为实参，将数组的首地址传递给形参，使得形参数组 array[10]与实参数组 score[10]代表同一个数组。因此在 average()函数中对 array[10]数组求平均值，就等于对 score[10]数组求平均值。

注意,将数组名作为参数时,实参数组与形参数组要类型一致。

实际上形参数组可以不指定大小,而另设一个参数指定元素的个数。请看下例。

【例 7.9】 定义一个能求 n 个元素平均值的函数。

```
/* c07_09.c */
float average(float array[],int n)
{float aver,sum=0;
 int i;
 for(i=0;i<n;i++)
    sum=sum+array[i];
 aver=sum/n;
 return aver;
}
 main()
{float a[5]={98.5, 97, 91.5, 60, 75.5 };
 float b[10]={67,75,80,90,96,76,85,68,78,45};
 printf("The aver of a is: %f\n",average(a,5));      /* 求 a 数组 5 个元素的平均值 */
 printf("The aver of b is: %f\n",average(b,10));     /* 求 b 数组 10 个元素的平均值 */
}
```

运行结果如下:

```
The aver of a is: 84.50
The aver of b is: 76.00
```

本例题的函数 average(float array[],int n)在被调用时,实参传递来的 n 是多少,就可以求多少元素的平均值,而例 7.8 的 average(float array[10])函数,只能固定求 10 个元素的平均值,显然例 7.9 的函数要比例 7.8 的函数功能更加灵活、更具有通用性。

多维数组名作为函数参数,形参数组定义时第一维下标可以省略。请看下例。

【例 7.10】 求 3 行×4 列数组元素的最大值。

分析:max=第 1 个元素的值,然后用 max 与数组中其他元素逐个比较,哪个元素值比 max 大,就赋给 max ,全部比较完,则 max 中将会得到最大值。

方法一:不用函数调用法。

```
main()
{int a[3][4]={{1,3,5,7},{2,4,6,8},{15,17,34,12}};
 int i, j, max;
 max=a[0][0];
 for(i=0;i<3;i++)
    for(j=0;j<4;j++)
      if(a[i][j]>max) max=a[i][j];
printf("max=%d\n", max);
}
```

方法二：用函数调用法。

```
/*c07_10.c*/
int maxval (int x[][4])                    /*形参数组的第一维下标可以省略*/
{ int i, j, max;
  max=x[0][0];
  for(i=0;i<3;i++)
    for(j=0;j<4;j++)
        if(x[i][j]>max)
            max=x[i][j];
  return max;
}
main()
{int m;
 int a[3][4]={{1,3,5,7},{2,4,6,8},{15,17,34,12}};   /*初始化数组*/
 m=maxval(a);                                      /*调用函数,实参为数组名*/
 printf("max=%d\n", m);
}
```

运行结果：

```
max=34
```

例中定义函数 maxval (int x[][4]),实现求二维数组的最大值。主函数中初始化一个数组,调用函数将 a 数组的首地址传递给形参,在函数中求出数组的最大值,返回主函数,输出最大值。

7.5 函数的嵌套调用与递归调用

7.5.1 函数的嵌套调用

函数的嵌套调用,即在被调用的函数中又调用其他函数。

在C语言中,函数的定义是平行的、独立的,即一个函数内部不能包含另一个函数的定义。所以函数的定义不允许嵌套定义,但函数的调用是允许嵌套的。函数的嵌套调用过程如图7.3所示。

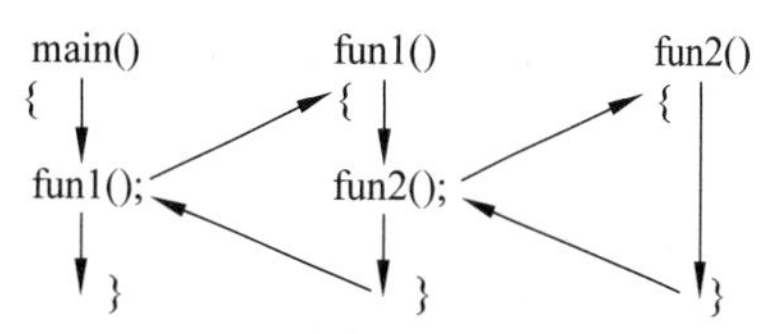

图 7.3 函数嵌套调用执行过程的示意图

即在 main()函数执行程序的过程中,调用 fun1()函数,则程序转到 fun1()函数去执行,在执行 fun1()函数程序的过程中又遇到了调用 fun2()函数的语句,则程序又转到 fun2()函数去执行。当执行完 fun2()函数时,程序返回到其主调函数 fun1()中,接着执行函数调用语句后边的语句,直到 fun1()函数结束,然后返回到 main()函数中的函数调用语句处,接着执行其后边的语句,直到 main()函数结束。

【例 7.11】 输入两直角边长,求其斜边长。

分析:设三角形的两个边长为 a、b,斜边为 c,则有 $c=\sqrt{a^2+b^2}$。

定义以下两个函数。

(1) 求一个数的平方函数 squar(float m)。

(2) 求两个数的平方和并开方的函数 sqradd(float x, float y)。

编程如下:

```
/*c07_11.c*/
#include<stdio.h>
#include<math.h>
float squar(float m)
{  return(m*m);                          /*函数返回 m 的平方*/
}
float sqradd(float x, float y)
{float sq1,sq2, sc;
 sq1=squar(x);                           /*调用函数求 x² */
 sq2=squar(y);                           /*调用函数求 y² */
 sc=sqrt(sq1+sq2);
 return(sc);
}
main()
{ float a,b, c;
  printf("input a, b: ");
  scanf("%f, %f",&a,&b);
  c=sqradd(a,b);
  printf("result =%.2f \n ",c);
}
```

运行结果如下:

```
input a, b: 3, 4↲
result=5.00
```

程序中函数的嵌套调用过程如图 7.4 所示。

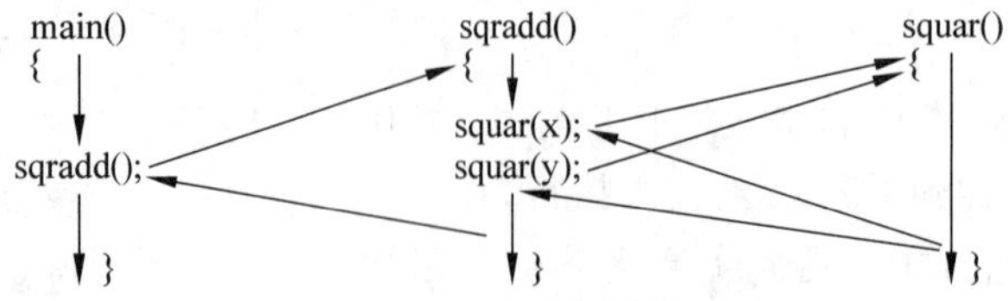

图 7.4 例 7.11 函数的嵌套调用过程示意图

7.5.2 函数的递归调用

1. 函数递归调用的概念

当一个函数在执行的过程中，出现直接或间接调用该函数本身，称为函数的递归调用。例如：

```
fun1(int x)
  { int y,z;
    …
    z=fun1(y);
    …
    return z;
  }
```

这种在fun1()函数中直接调用该函数本身的形式，称为直接递归调用。直接递归调用函数的执行过程如图7.5所示。如果是通过调用另外一个函数来调用本函数，则称为间接递归调用。间接递归调用函数的执行过程如图7.6所示。

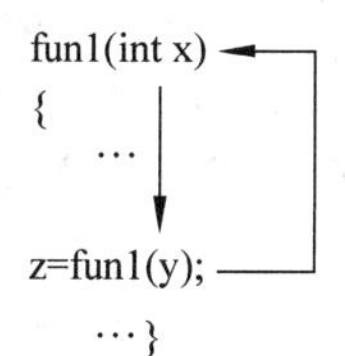

图7.5　直接递归调用示意图

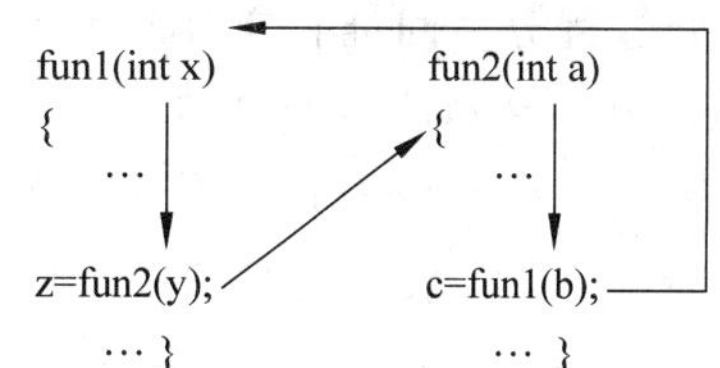

图7.6　间接递归调用示意图

例如：

```
fun1(int x)
  { int y,z;
    …
    z=fun2(y);
    …
    return z;
}
fun2(int a)
  { int b,c;
    …
    c=fun1(b);
    …
    return c;
}
```

下面用一个简单的例子来说明递归的基本思想。

【例7.12】 有4个猴子分桃，第4个猴子分得的桃子比第3个猴子多一个，第3个猴子分得的桃子比第 2 个猴子多一个,第 2 个猴子分得的桃子比第 1 个猴子多一个,第 1 个猴子分得 2 个桃子。问第 4 个猴子分得几个桃子。

分析:要想知道第 4 个猴子分得桃子数,就要先知道第 3 个猴子分得桃子数,而要想知道第 3 个猴子分得桃子数,就要先知道第 2 个猴子分得桃子数,要想知道第 2 个猴子分得桃子数就要先知道第 1 个猴子分得桃子数。每个猴子分得桃子数都比前一个猴子多一个。这种由后边往前推算的过程称为回推过程,可以表示如下:

$$
\begin{aligned}
&\text{peach}(4)=\text{peach}(3)+1\\
&\text{peach}(3)=\text{peach}(2)+1\\
&\text{peach}(2)=\text{peach}(1)+1\\
&\text{peach}(1)=2
\end{aligned}
$$

可以用递归公式表示上面的递推关系:

$$
\text{peach}(n)=\begin{cases}\text{peach}(n-1)+1 & (\text{当 } n>1 \text{ 时})\\ 2 & (\text{当 } n=1 \text{ 时})\end{cases}
$$

当回推到第 1 个猴子分得 2 个桃子时,则由此可以递推出第 2 个猴子分得 2+1=3 个桃子,第 3 个猴子分得 3+1=4 个桃子,第 4 个猴子分得 4+1=5 个桃子。这个过程称为递推过程。

递归过程分为回推和递推两个阶段,如图 7.7 所示。可见当回推到 peach(1)时,由于已知 peach(1)=2,所以回推阶段结束,开始进入递推阶段,最后递推出 peach(4)=5,使递归结束。如果 peach(1)也是未知的,则递归将无法结束,所以必须设置递归结束条件,这里 peach(1)=2 就是递归结束条件。

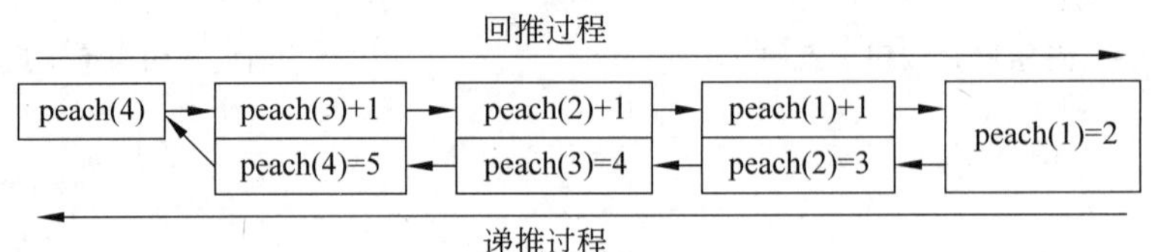

图 7.7　递归过程示意图

可以用函数来描述上述递归过程。

```
/* c07_12.c */
#include<stdio.h>
int peach(int n)
{int p;
 if(n==1) p=2;
 else p=peach(n-1)+1;
 return p;
 }
main()
{int c;
 c=peach(4);
```

```
 printf("peaches=%d\n", c);
}
```

运行结果如下：

```
peaches=5
```

函数的递归调用可以理解为嵌套调用的特殊形式，只不过是函数自己调用自己。在理解函数递归调用时，可以认为，每当递归调用一次函数本身，就相当于产生了该函数的一个副本，直到最后一次递归调用结束，程序的流程返回到倒数第二次函数调用点处，依次类推，直到返回到最初一次的函数调用点处。

例如上边的程序，函数的调用过程可理解为图 7.8 所示的过程。

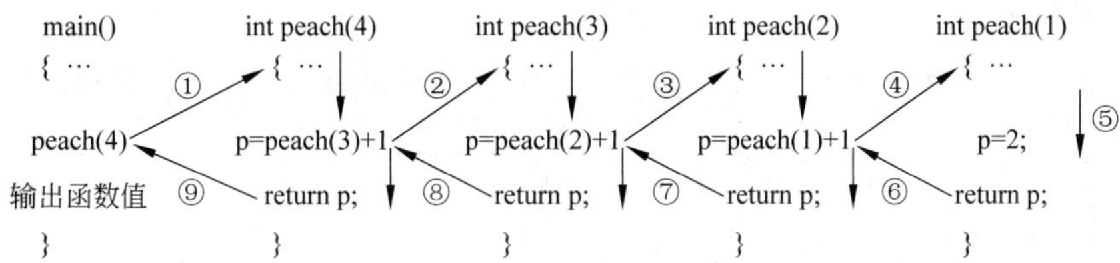

图 7.8 函数递归调用过程

2. 递归调用的条件

定义递归函数时，应考虑以下条件。

(1) 必须有完成函数任务的语句，如例 7.12 中的 return p;。

(2) 有一个测试条件，决定是否继续递归调用。如例 7.12 中的 n==1 就是一个测试条件，如果条件满足，就结束递归调用，否则继续递归调用。

(3) 每次递归调用函数的实参应逐渐逼近测试条件，才能最终结束递归调用。如上例中，递归调用语句 p=peach(n-1)+1; 可以使每次调用函数时 n 的值逐渐减小，逐渐逼近 1，最终 n=1 时，结束递归调用。

(4) 在递归函数定义中，要先测试条件，后递归调用。即递归是有条件的，只有在一定条件下才可以递归调用。

【例 7.13】 用递归方法求 sum=1+2+3+…+n，n 由键盘输入。

分析：假设 n 取 10，则前 10 个整数的和，应该是前 9 个整数和+10，而前 9 个整数和应该是前 8 个整数和+9，依次回推，前一个整数和=1。据此建立递归公式如下：

$$sum(n)=\begin{cases}1 & (当\ n=1\ 时)\\ n+sum(n-1) & (当\ n>=2\ 时)\end{cases}$$

编程如下：

```
/*c07_13.c*/
#include"stdio.h"
```

```
int sum(int n)                          /* 定义递归函数 sum()如下 */
{ int s;
  if (n==1) s=1;
  else s=n+sum(n-1);
  return s;
}
main()                                  /* 编写主函数如下 */
{ int n;
  printf("input an integer number: ");
  scanf("%d",&n);
  printf("1+2+…+%d=%d\n", n, sum(n));
}
```

运行结果如下：

```
input an integer number: 100↵
1+2+…+100=5050
```

【例 7.14】 分析下面程序的运行结果。

```
/* c07_14.c */
#include<stdio.h>
int func(int n)
{int c;
 if (n>0) c=func(n-2)+3;
 else  c=2;
 return c;
}
main()
{ printf(" %d ",func(6));
}
```

运行结果：

```
11
```

分析上面程序的嵌套调用过程如图 7.9 所示。

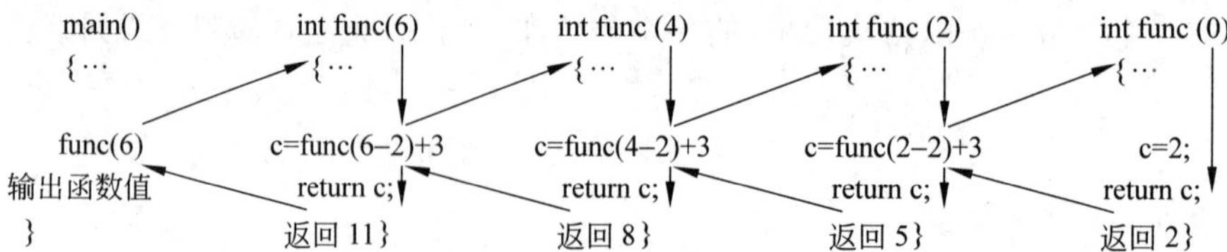

图 7.9 函数递归调用过程

7.6 变量的作用域

C 程序是由 main()函数和若干函数组成的,在不同的地方定义的变量,其作用域(有效范围)是不同的。从变量作用域的角度看,可将变量分为局部变量和全局变量。

7.6.1 局部变量

在函数内部定义的变量,称为局部变量。以前介绍过的各种类型的变量大多是在函数内定义的变量,所以都是局部变量。

局部变量的有效范围(作用域)只在本函数内。在某复合语句的{ }内定义的局部变量,只在本{ }内有效。离开有效范围,变量的值将丢失。所以不同的函数,可以有同名的局部变量,它们各有自己的作用域,互不干扰。

局部变量的生存期,也就是变量的存在时间,是指变量被分配存储单元开始到变量的存储单元被释放,即变量消失这段时间。只有当程序执行函数时,才给函数内的局部变量分配存储单元,当执行完函数体代码,离开本函数时,这些局部变量所占的存储单元就被释放,即变量不存在了。

函数的形参也属于局部变量。当程序调用函数时,才给函数的形参分配存储单元,程序执行完函数体代码离开本函数时,形参变量因存储单元被释放,而使形参的值丢失。

7.6.2 全局变量

在函数之外定义的变量称为全局变量。全局变量可以为各函数所共用。全局变量的作用域是从定义的位置开始,到本文件的结束。如:

```
int u=1, v=2;           /*定义全局变量 u,v*/        ⎫
float fun1(int a)                                   ⎪
{int b,c;                                           ⎪
 … }                                                ⎪
int x,y;                /*定义全局变量 x,y*/        ⎬u,v 的有效范围
main()                                              ⎪
{  ⎫                                                ⎪
 … ⎬ x,y 的有效范围                                 ⎪
}  ⎭                                                ⎭
```

【例 7.15】 请观察以下程序的执行结果。

```
/*c07_15_1.c*/
#include<stdio.h>
void exchange(int a, int b)
{ int t;
  t=a; a=b; b=t;
}
```

```
main()
{ int a, b;
  printf("input a, b: ");
  scanf ("%d,%d",&a,&b);
  exchange (a,b);        /*调用函数*/
  printf("a=%d, b=%d \n", a,b);
}
```

运行结果如下：

```
input a, b: 6,9↵
a=6, b=9
```

可见因为形参和实参都是局部变量，作用域仅限于各自的函数体，即使形参和实参同名，二者也互不干扰。所以形参的交换，并没有影响实参，即 main()函数中 a、b 的值并没有交换。

若将 a、b 定义为全局变量，程序修改如下：

```
/*c07_15_2.c*/
#include<stdio.h>
int a, b;           /*定义全局变量*/
void exchange()
{ int t;
  t=a; a=b; b=t;
 }
main()
{ printf("input a, b: ");
  scanf ("%d,%d",&a,&b);
  exchange ();
  printf("a=%d, b=%d \n", a,b);
}
```

运行结果如下：

```
input a, b: 6,9↵
a=9, b=6
```

本程序中，开始处将变量 a 和 b 定义为全局变量，其有效作用域为程序中的所有函数。因此在主函数和被调函数 exchange()中所用变量 a 和 b 是相同的，在函数中交换了 a 和 b，在 main()函数中输出 a 和 b 的值，可以看到确实达到了交换的目的。

在 C 语言中，可以通过 return 语句，将被调函数的值，带回主调函数，但只能返回一个值，而通过定义全局变量的方法，可以在函数之间传递多个值。

【例 7.16】 编写一个函数，由实参传来一个字符串，统计此字符串中字母、数字、空格和其他字符的数目。主函数中输入一个字符串并输出统计结果。

分析：此题要求调用一次函数返回多个值，即字母、数字、空格和其他字符的数目，而用 return 方法只能返回一个值，不能满足要求。因此，考虑用全局变量 letter、digit、space 和 other 传递字母、数字、空格和其他字符的个数给主函数，在主函数中输出这些结果。

编程如下：

```
/*c07_16.c*/
#include"stdio.h"
#include"string.h"
int digit=0, letter=0,space=0, other=0;          /*定义全局变量*/
void char_count(char str[])
{int i=0;
while(str[i]!='\0')
{ if(str[i]>='0'&& str[i]<='9')
    digit++;
 else if(str[i]>='a'&& str[i]<='z' || str[i]>='A'&& str[i]<='Z')
    letter++;
 else if(str[i]==' ')
    space++;
 else
    other++;
 i++;}
 }
 main()
 { char s[30];
  printf("input a string: ");
  gets(s);
  char_count(s);
  printf(" digit=%d\n letter=%d\n",digit, letter);
  printf(" space=%d\n other=%d\n",space, other);
}
```

运行结果如下：

```
input a string: I am a Chinese! ↵
digit=0
letter=11
space=3
other=1
```

值得提出的是，C 语言规定如果在同一程序中，全局变量与局部变量同名，则在二者的作用域重叠的区间，局部变量有效，全局变量不起作用。

【例 7.17】 分析以下程序的运行结果。

```
/*c07_17.c*/
#include"stdio.h"
```

```
int a=3, b=5;
max(int a,int b)
{int c;
 c=a>b? a: b;
 return c;
}
 main()
{int a=8;
 printf("%d \n",max(a,b));
}
```

运行结果：

```
8
```

本程序定义了全局变量 a 和 b,在主函数中,定义了局部变量 a,在主函数范围内全局变量 a 和局部变量 a 的作用域重叠。根据上述规定,此范围内局部变量将屏蔽全局变量,所以调用函数时,实参 a 的值采用的是局部变量的值 8,b 的值为全局变量值 5。

由上述程序可以看出,全局变量在整个程序的执行过程中,都占用存储单元,其中的值不丢失。利用全局变量可以实现各函数之间的参数传递。但是除非十分必要,一般不提倡使用全局变量,其原因有以下几点。

(1) 由于全局变量属于程序中的所有函数,因此在程序执行过程中,一直占用存储空间,即使正在执行的函数根本不用这些全局变量,全局变量也要占用存储空间。

(2) 在某函数中若用到了全局变量,则所有调用该函数的主调函数都要使用这些全局变量,从而降低了函数的通用性。

(3) 函数中使用了全局变量,各函数之间的相互影响较大,从而使函数的独立性变差。如果在某函数中改变了全局变量,则所有使用该全局变量的函数都会受到影响。

(4) 在函数中使用了全局变量后,会降低程序的清晰性,使程序的可读性变差。

7.7 变量的存储属性

7.7.1 变量的存储类型

一般来说,计算机内存中供用户使用的存储空间分为程序区、静态存储区和动态存储区三部分。其中程序区是用来存放程序的,静态存储区和动态存储区是用来存放数据的。

静态存储区是在程序开始执行时就分配的固定存储空间,存放在该区域的变量称为静态存储变量。如全局变量就存放在静态存储区,在程序开始执行时,系统就为全局变量分配存储空间,程序结束时才释放变量。

动态存储区是在程序运行期间,根据需要动态分配和释放的存储空间。该区域一般存放函数的形参变量、局部的自动变量、函数调用时的现场保护和返回地址等。

可见变量从作用域的角度可分为局部变量和全局变量。从存在的时间角度分为动态存储变量和静态存储变量。

静态存储变量,在整个程序执行过程中,始终占据固定的存储单元,其值一直不丢失,直到程序结束,才释放变量。

动态存储变量,只有在要使用时才被分配存储单元,程序执行离开其有效范围时就释放存储单元,变量的值也就丢失了。

在C语言中,变量和函数有以下两个基本属性。

(1) 数据类型:如整型、实型和字符型等。

(2) 存储类型:分为自动变量(auto)、静态变量(static)、寄存器变量(register)和外部变量(extern)。

7.7.2 动态变量

动态变量,也称自动变量,属于动态存储变量,可用关键字 auto 声明动态变量,如 auto int a=3;。

对于局部变量,若不加以任何说明,默认是动态变量,如 int a=3; 等价于 auto int a=3;。

动态变量的赋初值是在调用函数时进行的,在函数执行结束时,释放其存储单元,变量的数据丢失。再次调用函数时,又重新为动态变量赋初值,若没有为动态变量赋初值,则动态变量的初值是随机的。

7.7.3 局部静态变量

静态变量属于静态存储变量,可用关键字 static 声明局部静态变量。局部静态变量赋初值是在编译时进行的,若没有为静态变量赋初值的语句,则自动初始化为0。静态变量的值在函数调用结束时仍保留,下次再调用该函数时,静态变量的值是上次调用结束时的值,而不再重新赋初值。

【例7.18】 分析下面程序的运行结果,体会静态变量与动态变量的区别。

```
/*c07_18.c*/
#include"stdio.h"
fun(int a)
{int b=0;
 static int c=0;
 b=b+1; c=c+1;
 printf("a+b=%d, a+c=%d \n", a+b, a+c);
}
main()
{int a=2, i;
 for(i=0;i<3;i++)
```

```
  fun(a);
}
```

运行结果：

```
a+b=3, a+c=3
a+b=3, a+c=4
a+b=3, a+c=5
```

本程序中，主函数循环三次调用 fun()函数，函数中的自动变量 b，每次调用时，都要重新分配存储单元，初始化为 0；而静态变量 c，每次调用函数结束时，其中的值都保留，直到下次调用函数时，c 的初值为上次调用结束时的值。

【例 7.19】 定义函数 sum(n)，用来求连续整数和，输出 sum(1)，…，sum(6)的值。

```
/*c07_19.c*/
#include"stdio.h"
int sum(int n)
{static int s=0;
 s=s+n;
 return (s); }
 main()
{int i;
 for(i=1;i<=5; i++)
   printf("sum(%d)=%d \n",i, sum(i));
}
```

运行结果如下：

```
sum(1)=1
sum(2)=3
sum(3)=6
sum(4)=10
sum(5)=15
```

如果将 sum()函数中的 static 去掉，将 s 定义为动态变量，则运行结果为：

```
sum(1)=1
sum(2)=2
sum(3)=3
sum(4)=4
sum(5)=5
```

这是因为 s 为动态变量，每次调用函数时，s 都要重新赋初值 0。

7.7.4 外部变量

用 extern 声明的变量,称为外部变量。利用外部变量可以扩展全局变量的作用域。

外部变量有以下用途。

(1) 在同一文件中,全局变量若在文件的开始处定义,则在整个文件范围内的函数都可以使用该变量。但若不是在文件的开头定义的全局变量,则只有该变量定义点之后的函数可以直接使用。若在全局变量的定义点之前的函数要使用该变量,则要先用 extern 声明外部变量。请看下例。

【例 7.20】 外部变量的使用。

```
/*c07_20.c*/
#include<stdio.h>
 main()
 { void fun(int);              /*声明函数原型*/
   extern d;                   /*声明外部变量 d*/
   int a=3;
   fun(a);
   d+=a;                       /*在定义 d之前使用该全局变量*/
   printf("%d \n",d);
}
int d=5;                       /*定义全局变量*/
void fun(int p)                /*定义函数*/
{ d+=p;
  printf("%d ",d);
}
```

运行结果:

```
8 11
```

上面程序中,虽然全局变量 d 定义在主函数之后,但由于在主函数中用 extern 声明了 d 为外部变量,因此主函数可以使用该变量。可见 extern 可以将全局变量的作用域扩展到定义点之前。

程序的执行过程是:主函数调用函数 fun(a),将实参 a 中的 3 传递给形参 p,在函数中,执行 d+=p,使 d 的值为 8,并在函数结束前输出该值 8;函数执行结束返回主函数的函数调用语句的下一条语句,执行 d+=a,因为 d 是全局变量,所以此时 d 的原值是调用函数结束时的值 8,故执行 d+=a 的结果是 d=11,结果输出 11。

(2) 一个 C 程序可以由一个或多个源程序文件组成。对于多文件的 C 程序,若一个文件中的程序,要使用另外一个文件中的全局变量,就要用 extern 声明外部变量,这样就可将全局变量的作用域扩展到其他文件。

7.7.5 静态外部变量

用 static 声明的全局变量,称为静态外部变量。这种变量只能被本文件中的函数使用。其他文件即使用 extern 声明该变量也无法使用该变量。例如:

```
/* file1.c 文件的内容: */
static int x,y;                /*用 static 声明全局变量 x,y*/
#include"stdio.h"
 main()
{ printf("input x,y: ");
  scanf("%d,%d",&x,&y);
  printf("old: x=%d, y=%d \n",x,y);
  swap();
  printf("new: x=%d, y=%d \n",x,y); }

/* file2.c 文件的内容*/
extern int x,y;                /*用 extern 声明 x,y*/
void swap()
{ int t;
  t=x; x=y; y=t;
}
```

在 file1.c 文件中定义全局变量 x 和 y,用 static 进行了声明,因此只能用于 file1.c 文件,尽管在 file2.c 文件中用 extern int x,y; 语句声明 x,y 变量为外部变量,但仍无法使用 x,y 变量。程序编译连接时会产生错误提示,认为 file2.c 文件的 x,y 未定义。

思政 7

7.8 函数应用程序设计综合举例

【例 7.21】 编写一个函数,功能是判断一个数是否为素数;主函数中输出 200~300 的所有素数。要求每输出 4 个数换一行。

分析:定义函数名为 frame,一个整型形参 m。函数判断 m 是素数则返回 1,否则返回 0。主函数用循环调用 frame(n)函数,逐个判断 200~300 的所有整数,是素数则打印,并用 c++ 实现统计素数个数,每够 4 个则输出一次换行。

编程如下:

```
/* c07_21.c */
#include<stdio.h>
main()
{ int n, c=0;
 int frame(int);                /*声明函数原型*/
 for(n=200; n<300; n++)
 if(frame(n))
```

```
  {printf("%4d",n); c++;            /*若n是素数,则输出n,并用c统计素数个数*/
   if(c%4==0)                       /*每输出4个素数*/
    printf("\n");                   /*则换一行*/
  }
}
int frame(int m)
{int i, flag=1;
 for(i=2; i<=m/2; i++)
  if(m%i==0)
   {flag=0; break; }
 return flag;
}
```

运行结果如下:

```
211 223 227 229
233 239 241 251
257 263 269 271
277 281 283 293
```

【例 7.22】 编写函数,功能是在字符串中删除指定字符。

分析:定义带有两个形参的函数 del_string(char str[], char c),第一个形参接受原字符串,第二个形参接受要删除的字符。

在字符串中删除指定字符的算法是:对字符串的每个字符判断不是要删除的字符就保留。

编程如下:

```
/*c07_22.c*/
#include<stdio.h>
void del_string(char str[], char c)
{ int j=0,k=0;
 for(; str[j]!='\0';j++)
   if(str[j]!=c) str[ k++]=str[j];                /*不是要删除的字符就保留*/
  str[k]='\0';
}
 main()
{ char str[20], del_c;
  printf("input a string: ");
  gets(str);                                       /*输入一个字符串*/
  printf("input a letter to delete: ");
  del_c=getchar();                                 /*输入一个要删除的字符*/
  del_string(str, del_c);                          /*调用函数,删除字符*/
  printf("New string is: \n");
  printf("%s: \n",str);                            /*输出删除指定字符后的字符串*/
```

```
}
```

运行结果如下：

```
input a string: abcdeefg↵
input a letter to delete: e↵
New string is:
abcdfg
```

【例 7.23】 编写函数,用选择排序法,对数组元素进行由小到大排序。

分析：以 a[5]={3,6,1,9,4}为例,排序分以下几个步骤。

(1) 在 a[0]～a[4]中找最小的元素与 a[0]对换。

(2) 在 a[1]～a[4]中找最小的元素与 a[1]对换。

(3) 在 a[2]～a[4]中找最小的元素与 a[2]对换。

(4) 在 a[3]～a[4]中找最小的元素与 a[3]对换。

第(1)步算法：

```
k=0;
for(j=1; j<5; j++)
  if(a[j]<a[k]) k=j;          /* 找最小元素的下标 */
t=a[k]; a[k]=a[0]; a[0]=t;  /* 最小元素与 a[0]对换 */
```

第(2)步算法：

```
k=1;
for(j=2; j<5; j++)
  if(a[j]<a[k]) k=j;
t=a[k]; a[k]=a[1]; a[1]=t;
```

第(3)步算法：

```
k=2;
for(j=3; j<5; j++)
  if(a[j]<a[k]) k=j;
t=a[k]; a[k]=a[2]; a[1]=t;
```

第(4)步算法：

```
k=3;
for(j=4; j<5; j++)
  if(a[j]<a[k]) k=j;
t=a[k]; a[k]=a[3]; a[3]=t;
```

将以上 4 个步骤用一个外循环来实现,程序如下：

```
for(i=0;i<5-1;i++)
{  k=i;
  for(j=i+1;j<5;j++)
```

```
        if(a[j]<a[k]) k=j;
    t=a[k]; a[k]=a[i]; a [i]=t;
}
```

本题完整程序如下：

```
/*c07_23.c*/
#include<stdio.h>
void sort(int a[],int n)            /*定义函数用选择法对数组排序*/
{  int i,j,k,t;
   for(i=0;i<n-1;i++)
   { k=i;
    for(j=i+1;j<n;j++)
      if(a[j]<a[k]) k=j;
    t=a[k]; a[k]=a[i]; a[i]=t;
  }
}
main()
{ int arr[10], i;
  printf("Enter 10 numbers: ");
  for(i=0;i<10;i++)
      scanf("%d",&arr[i]);
  sort(arr,10);                     /*调用函数对数组排序*/
  printf("The sorted array: \n");
  for(i= 0;i<10;i++)
      printf("%d ",arr[i]);
  printf("\n");
}
```

运行结果如下：

```
Enter 10 numbers: 12  23  14  5  6  7  23  8  9
The sorted array:
2  3  5  6  7  8  9  12  14  23
```

【例 7.24】 输入 a、b、c，用函数调用法求 $ax^2+bx+c=0$ 的根。

分析：根据 $d=b^2-4ac$ 值的不同，一元二次方程的根有以下 3 种情况。

当 $d>0$ 时：有两个不等的实根。

当 $d=0$ 时：有两个相等的实根。

当 $d>0$ 时：有一对共轭复根。

编写 3 个函数分别求以上 3 种方程根。主函数中输入系数 a、b、c 和输出方程根。

由于函数要返回的值不止一个，所以考虑用全局变量在函数和主函数之间传递值。

编程如下：

```
/*c07_24.c*/
```

```
#include<stdio.h>
#include<math.h>
float x1,x2,d,p,q;                      /*定义全局变量*/
void greater(float a, float b)          /*定义函数,求两个不等的实根*/
{ x1=(-b+sqrt(d))/(2*a);
  x2=(-b-sqrt(d))/(2*a);
}
void zero(float a, float b)             /*定义函数,求两个相等的实根*/
{ x1=x2=(-b)/(2*a);
}
void smaller(float a, float b)          /*定义函数,求复根的实部和虚部*/
{ p=(-b)/(2*a);
  q=sqrt(-d)/(2*a);
}
main()
{ float a,b,c;
  printf("input a,b,c: ");
  scanf("%f,%f,%f",&a,&b,&c);
  d=b*b-4*a*c;
  if(d>0)
  {  greater(a,b);
      printf("x1=%.2f\t x2=%.2f\n",x1,x2);}
  else if(d<0)
  {  smaller(a,b);
     printf("x1=%.2f+j%.2f\t",p,q);
     printf("x2=%.2f-j%.2f\n",p,q); }
  else
  {  zero(a,b);
     printf("x1=x2=%.2f\n",x1);}
}
```

运行结果如下:

```
input a,b,c: 1, 2, 1↵
x1=x2=-1.00
```

再次运行,结果如下:

```
input a,b,c: 1, 2, 3↵
x1=-1.00+j1.41 x2=-1.00-j1.41
```

再次运行,结果如下:

```
input a,b,c: 1, 6, 2↵
x1=-0.35    x2=-5.65
```

习 题 7

7.1 单项选择题

① 以下对C语言函数的有关描述中,正确的是(　　)。

A. 在C语言中调用函数时,只能把实参的值转送给形参,形参的值不能转送给实参

B. C函数既可以嵌套定义,又可以递归调用

C. 函数必须有返回值,否则不能使用函数

D. C程序中有调用关系的所有函数必须放在同一个源程序文件中

② C语言中规定函数返回值的类型由(　　)。

A. return语句中的表达式类型所决定

B. 调用该函数时的主调函数类型所决定

C. 调用该函数时系统临时决定

D. 在定义该函数时所指定的函数类型所决定

③ 以下说法不正确的是(　　)。

A. 在不同函数中可以使用相同名字的变量

B. 形参是局部变量

C. 在函数内定义的变量只在本函数范围内有效

D. 在函数内的复合语句中定义的变量在本函数范围内有效

④ 有一个如下定义的函数:

```
func(int a)
{ printf("%d",a);
return a;}
```

则该函数值的类型是(　　)。

A. 整型　　　B. void类型　　　C. 没有返回值　　　D. 无法确定

⑤ 以下错误的描述为(　　)。

A. 在函数之外定义的变量称为外部变量,外部变量是全局变量

B. 在一个函数中既可以使用本函数中的局部变量a,又可以使用同名的外部变量a

C. 外部变量定义和外部变量说明的含义不同

D. 若在同一个源文件中,外部变量与局部变量同名,则在局部变量的作用范围内,外部变量不起作用

⑥ 下面程序的输出结果是(　　)。

```
fun3(int x)
{ static int a=3;
  a+=x;
  return a;
}
```

```
main()
{int k=2,m=1,n;
 n=fun3(k);
 n=fun3(m);
 printf("%d\n",n);
}
```

A. 3 B. 4 C. 6 D. 9

⑦ 下面程序的输出结果是(　　)。

```
 main()
 { int k=4,m=1,p;
  p=fuc(k,m);
  printf("%d,",p);
  p=fuc(k,m);
  printf("%d\n",p);
 }
 fuc (int a,int b)
{ static int m=0,i=2;
  i+=m+1; m=i+a+b;
  return m;
}
```

A. 8，17 B. 8，16 C. 8，20 D. 8，8

⑧ 下列说法不正确的是(　　)。

A. 实参可以是常量、变量或表达式

B. 形参可以是常量、变量或表达式

C. 函数未被调用时,系统将不为形参分配内存单元

D. 实参与形参的个数应相等,且类型相同或赋值兼容

⑨ 下列说法正确的是(　　)。

A. 实参和与其对应的形参各占用独立的存储单元

B. 实参和与其对应的形参共享一个存储单元

C. 只有当形参和与其对应的实参同名时才共享存储单元

D. 形参是虚拟的,不占用存储单元

⑩ 下列说法不正确的是(　　)。

A. 在函数中,通过 return 语句传回函数值

B. 在函数中,可以有多条 return 语句

C. 在C语言中,主函数名 main 后的一对圆括号中也可以带有形参

D. 在C语言中,调用函数必须在一条独立的语句中完成

⑪ 下列说法不正确的是(　　)。

A. 函数调用可以出现在执行语句中

B. 函数调用可以出现在一个表达式中

C. 函数调用可以作为一个函数的实参

D. 函数调用可以作为一个函数的形参

⑫ 在 C 语言中,函数的形参属于( )。

A. 局部变量 B. 全局变量 C. 静态变量 D. 寄存器变量

⑬ 在一个 C 源程序中,若要定义一个只允许本源程序文件中所有函数使用的全局变量,则该变量需要使用的存储类别是( )。

A. extern B. static C. auto D. register

⑭ 假设有如下程序,下列说法不正确的是( )。

```
double s;
int max(int a,int b)
{  int c,d;
   …
}
main()
{  float f;
   …
}
```

A. 变量 s 是全局变量 B. 变量 a、b 是局部变量

B. 在 main()函数中可以引用变量 c D. 在 main()函数中可以引用变量 s

⑮ 以下函数的返回值的类型应是( )。

```
f(float x)
{  float y;
   y=2 * x;
   return y;
}
```

A. float B. void C. int D. 无法确定

⑯ 下列有关静态变量的说法不正确的是( )。

A. 静态局部变量的作用域是全局的

B. 静态局部变量的生存期是全局的

C. 静态局部变量在定义时会被自动初始化

D. 静态外部变量不能被其他文件引用

⑰ 下列有关全局变量的说法不正确的是( )。

A. 全局变量在定义时会被自动初始化

B. 全局变量的生存期与程序的生存期一致

C. 全局变量不能是外部变量

D. 全局变量的定义必须放置在所有函数之外

⑱ 下列有关函数参数的说法不正确的是( )。

A. 定义函数时可以有参数,也可以无参数

B. 函数的形参在该函数被调用前是没有确定值的

C. 在传值调用时,需要传递的参数只能是变量名,不可以是表达式

D. 要求函数的形参和实参个数相等,对应类型相同

⑲ 下列关于函数返回值的描述不正确的是(　　)。

A. 函数返回值可实现函数间的信息传递

B. 函数返回值的值和类型是由返回语句中表达式的值和类型决定的

C. 函数返回值是由 return＜表达式＞实现的

D. 一个函数只可有一个返回值

⑳ 若使用一维数组名作函数实参,则以下正确的说法是(　　)。

A. 必须在主调函数中说明此数组的大小

B. 实参数组类型与形参数组类型可以不匹配

C. 在被调用函数中,不需要考虑形参数组的大小

D. 实参数组名与形参数组名必须一致

7.2　判断下列叙述的正确性,若正确在()内标记√,若错误在()内标记×。

①(　)全局变量与函数体内定义的局部变量重名时,全局变量优先。

②(　)对于不需要使用函数返回值的函数,可以不定义类型。

③(　)一个函数可以定义在别的函数的内部,即嵌套定义。

④(　)返回值为 int 或 char 类型时,函数声明可以省略。

⑤(　)在 C 语言中允许函数之间的嵌套调用。

⑥(　)局部静态变量是在编译时赋初值的,即只赋初值一次。

⑦(　)函数的形参在退出该函数后就被释放了。

7.3　填空题

① C 语言程序的基本组成单位是________。

② C 语言程序总是从________函数开始执行。

③ 函数体用________符号开始,用________符号结束。

④ 当函数的返回值与函数值类型不一致时,将以________的类型为准。

⑤ 凡在函数中未指定存储类别的变量,其隐含的存储类别为________。

⑥ 静态局部变量的作用域是________。

⑦ C 语言规定,调用一个函数时,实参变量和形参变量之间的数据传递方向是________。

⑧ 若定义的函数没有返回值时,则应在该函数声明时加一个类型说明符________。

⑨ 在 C 语言中,一个函数直接或间接地调用自身,便构成了函数的。

⑩ 函数的形式参数属于________变量,其作用域为________。

⑪ 在函数调用过程中,如果函数 funA()调用了 funB(),函数 funB()又调用了 funC(),这称为函数的________。

⑫ 若要定义函数 sum()用于实现求 n 个整数的和,则其函数原型可以设计为________。

⑬ 全局字符变量的默认初始值是________，局部 static 整型变量的默认初始值是________，没有任何存储类别修饰符的局部 float 变量的默认初始值是________。

⑭ 函数形参的默认存储类别是________。

⑮ 在 C 语言中，一个函数一般由两部分组成，它们是函数头和________。

⑯ 在函数调用语句 fun1(x+y,(y,z),10,fun((x,y-1)));中，函数 fun1()有________个参数，函数 fun()有________个参数。

⑰ C 语言变量按其作用域分为________和________，按其生存期分为________和________。

⑱ 若用数组名作为函数调用的实参，传递给形参的是________。

⑲ 在 C 语言程序中，若对函数类型未加显式声明，则函数的隐含类型为________。

7.4 读程序写运行结果。

①
```
int F(int a)
  {int b=0;
 b=b+1;
 return (a+b);}
main()
{int i;
 for(i=1;i<=3;i++)
  printf("%d",F(i));
 }
```

②
```
void S1(int x,int y)
 { int t;
  t=x;x=y; y=t;
 }
 main()
 { int a=1,b=2;
S1(a,b);
printf("%d,%d",a,b);
}
```

③
```
int fun (int p)
 { int b=0;
  static int c=3;
  p=c++, b++;
  return (p);
 }
 main()
 {int a=2,i,k;
   for(i=0;i<2;i++)
      k=fun(a);
  printf("%d",k);
 }
```

④
```
long fun(int n)
 { long s;
  if (n==1 || n==2) s=2;
  else s=n+fun(n-1);
  return s;
 }
main()
{ long x;
  x=fun(4);
  printf("%ld\n",x);
 }
```

7.5 完善下列程序，使程序有正确运行结果。

① 下面的程序用来求 x^y。

```
float power(float x, int y)
{float z;
 for(z=1;y>0;y__(1)__1)
    z__(2)__x;
 return z;
```

```
}
main()
{printf("%f\n",power(3.0,4));
     }
```

② 下面的程序用来求数组中最大元素的下标。

```
int findmax (int s[], int t)
{ int p, m;
  m=0;
  for (p=0; p<t; p++)
  if (s[p]>s[m])
  ____(1)____;
  ____(2)____;
}
main()
{ int a [10], i, k;
  for (i=0; i<10; i++)
      scanf(" %d", &a[ i]);
  k=____(3)____;
  printf(" %d, %d\n", k, a[ k]);
}
```

③ 下面的函数是将一个字符串 str 的内容颠倒过来。

```
#include<string. h>
void invert (char str[])
{ int i, j;
  __(1)__;
  for(i=0,j=strlen(str)__(2)__; i<j; i++,j--)
  {  k=str[i];str[i]=str[j];str[j]=k; }
}
main()
{ char s[ 20];
  printf("input a string: \n");
  gets(s);
  printf("inverted string is: \n");
  __(3)__;
 puts(s);
}
```

④ 下面的程序用来求数组 a 各元素的平均值。

```
float avr(int pa[], int n)
{ int i;
  float avg=0.0;
  for(i=0;i<n;i++)
```

```
  avg=avg+___(1)___;
  avg=___(2)___;
  return avg; }
main()
{ int a[5]={2,4,6,8,10};
  float mean;
  mean=avr(a,5);
  printf("mean=%f\n",mean);
}
```

⑤ 以下程序中函数 fun 的功能是从字符串 s 中删除字符 c，在主函数中输入要删除的字符，并将删除后的字符串输出。

```
voidfun(char s[],char c)
{ int i=0,j=0;
  while(s[i]!='\0'){
      if(s[i]!=c)
      {  ________________;
  }
      i++;
  }
  s[j]=_______________;
}
main()
{ char s[]="abuaild afiniashead";
  char c;
  printf("%s\n",s);
  printf("Please input a character: ");
  scanf("%c",&c);
      fun(s,c);
  printf("%s\n",s);
}
```

⑥ 编写一个函数，函数的功能是求出所有在正整数 M 和 N 之间能被 5 整除、但不能被 3 整除的数并输出，其中 $M<N$。在主函数中调用该函数求出 100 至 200 之间，能被 5 整除、但不能被 3 整除的数。

```
voidfun(int m,int n)
{ int i;
  if(m>=n) ____________________;
  for(i=m;i<=n;i++)
      if(_________________________)
          printf("%d ",i);
}
main()
{ fun(100,200);
}
```

⑦ 以下程序的功能是将两个字符串连接起来。

```
voidstrcat(char s1[],char s2[])
{ int i=0,j=0;
  while(s1[i]!='\0')
      i++;
  while(s2[j]!='\0')
      s1[i++]=________________;
  s1[i]=________________;
}
main( )
{ char s1[80]="Hello every! ",s2[40]="welcome to China!";
  puts(s1);
  puts(s2);
  ____________________;
  puts(s1);
}
```

⑧ 编写一个函数 fun(),它的功能是将 str 所指的字符串中下标为奇数位置上的小写字母转换为大写,若该位置上不是小写字母,则不转换。在主函数中输出修改后的字符串。如若输入 abc4EFg,则应输出 aBc4EFg。

```
voidfun(char s[])
{ int i;
  for(i=0; ________________;i++)
      if(i%2==1 && ____________ && ______________)
        s[i]=s[i]-32;
}
main()
{ char s[]="abc4EFg";
  puts(s);
  fun(s);
  puts(s);
}
```

7.6 编程题

① 编写函数,根据给定的三角形 3 条边长 a、b、c,函数返回三角形面积。主函数中输入 3 条边长,调用函数后,输出三角形面积。

② 编写判断一个年号是否为闰年的函数,若是闰年则返回 1,否则返回 0。主函数输出 2000—2050 年中的闰年。要求每输出 4 个年号换一行。

③ 编写函数求 n!,主函数通过调用函数实现 sum=1!+2!+3!+…+n!(n 由键盘输入)。

④ 有一个数组内放 10 个学生成绩,写一个函数,求平均分、最高分和最低分。主函数初始化数组并输出平均分、最高分和最低分。

⑤ 编写函数,功能是将两个字符串连接起来。主函数输入两个字符串,调用函数连接字符串,并输出连接后的字符串。

⑥ 用递归法求 n!,在主函数中提示输入整数 n。

⑦ 在主函数中提示输入 x、y,编写递归函数 Power(int x, int y) 计算 x 的 y 次幂。

⑧ 用递归方法编写函数,求 Fibonacci 数列的第 n 项值,主函数中输入 n。Fibonacci 数列的规律是 1,1,2,3,5,8,13,…

⑨ 编写函数,求 4×4 数组两条对角线上的元素和。主函数初始化数组,并按行列输出数组,调用函数,并输出结果。

⑩ 编写函数实现查找字符串 str 中包含字符 c 的个数,并编写 main()函数对其进行测试。

⑪ 编写一个函数判断任一给定整数 N 是否满足以下条件:它是完全平方数,又至少有两位数字相同,如 144、676 等。

⑫ 要求实现一个函数,可统计任一整数中某个位数出现的次数。如−21252 中,2 出现了 3 次,则该函数应该返回 3。

⑬ 编写函数实现将字符串 s 中非字母删除,并把结果串存入 t 中。

⑭ 编写函数实现以下功能:删去一维数组中所有重复的元素,使之只剩一个,数组中的数已按由小到大的顺序排列,函数返回删除后的数组。

例如,若一维数组中的数据是: 2 2 3 4 4 5 6 6 6 6 7 7 8 9 9 10 10 10;

删除后,数组中的内容应该是: 2 3 4 5 6 7 8 9 10。

⑮ 定义一个函数 int fun(int a,int b,int c),它的功能是:若 a、b、c 能构成等边三角形函数返回 3,若能构成等腰三角形函数返回 2,若能构成一般三角形函数返回 1,若不能构成三角形函数返回 0。

⑯ 编写函数,功能是删除字符串 s 中从下标 k 开始的 n 个字符。主函数输入 n 和 k,并输出新字符串。

⑰ 编写程序,从键盘输入字符串 tt,调用函数将其中每个单词的首字符改为对应的大写字母,首字符后的字母都改为对应的小写字母。

⑱ 编写程序,从键盘输入字符串 s,调用函数把字符串 s 中所有的字符前移一个位置,第一个字符移到最后,并输出新字符串。

⑲ 编写函数统计一个字符串中单词的个数。

第8章 chapter 8

编译预处理命令

本章要点：

- 编译预处理的概念。
- 宏定义命令的应用。
- 文件包含命令的应用。
- 条件编译命令的应用。

在C语言中，说明语句和可执行语句用来完成程序的功能，除此之外，还有编译预处理命令，其作用是向C编译系统发布信息或命令，指挥编译系统在把源程序编译为目标程序之前对源程序进行预先处理。编译预处理是C语言的重要特点，它有助于程序的移植和调试，是模块化程序设计的一个工具。

例如，以前介绍的程序中出现的＃define PI 3.1416就是预处理命令，表示在预处理时，将源程序中所有的PI符号都替换成3.1416，然后再编译源程序为目标程序。

再例如，以前介绍的程序中出现的命令＃include "stdio.h"，也是预处理命令，表示在预处理时将stdio.h文件的实际内容包含到源程序中来。

编译预处理命令不属于C语句范畴，为了与一般的C语句相区别，所有预处理命令都以 ＃ 号开头，一般单独占一行，且不用分号结尾。如果一行写不下，可在行尾放一个反斜杠“\”并以回车键结束，在下一行继续书写。编译预处理命令一般放在源程序的首部，但也可以放在程序中的其他位置。

C语言提供的预处理命令主要有三类：宏定义、文件包含和条件编译。本章将介绍它们的用途。

8.1 宏 定 义

宏定义的作用是用宏名来代表一串字符，这个字符串可以是常数，也可以是任何字符串。宏定义可以分为不带参数的宏和带参数的宏两种形式。

8.1.1 不带参数的宏定义

语法格式：

```
# define 宏名 宏体
```

功能：定义一个宏名来表示一个宏体。

其中＃define是宏定义命令；“宏名”必须符合C标识符的命名规则，采用大、小写字母均可，但为了区别于变量，宏名一般用大写字母表示；“宏体”可以是常量、关键字、语句、表达式，也可以是空白。

在C编译系统对源程序编译之前，即预处理阶段，预处理程序会将程序中出现的宏名，一律用宏体进行替换，这个替换过程称为宏替换或宏展开。然后C编译系统再对替换处理后的源程序进行编译。

例如，若源程序的前头有宏定义命令＃define PI 3.1415926，则在预处理时，预处理程序将源程序中出现的所有PI都替换为3.1415926。

若程序中有语句a=2 * PI * r;，在预处理时会宏替换为a=2 * 3.1415926 * r;。

又如：

```
#define P x* y-1
#define G (c=getchar()!='\n')
…
z=P*n;            /*会宏展开为 z=x*y-1*n */
while G           /*会宏展开为 while (c=getchar()!='\n')*/
{…}
```

其中P和G被定义为宏名，则在预处理时，z=P * n会宏替换为z=x * y－1 * n，而while G会宏替换为while (c=getchar()!='\n')。

程序中经常用到的一些常量，可以用宏定义的方法，定义宏名来代表这些常量，即用常量作为宏体，则称这样的宏名为符号常量。符号常量一经定义，在程序中就作为常量使用。

例如，有定义＃define G 9.81，则称G为符号常量，在宏定义之后的程序中出现的G就代表常量9.81。

例如：

```
#define YES 1
#define NO 0
 main()
{ …
 if(x==YES)
   printf("%d", YES);
 else if(x==NO)
   printf("%d", NO);
}
```

这里符号YES代表常量1，符号NO代表常量0。经过预处理后，得到的程序为：

```
main()
```

```
{ …
 if(x==1)
   printf("%d", 1);
 else if(x==0)
   printf("%d", 0);
}
```

【例 8.1】 输入圆半径,计算并输出圆周长、圆面积和圆球体积。

```
/*c08_01.c*/
#include<stdio.h>
#define PI 3.1415926
#define STR "\n Please enter radius: \n"
main()
{ float r, l, s,v;
  printf("STR");               /*"STR"被看作字符串,不进行宏替换*/
  printf(STR);                 /*宏展开为 printf("Please enter radius: \n");*/
  scanf("%f",&r);
  l=2*PI*r;                    /*宏展开为 l=2*3.1415926*r;*/
  s=PI*r*r;                    /*宏展开为 s=3.1415926*r*r;*/
  v=4.0/3.0*PI*r*r*r;          /*宏展开为 v=4.0/3.0*3.1415926*r*r*r; */
  printf("L=%.4f\nS=%.4f\nV=%.4f\n",l,s,v);
}
```

运行结果:

```
STR
Please enter radius:
50↵
L=314. 1593
S=7653.9815
V=523598.7667
```

使用宏定义应注意的问题如下。

(1) 程序中出现在""中的宏名被看作是普通字符串常量而不会被宏替换。

如上例中的 printf("STR"); 输出结果为 STR。

(2) 宏定义不是 C 语句,不必在结尾加“;”号。若加了“;”号,则会被当作宏体字符串替换到语句中,宏替换不会进行语法检查。

例如,在程序的开头若有宏定义 #define PI 3.1416;,则程序中的语句 a=2 * PI * r;,在预处理时将宏替换为 a=2 * 3.1416; * r;, 从而出现错误语句。

(3) 在宏定义时可以引用已定义过的宏名字,即允许层层替换。例如:

```
#define  A  20
#define  B  A-5
```

在第二个宏定义中，宏体中出现的 A 是前边已定义的宏名。在预处理时，所有的 B 都会替换为 A－5，程序中所有的 A 都会替换为 20。如程序中有语句：

```
c=35*B;
```

首先替换成 c＝35＊A－5，进一步替换成 c＝35＊20－5。

注意，这里不是替换成 c＝35＊(20－5)，因为宏定义中的宏体中并没有圆括号。

可见，宏替换只是简单地用定义的宏体字符串去替换宏名而不进行任何计算。因此所定义的宏体若是表达式，有无括号可能使结果明显不同。上例中若将第二个宏定义改为

```
#define B (A-5)
```

可得到的替换结果为：

```
c=35*(20-5)
```

【例 8.2】 用宏定义，实现输出圆柱体的体积。

```
/*c08_02.c*/
#include<stdio.h>
#define  R  5.0
#define  PI  3.1416
#define  H  10.0
#define  V  PI*R*R*H
main()
{
 printf("V=%f\n", V);     /*宏展开为 printf("V=%f\n",3.1416*5.0*5.0*10.0);*/
 }
```

运行结果为：

```
V=785.40000
```

其替换过程为：先将输出项 V 替换为 PI＊R＊R＊H，得到：

```
printf("V=%f\n", PI*R*R*H);
```

而""内的 V 为普通字符串，不被宏替换。再进一步将 PI 替换为 3.1416，将 R 替换为 5.0，H 替换为 10.0，最终 printf("V ＝%f\n", V) 被展开为：

```
printf("V =%f\n", 3.1416*5.0*5.0*10.0)
```

8.1.2 带参数的宏定义

语法格式：

```
#define  宏名(参数列表)  宏体
```

说明如下。

宏体一般是一个表达式,其中应包含括号内指定的参数,该参数也称为形式参数,以后在程序中宏调用时,形式参数将被实际参数所替换。

例如有宏定义

```
#define MUL(x,y) x*y
```

其中 MUL(x,y)是带参数的宏,x、y 是它的形式参数,x * y 是宏体。若在程序中有宏调用语句:

```
a=MUL(5,10);
```

这里,括号中的 5 和 10 是实际参数,则预处理时,实际参数会替换形式参数 x、y。该语句的宏替换结果为:

```
a=5*10;
```

又如有宏定义:

```
#define SQR(x) x*x
```

则下边的程序段:

```
int k;
for(k=1; k<=10; k++)
printf("%4d", SQR(k));        /*宏替换为 printf("%4d", k*k);*/
```

可以输出 1~10 的平方。

在程序设计中,经常把反复用到的运算表达式甚至某些操作,定义为带参数的宏,从而使程序更加简洁,使运算的意义更明显。下面是几个带参数的宏定义的例子。

```
#define MAXVAL(x,y) (x)>(y)?(x):(y)          /*求 x、y 中的较大者*/
#define SURPLUS(x,y) ((x)%(y))               /*求余数*/
#define SWAP(t, x, y) {t=x; x=y; y=t;}       /*交换 x、y 的值*/
```

【例 8.3】 编写带参数的宏,实现两个变量的交换。

```
/*c08_03.c*/
#include<stdio.h>
#define SWAP(t, x, y) {t=x; x=y; y=t;}
main()
{ float a,b,c;
  printf("input 2 numbers: ");
  scanf("%f %f",&a,&b);
  printf("before change: a=%.2f \t b=%.2f\n ",a,b);
  if(a>b)
    SWAP(c, a, b);            /*宏展开为{c=a; a=b; b=c;}*/
  printf("after change: a=%.2f \t b=%.2f\n ",a,b);
}
```

运行结果如下:

```
input 2 numbers: 25 4↵
before change: a=25.00 b=4.00
after change: a=4.00 b=25.00
```

使用带参数的宏定义应注意以下几点。

(1) 对于宏展开后容易引起误会的表达式,在宏定义时需将表达式用圆括号括住。如:对于宏定义

```
#define SQR(X) X * X
```

若程序中有语句:

```
s=15/SQR(10);
```

将会替换为:

```
s=15/10 * 10;
```

显然计算结果可能不是所希望的。若用圆括号括住宏体,宏定义改为:

```
#define SQR(X) (X * X)
```

则语句 s=15/SQR(10);将会替换为 s=15/(10 * 10);。而对于语句 q=15/SQR(a+b);,将会替换为 q=15/(a+b * a+b);。

显然结果也可能不是所希望的。为了使替换后的语句为:

```
q=10/((a+b) * (a+b));
```

应将宏定义改为:

```
#define SQR(X) ((X) * (X))
```

【例 8.4】 分析以下程序的输出结果。

```
/* c08_04.c */
#include<stdio.h>
#define SQR(X) (X) * (X)
main()
{ int a=10,k=2,m=1;
  a/=SQR(k+m)/SQR(k-m);
  printf("%d\n",a);
}
```

结果输出:

```
1
```

因为语句 a/=SQR(k+m)/SQR(k−m);,宏展开的结果为:

```
a/=(k+m) * (k+m)/(k-m) * (k-m);
```

所以 a=10/(3*3/1*1)=10/9=1。

若将上题的宏定义修改为如下形式：

```
#define SQR(X) X*X
main()
{ int a=10,k=2,m=1;
  a/=SQR(k+m)/SQR(k-m);
  printf("%d\n",a);
}
```

结果输出：

```
10
```

因为其宏展开的结果为 a /=k+m*k+m/k-m*k-m，所以 a=10/(2+2+0-2-1)=10。

(2) 宏定义时，注意宏名与参数列表的圆括号之间不要有空格，否则系统会将空格之后的内容当作宏体进行替换。

例如，若有宏定义

```
#define SQR (X) (X*X)
```

则对于语句：

```
y=20*SQR(10);
```

宏展开的结果为：

```
y=20* (X) (X*X)(10);
```

显然宏展开的结果是错误的语句。产生错误的原因是宏定义中 SQR 和(X)之间有空格，于是预处理程序将 SQR 当作无参的宏名，而将空格之后的(X)(X*X)看作宏体，进行了宏替换。

8.1.3 宏与函数的区别

带参数的宏与函数在使用形式上虽然有相似之处，但二者在本质上是有区别的。主要区别如下。

(1) 函数调用是先计算实参表达式的值，然后将实参传递给形参。宏调用只是用实参对形参进行简单替换。

(2) 函数调用是在程序运行时进行处理的，临时给形参分配存储单元，而宏展开是在编译时进行的，并不给它分配存储单元，也不存在值的传递和返回值。

(3) 函数的形参和实参都有数据类型，且要求对应的实参和形参类型一致；而带参数的宏定义的宏体一般是一个表达式，没有类型问题，因为它们只是符号代表，宏展开时只是对相应字符进行替换。宏的数据类型可以说是表达式运算结果的类型，随着使用的实参不同，运算结果呈现不同的数据类型。例如：

```
#define MAXVAL(a,b) (a)>(b)?(a):(b)
```

对于 MAXVAL(10, 100),其结果是整型的;对于 MAXVAL(2.34, 100.56),其结果是实型的。

(4) 当使用宏的次数较多时,宏展开后会使源程序变长。函数调用不会使程序变长。

(5) 宏替换不占运行时间,只占编译时间,而函数调用则占用运行时间(要为形参分配存储单元、保留现场、值传递和返回等)。

8.1.4 宏定义的解除

宏名的有效范围是从宏定义命令之后直到源程序文件结束,但用宏定义终止命令 #undef 可以限制宏定义的作用域,即用 #undef 命令可以解除宏定义。#undef 命令的一般格式如下:

```
# undef 宏名
```

其中宏名是前边已经定义过的带参或不带参的宏。#define 和 #undef 配合使用,可以将宏定义的作用域限制在两者之间。

例如:

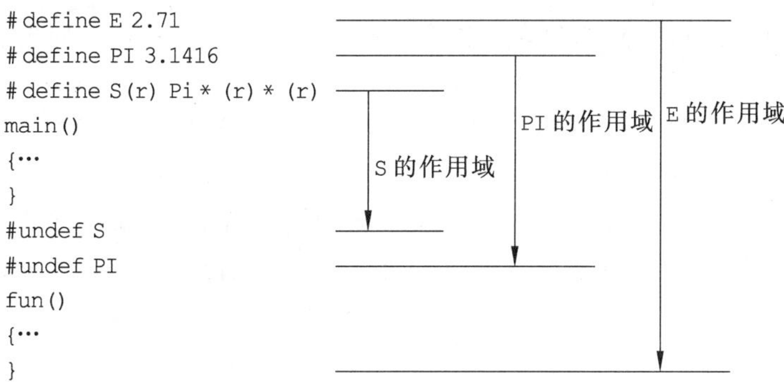

注意:解除带参的宏定义时,只需给出宏名而不必给出参数。如上例中解除 S(r)的命令为 #undef S。

#undef 的另一个作用是对一个宏名重新定义。C 语言规定,某标识符一旦定义为宏名,就不能再定义为变量,也不能重复定义宏名,即一个程序中不能出现同名的宏。例如,假设程序中前边定义了宏名 N 是 10,程序的另一处又定义 N 为 20,示意如下:

```
#define N 10
int a[N];
  …
#define N 20
float b[N];
  …
```

这是错误的。但如果在定义 N 为 20 之前,先解除 N 的宏定义,然后再重新定义 N

即可以达到目的,即:

```
#define N 10
int a[N];
  …
#undef N
#define N 20
float b[N];
  …
```

实际应用时,由多个源文件组成的程序,在不同的源文件中可能会出现同名的宏名被定义为不同的宏体,当将这些文件合并在一起时,就会出现重复定义错误。为避免这样的错误,一般在每个源文件的末尾将本文件定义的所有宏名用#undef解除。

思政8

8.2 文件包含

文件包含是指一个程序文件将另外一个指定文件的全部内容包含进来。文件包含命令的一般格式如下:

```
#include<文件名>
```

其功能是在预处理时,用指定文件的内容替换该预处理命令行。采用文件包含,可以将多个文件拼接在一起。

如图8.1所示,有两个文件F1.C和F2.C,假设自定义的函数或宏定义内容放在F1.C文件中,主函数放在F2.C文件中。若F2.C的程序要调用F1.C文件中的函数或宏名,就要在F2.C中用#include<F1.C>命令,将F1.C文件的内容包含进来,即在预处理时,F2.C文件中的#include<F1.C>命令行将被F1.C文件的内容所替换,处理结果F2.C文件的内容如图8.2所示。

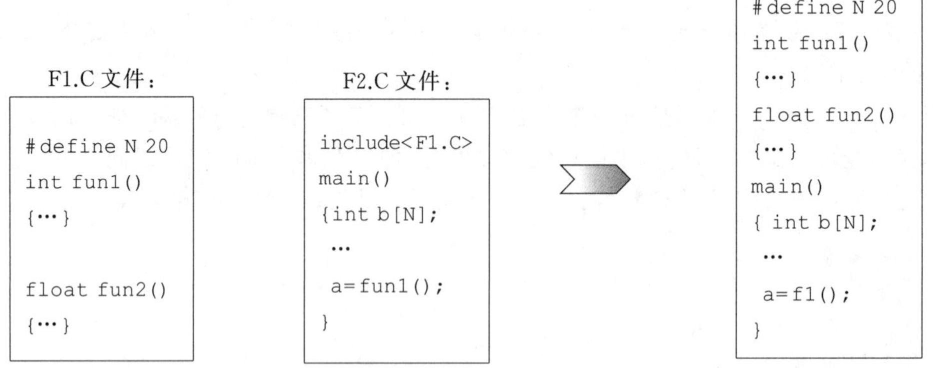

图8.1 预处理前的两个文件　　图8.2 预处理后的F2.C文件

【例8.5】 将例8.2的宏定义部分保存为文件CircleDef.h。

CircleDef.h 文件的内容为：

```
#define R   4.0
#define PI  3.1416
#define H   10.0
#define V   PI * R* R * H
```

文件 c08_05.c 如下：

```
/* c08_05.c */
#include<stdio.h>
#include"CircleDef.h"
main()
{ printf("V=%f\n",V);
}
```

预处理时，c08_05.c 文件被处理为如下结果：

```
#define R   5.0
#define PI  3.1416
#define H   10.0
#define V   PI * R* R * H
main()
{printf("V=%f\n",V);
}
```

这种被包含的文件，称为标题文件或头部文件(简称头文件)，其扩展名一般为.h (head 的首字母)。当然也可以包含以.c 为扩展名的文件，但.h 更能表示此文件的性质。

头文件的内容通常包含宏定义、结构类型定义和全局变量定义及函数的定义等。

有关文件包含命令的说明如下。

(1) 一个#include 命令只能指定一个要包含的文件，若要包含多个文件，则要用多个#include 命令。

(2) 包含头文件命令，可以用以下两种格式：

```
#include<文件名>
```

或

```
#include"文件名"
```

用<>括住头文件时，预处理程序只在存放 C 库函数头文件的标准目录中搜索要包含的文件，称为标准方式。例如：

```
#include<stdio. h>
```

用" "括住头文件，且没有指定文件所在目录时，预处理程序首先在源文件所在的目录中寻找头文件，若找不到，再到标准目录中搜索。例如：

```
#include"F1.h"
```

可以用" "括住头文件名时指定文件所在目录,则系统按指定目录搜索。例如:

```
#include"D:\user\F1.h"
```

系统将在 D:\user 目录中搜索 F1.h 文件。

(3) C 语言提供了许多标准库函数,每个库函数都与某个头文件相对应。头文件中包括了函数的说明,各种数据结构说明和宏定义等。当 C 程序要调用标准库函数时,要包含相应的头文件。例如要调用标准数学函数(如 sin()、cos()等)时,应包含 math.h 文件,即:

```
#include<math.h>
```

当调用标准输入输出函数(如 getchar()、putchar()等)时,应包含 stdio.h 文件,即:

```
#include<stdio.h>
```

8.3 条件编译

C 语言的编译预处理程序提供了条件编译功能,可以实现对部分程序,满足一定条件时才编译执行,从而使同一个源程序在不同的条件下能够编译产生不同的目标代码文件。

一般情况下,源程序中所有程序行都被编译,但有时希望源程序中的一部分程序只在满足一定条件时才编译执行,这时可利用条件编译命令,指挥编译系统只对程序中必要的部分进行编译。

条件编译有 3 种形式,下面分别加以介绍。

1. #ifdef … #else … #endif

语法格式:

```
#ifdef 标识符
    程序段 1
[ #else
    程序段 2]
#endif
```

功能:如果定义了标识符为宏名,则编译执行程序段 1;否则编译执行程序段 2。其中[#else 程序段 2]部分可以省略。

例如:

```
#ifdef DB
  printf("x=%d,y=%d",x,y);
```

```
# endif
```

表示如果前边有语句＃define DB(即若 DB 是宏名),则编译执行 printf 输出,否则不执行该输出。

【例 8.6】 根据条件决定是否将数组内容逆序存放。

```
/*c08_06.c*/
#include<stdio.h>
#define REVERSE
#define N 10
 main()
{int arr[N]={1,2,3,4,5,6,7,8,9,10}, i;
 #ifdef REVERSE
 int t;
  for(i=0; i<N/2; i++)
  { t=arr[i]; arr[i]=arr[N-i-1]; arr[N-i-1]=t; }
 #endif
  for(i=0; i<N; i++)
    printf("%3d",arr[i]);
  printf("\n");
}
```

运行结果如下:

```
10  9  8  7  6  5  4  3  2  1
```

例中因为在程序的开始将 REVERSE 定义为宏名,所以编译执行＃ifdef 块的程序段,将数组内容逆序存放。

2. ＃ifndef … ＃else … ＃endif

语法格式:

```
#ifndef  标识符
  程序段 1
 [#else
  程序段 2]
 #endif
```

功能:若标识符未被定义过,则编译程序段 1,否则编译程序段 2。其中[＃else 程序段 2]部分可以省略。

将例 8.6 中的＃ifdef 改为＃ifndef,程序修改如下,观察输出结果有何不同。

```
#include<stdio.h>
#define  REVERSE
#define N 10
```

```
main()
{ int arr[N]={1,2,3,4,5,6,7,8,9,10}, i;
  #ifndef REVERSE
  int t;
  for(i=0; i<N/2; i++)
   { t=arr[i]; arr[i]=arr[N-i-1]; arr[N-i-1]=t; }
  #endif
  for(i=0; i<N; i++)
    printf("%3d",arr[i]);
  printf("\n");
}
```

运行结果如下：

```
1 2 3 4 5 6 7 8 9 10
```

例中因为在程序的开始将 REVERSE 定义为宏名，所以不编译执行＃ifndef 块的程序段，即没有执行将数组内容逆序存放的程序段，所以输出的数组元素值没变。

3. ＃if … ＃elif … ＃else … ＃endif

语法格式：

```
#if 表达式 1
    程序段 1
[#elif 表达式 2
    程序段 2]
[#else
    程序段 n]
#endif
```

功能：这是一个可以实现多重选择的条件编译命令。其作用是，若表达式 1 的值为"真"时，编译＃if 块的程序段 1；否则，如果表达式 2 的值为"真"，则编译＃elif 块的程序段 2；若表达式 1、表达式 2 的值都为 0，则编译＃else 块的程序段 n。格式中方括号括住的部分可以省略。

注意，格式中的表达式应是常量表达式，不能含变量。因此它常与＃define 联用，由＃define 定义的宏名也称符号常量，用符号常量构成常量表达式。

【例 8.7】 分析下面程序的运行结果。

```
/*c08_07.c*/
#include<stdio.h>
#define N 10
main()
{
  #if N<10
```

```
    printf("###### \n");
  #elif N>10
    printf("$$$$$$ \n");
  #else
    printf("******\n");
  #endif
}
```

程序运行输出：

```
******
```

例中因为表达式 N>10 和 N<10 都不成立，所以不编译 ＃if 块和＃elif 块的程序，而编译＃else 块的程序。若将＃define N 10 改为＃define N 0，则程序运行输出为＃＃＃＃＃＃。

将例 8.6 程序修改如下，观察输出结果有何不同。

```
#define REVERSE 5
#define N 10
 main()
{int arr[N]={1,2,3,4,5,6,7,8,9,10}, i;
  #if REVERSE
  int t;
  for(i=0; i<N/2; i++)
   { t=arr[i];
    arr[i]=arr[N-i-1];
    arr[N-i-1]=t;
  }
 #endif
  for(i=0; i<N; i++)
   printf("%3d",arr[i]);
   printf("\n");
}
```

运行结果如下：

```
10  9  8  7  6  5  4  3  2  1
```

若将＃define REVERSE 5 改为＃define REVERSE 0，则程序运行输出为：

```
1  2  3  4  5  6  7  8  9  10
```

习 题 8

8.1 单项选择题

① 以下叙述中正确的是(　　)。

A. 用＃include 包含的头文件名的后缀只能是.h

B. 宏名必须用大写字母表示

C. 在对有错误的头文件进行修改后,包含此头文件的源程序不必重新进行编译

D. 宏替换不占用运行时间

② 宏定义命令放在(　　)无效。

A. 源程序文件的开头　　B. 函数内部

C. 函数外部　　D. 源程序文件的末尾

③ 编译预处理命令是在(　　)执行的。

A. 对源程序中其他C语句正式编译之前

B. 执行程序时

C. 编译源程序之后

D. 执行程序结束时

④ 编译预处理命令以(　　)结尾。

A. ;　　B. #　　C. '　　D. Enter键

⑤ 设有以下宏定义:

```
#define TOP 10
#define LEFT TOP+5
```

则执行语句 v=LEFT * 20; 后,v的值是(　　)。

A. 300　　B. 110　　C. 100　　D. 205

⑥ 下面的程序for循环执行了(　　)次。

```
#define N 2
#define M N+1
#define NUM (M+1) * M/2
main()
{int i,n=0;
 for(i=1;i<NUM; i++)
 { n++; printf("%d\n", n);}
 printf("\n");
}
```

A. 5　　B. 6　　C. 8　　D. 9

8.2　填空题

① C编译预处理命令总是以________字符开头。

② 在C语言中,宏定义有效范围是从定义处开始,到本源程序结束处终止。但可以用________来提前解除宏定义的作用。

③ C语言规定,某标识符一旦定义为宏名,________再定义为变量,________重复定义宏名,即一个程序中不能出现同名的宏。

④ 文件包含命令的功能是________________。

⑤ 一个#include命令能指定________个要包含的文件,若要包含3个文件,则要用________个#include命令。

⑥ C语言的编译预处理程序提供了条件编译功能,可以实现功能是________。

⑦ 在条件编译命令中,表示"如果定义过标识符为宏名"的命令是________,表示"否则,如果"的命令是________。

8.3 读程序分析运行结果

① 下面的程序输出结果是________。

```
#define MAX(x,y) (x)>(y)?(x):(y)
main()
{int a=3,b=2,c=1,d=2,t;
 t=MAX(a+b,c+d)*100;
 printf("%d\n",t);
}
```

② 下面的程序输出结果是________。

```
#define N 5
#define M N-2
#define V(a) (a*a*a)
main()
{int i=M;
 i=V(i);
 printf("%d\n",i);
}
```

③ 下面的程序输出结果是________。

```
#define PR(x) printf("%d ",x)
#include<stdio.h>
main()
{int j, a[]={1,3,5,7,9,11,13,15}, *p=a+5;
 for(j=3;j; j--)
 { switch(j)
   { case 1: case 2: PR(*p++); break;
     case 3: PR(*(--p)); }
 }
 printf("\n");
}
```

④ 下面的程序输出结果是________。

```
#include<stdio.h>
#define   N  2
#define   M  3
main()
{  int a [N][M]={1,2,3,7,8,9,},b[M][N]={10,20,30,40,50,60},i,j;
  #ifdef  ROTATE
```

```
  for(i=0;i<N;i++)
  {  for(j=0;j<M;j++)
       printf("%3d ",a[i][j]);
    printf("\n");  }
  #else
  for(i=0; i<M; i++)
  {  for(j=0; j<N;j++)
       printf("%3d ",b[i][j]);
     printf("\n");   }
   #endif
}
```

8.4 编程题

① 编写带参的宏,实现 $y=x^2+6x+1$。主函数中输入 x,输出对应的 y 值。

② 编写带参的宏,实现求 x 除以 y 的百分比值。主函数中输入 x、y,并输出结果。

③ 分别用函数和带参数的宏,实现在 3 个数中找出最大值。

④ 用条件编译方法实现:输入一行字符串,用#define 命令来控制是按全部变为大写输出或是全按小写输出。

第9章 chapter 9

指　　针

本章要点：

- 指针的概念。
- 指向数组的指针。
- 指向字符串的指针。
- 指向函数的指针。
- 指针的各种应用。

9.1　指针与指针变量

指针是C语言中的一个重要概念，也是C语言的重要特色。指针类型是C语言的一种特殊的数据类型。正确而灵活地应用指针，可以有效地表示复杂的数据结构、动态地分配内存、方便地使用字符串、有效而方便地使用数组及直接处理内存地址等。使用指针编写的程序在代码质量上比用其他方法效率更高，因此指针在C程序中用得非常多。指针是C语言的精华所在，同时也是C语言的难点之一。学习指针应该充分地理解指针的概念，在上机实践中进一步掌握它。

9.1.1　指针的概念

指针是一种数据类型，是一个变量在内存中所对应单元的地址。指针是用来存放地址的量。这个地址可以是变量的地址，也可以是数组、函数的起始地址，还可以是一个指针变量的地址。某个指针变量存放了一个变量的地址，就可以说该指针指向了这个变量。高级语言中的变量具有3个属性：变量的名、变量的值和变量的地址。在程序中，需要定义一个变量时，首先要定义变量的数据类型，数据类型决定了一个变量在内存中所占用的存储空间的大小及允许执行的运算；其次要定义变量名。C语言的编译系统会根据变量的类型在适当的时候为指定的变量分配内存单元，在确定了变量的地址之后，就可以通过变量名对内存中变量对应的地址进行操作。

例如，有定义 int a=5;定义了一个整型变量a，系统分配了内存地址单元2000(这个单元不确定，系统随机指定)给a变量，在2000地址单元存储变量a的值5，因为a变量是整型变量,所以系统为 a 单元分配两个字节的空间。2000 就是 a 变量的存储单元首地址,是一个指针,是指向整型变量 a 的指针,如图 9.1 所示。

在计算机的内部,所有的内存单元都要统一进行“编号”,即所有的内存单元都要有地址,每一个内存单元都具有唯一的内存地址。系统为每一个已定义的变量按照变量的类型分配一定存储空间,使变量名与内存的一个地址相对应。为一个变量进行赋值操作,实质就是要将变量的值存入系统为该变量名分配的内存单元中,即变量的值要存入变量名对应的内存地址中。程序进行运算时,要根据地址取出变量所对应的内存单元中存放的值,计算结果最后要存入变量名对应的内存单元中。

a
2000 5

图 9.1 变量名、值和单元地址

下面来说明几个术语。

直接访问:是一种通过变量名 i 直接访问变量 i 的数据的方式。

间接访问:如果将变量 i 的地址存放在另一个变量 p 中,通过访问变量 p,间接达到访问变量 i 的目的。

例如,有一个字符型变量 c,其值为字符'A',存放在单元地址为 1000 的内存中,而该数据存放的地址 1000 又存放在内存地址为 2000 的单元中。要取出变量 c 的值'A',既可以通过对变量 c 直接访问,也可以通过对变量 c 的地址间接访问。间接访问变量 c 的方法是:从地址为 2000 的内存单元中,按图 9.2 中箭头所指方向先找到变量 c 在内存单元中的地址 1000,再从地址为 1000 的单元中取出 c 的值'A'。利用指针能间接访问一个变量。

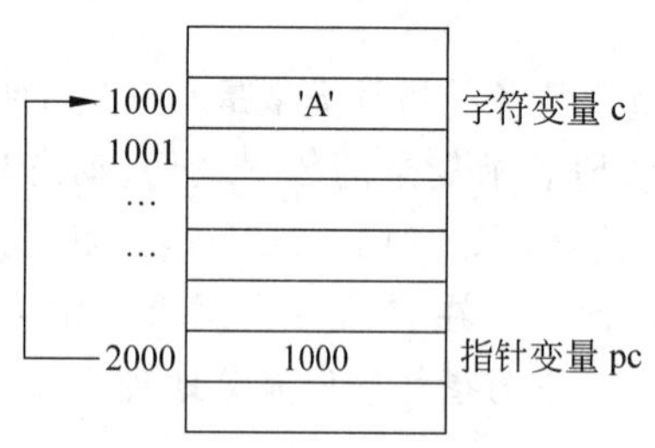

图 9.2 变量 c 的间接访问

若将地址为 2000 的内存单元分配给变量 pc,地址 2000 存放变量 c 的地址,则称 pc 为指针变量。所谓指针变量就是保存其他变量地址的变量。因此,可以认为:指针是用于指向其他变量的变量。按图 9.2 中指针变量(简称为指针)pc 指向变量 c,也称指针变量 pc 所指的对象是变量 c。变量 c 的值为字符'A',指针变量 pc 的值为地址 1000,而指针变量 pc 所指向的内容为字符'A'。指针变量 pc 与字符型变量 c 的区别在于:c 的值是'A',是内存单元 1000 的内容;而指针变量 pc 是存放变量 c 的地址,通过 pc 可间接取得变量 c 的值。

指针用于存放其他数据的地址,那么指针可以引用哪些数据呢?当指针指向变量时,利用指针可以引用变量;当指针指向数组时,利用指针可以访问数组中的所有元素;指针还可以指向函数,存放函数的入口地址,利用指针调用该函数;当指针指向结构体时,利用指针引用结构体变量的成员。

9.1.2 指针变量的定义

指针是一种存放地址的变量,像其他的变量一样,必须在使用前定义。指针变量定义的形式为:

```
类型 * 指针变量名;
```

类型为C语言所允许的类型;变量名前面要加上 *,说明该变量为指针类型的变量,称为指针变量。指针变量的类型是指针变量所指对象的类型,并非指针变量自身的类型。C语言中允许指针指向任何类型的对象,包括指向另外的指针。例如:

```
int * p;                    /* 定义 p 为指向整型变量的指针变量 */
char x, * px;               /* 定义字符型变量 x 和指向字符型变量的指针变量 px */
```

9.1.3 指针变量的两种运算符

C语言提供了两种指针运算符。

(1) &:取地址运算符。

(2) *:指针内容运算符(也称为间接访问运算符)。

例如:

```
int x=10, * p, y;
p=&x            /* &x 表示取 x 的地址,将变量 x 的地址赋给指针变量 p */
y= * p;         /* *p 表示取指针变量 p 的内容,即变量 x 的值,则 y=10 */
```

此例中出现了两个 * p,但它们的意义是不同的。这是因为 * 在类型定义和取值运算中的含义是不同的。在第一个语句中的 * p 表示将变量 p 定义为指针变量,用 * 以区别于一般变量,这里是定义指针变量 p。而在第3个语句中的 * p 是使用指针变量 p,此时 * 是运算符,表示取指针 p 所指向的变量 x 中的内容,即对 p 进行间接存取运算,取变量 x 的值,如图9.3所示。

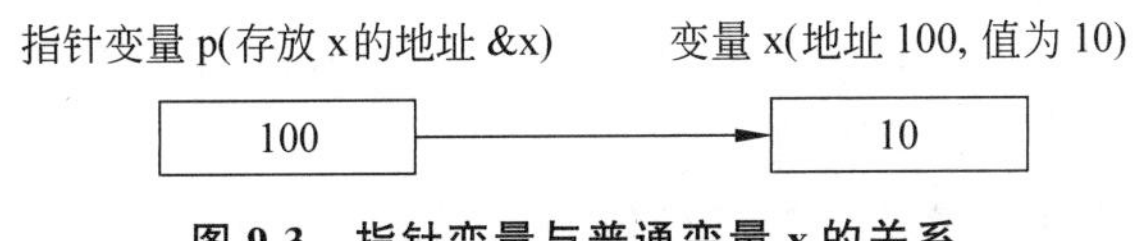

图 9.3 指针变量与普通变量 x 的关系

在C语言中,如果 int x=10,y, * px;,且有 px=&x;,则变量 x 与指向变量 x 的指针 px 之间有以下等价关系。

```
y=x;      等价于 y= * px;          /* y=指针变量 px 的内容 */
x++;      等价于 ( * px) ++;       /* 对指针变量 px 的内容加 1 */
y=x+5     等价于 y= ( * px) +5;    /* 这里的括号是不能省略的 */
y=x;      等价于 y= *  (&x);       /* y=变量 x 地址的内容 */
```

C语言中用 NULL 表示空指针。若有语句 p=NULL;,表示指针 p 为空,没有指向任何对象。

注意如下几点。

(1) & 运算符只能作用于变量,包括基本类型变量和数组的元素,结构体类型变量或结构体的成员,不能作用于数组名、常量或寄存器变量。

(2) 单目运算符 * 是 & 的逆运算,它的操作数是对象的地址,* 运算的结果是对象本身。单目 * 称为间接访问运算符,是通过变量的地址存取(或引用)变量。

例如:

```
double r, a[20];
int i;char c, * pc=&c;
register int k;
```

那么表达式 &r、&a[0]和 &a[i]是正确的,而 &(2 * r)、&a 和 &k 是非法表示,k 是寄存器变量,不能取其地址。而赋值语句 *(&c)='a'; * pc='a';c='a';效果相同,都是将字符'a'存入变量 c。

(3) ->也是指针运算符,是利用结构体类型指针变量指向其结构体成员时使用的,后面的 10.5 节介绍。

9.1.4 指针变量的初始化

在使用指针变量前,要先对指针变量进行初始化,让指针变量指向一个具体的变量。进行指针变量初始化的方式有如下两种。

方法一:使用赋值语句进行指针初始化。如:

```
int a, * pa;
pa=&a;
```

赋值后将变量 a 的地址赋给指针 pa。

方法二:在定义指针变量的同时进行初始化。如:

```
int a, * pa=&a;
```

将变量 a 的地址赋给指针。注意,不能将其与一般的赋值语句混淆,也不能表示成 int a, * pa; * pa=&a;,这是错误的。

【例 9.1】 通过指针变量访问整型变量。

程序代码如下:

```
/* c09_01.c */
#include"stdio.h"
main(){
int a,b;
int * p1, * p2;
a=10;b=20;
p1=&a;p2=&b;
printf("%d,%d\n",a,b);
printf("%d,%d\n", * p1, * p2);
}
```

程序的运行结果为:

```
10,20
10,20
```

程序分析：程序中分别定义了两个整型变量和两个指向整型变量的指针，指针变量的值由两个整型变量的地址赋给。所以指针变量所存储内容就是整型变量 a、b，因此第 1 个输出函数和第 2 个输出函数输出的值是一样的。应注意的是，在程序中两次出现的 * p1 和 * p2，它们有不同的含义。在定义中 * p1 和 * p2 是指针变量，在输出函数中 * p1 和 * p2 代表的是它们所指向的变量。

9.1.5 引用指针变量

引用变量的方式有两种：用变量名直接引用，通过指向变量的指针间接引用。

【例 9.2】 分析程序的执行过程，比较变量引用方式。

(1) 直接引用方式。

程序代码如下：

```
/* c09_02-1.c */
#include<stdio.h>
main()                              /* 通过变量名直接引用方式 */
{ int a,b;
  scanf("%d%d", &a, &b);            /* 在 scanf()函数中直接使用变量 a 和 b 的地址 */
  printf("a=%d,b=%d\n",a,b);        /* 直接输出变量 a 和 b 的值 */
}
```

(2) 间接引用方式。

程序代码如下：

```
/* c09_02-2.c */
#include<stdio.h>
main()                              /* 通过变量的地址指针输出变量的值 */
{ int a,b, *pa, *pb;
  pa=&a, pb=&b;                     /* 指针 pa 和 pb 分别指向变量 a 和 b */
  scanf("%d%d", pa, pb);            /* 将键盘输入的数分别送到变量 a 和 b 的地址中 */
  printf("a=%d,b=%d\n", *pa, *pb);      /* 通过 * 运算符实现间接访问 */
}
```

运行结果如下：

```
21 7
a =21,b=7
```

【例 9.3】 输入 a 和 b 两个数，按大小顺序输出 a 和 b。

程序代码如下：

```
/* c09_03.c */
#include"stdio.h"
main()
{ int a,b;
```

```
    int *p1, *p2, *p;
    printf("input a=?,b=?:");
    scanf("%d %d",&a,&b);
    p1=&a;p2=&b;
    if(a<b){p=p1;p1=p2;p2=p;}
    printf("\na=%d,b=%d\n",a,b);
    printf("max=%d,min=%d\n",*p1,*p2);
}
```

程序运行结果如下：

```
input a=?,b=?: 5 9  注：输入变量 a、b 的值 5 和 9
a=5,b=9
max=9,min=5
```

程序分析：从程序运行结果显示能看出，a 和 b 的值并没有改变，而是 p1 和 p2 的指向发生了变化，即 p1 指向了数值比较大的变量 b，p2 指向了数值比较小的变量 a。这样在输出 *p1 和 *p2 的时候，实际上是分别输出了 b 和 a 的值。

思政 9

9.2 指针与函数

前面章节在函数之间传递过一般变量的值，同样在函数之间可以传递指针。函数利用指针传递参数有如下 3 种方式。

(1) 指针作为函数的参数。

(2) 指针作为函数的返回值。

(3) 利用指向函数的指针传递。

9.2.1 指针作函数的参数

利用指针传递函数的参数是一种间接传址方式。知道变量的地址就可以通过地址间接访问变量的数值，通过地址间接访问变量的数值就是通过指针间接访问指针所指的内容。指针作函数的参数就是在函数间传递变量的地址。

在函数间传递变量地址时，函数间传递的不再是变量中的数据，而是变量的地址。此时，变量的地址在调用函数时作为实参，被调用函数使用指针变量作为形参接收传递的地址。这里实参的数据类型要与作为形参的指针所指的对象的数据类型一致。

【例 9.4】 使用函数 plus()求两个数的和。

程序代码如下：

```
/*c09_04.c*/
#include<stdio.h>
main ()
{int a, b, c;
```

```
printf ("enter A and B ");
scanf ("%d %d", &a, &b);
c=plus(&a, &b);                  /* 调用 plus()函数的实参为变量 a 和 b 的地址 */
printf ("A+B=%d", c);
}
int plus (int * px, int * py)    /* 形式参数 px 和 py 为指向整型的指针 */
{ return ( * px+ * py);          /* 返回两个整数的和 */
}
```

运行结果如下：

```
enter A and B  8  20
A+B=28
```

函数 plus()的两个形参变量 px 和 py 是指针型变量，它们所指的内容为整型。在调用 plus()时，实参一定是整型变量的地址。在 main()调用 plus()时的实参是 &a 和 &b，其中的 & 运算符为取变量的地址。在 plus()函数中，采用 * px+ * py 计算两个数的和，* 运算符为取指针的内容，* px+ * py 的含义就是“指针 px 所指的内容加指针 py 所指的内容”，即计算两个整数 a 和 b 的和。

在学习函数时知道，函数调用结束时返回一个结果，是函数的返回值，这个返回值只有一个。如果试图用一个函数交换主函数 main()中两个变量值，并将交换的结果返回主函数，使用普通变量作为函数参数是无法实现的。可以采用两个指针变量传递地址的方式完成，即设置两个指针变量作为函数的参数。

【例 9.5】 用函数实现交换主函数 main()中两个变量的值。

程序代码如下：

```
/* c09_05.c */
#include<stdio.h>
main ()
{ int a, b;
  a=5;b=10;
  printf ("input a=%d, b=%d\n", a, b);
  swap (&a, &b);                 /* 调用 swap()时实参为变量 a 和 b 的地址 */
  printf (" output a=%d, b=%d\n", a, b);
 }
swap (int * px, int * py)
    /* 交换两个指针所指的内容形参 px 和 py 为指向整型的指针 */
{ int temp;                      /* 定义函数内部使用的临时变量 */
  temp= * px;                    /* 将指针变量 px 的内容赋给变量 temp */
  * px= * py;                    /* 将指针变量 py 的内容赋给指针变量 px */
  * py=temp;                     /* 将变量 temp 的值赋给指针变量 py */
 printf ("swap x=%d, y=%d\n", * px, * py);
}
```

程序中,swap()函数的形参为指向整型的指针,调用swap()函数的实参为整型变量的地址。调用swap()函数后,a的地址传递给指针变量px,同样变量b的地址传递给指针变量py,指针变量px指向变量a,指针变量py指向变量b,其各个变量的状态和相互关系可用图9.4描述。

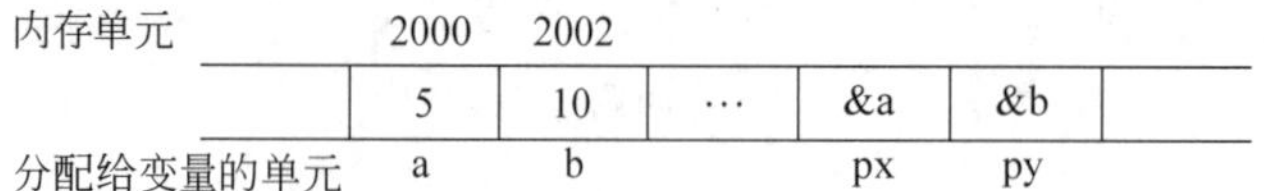

图 9.4 调用函数 swap()时参数及变量状态

调用swap()函数,首先执行语句temp= * px;,将指针px所指的内容存送到临时变量temp中;然后执行语句 * px= * py;,将指针py所指的内容存入指针px所指的变量中;最后执行语句 * py=temp;,将临时变量temp暂存的数据送到指针py所指的变量中,从而完成交换两个变量值的操作。

运行结果如下:

```
input a=5, b=10
swap x=10, y=5
Output a=10, b=5
```

在程序中要注意语句 * px= * py;,它的含义是"取指针变量py的内容赋给指针变量px所指的变量中",即该语句实现对指针变量所指内容之间的相互赋值。而语句px=py;的含义与上面是根本不同的,它的含义是"将指针变量py的值赋给指针变量px",即实现的是指针变量之间的相互赋值。

指针变量所指单元的内容(简称指针的内容)与指针变量的值(简称指针的值)是根本不同的。前者是通过指针取指针所指向单元的变量的值,后者是指针变量本身的值(即指针变量中存的某存储单元的地址),要特别注意区别。

9.2.2 函数返回指针

指针能作为函数的返回值。之前将整型等简单类型作为返回值,现在将函数的返回值设置为指针,一般定义形式:

```
数据类型 * 函数名(参数列表)
{…
}
```

"数据类型"后面的 * 表示函数的返回值是一个指向该数据类型的指针。注意,此时定义的是函数,而不是指针。

【例 9.6】 使用函数求两个变量的最大值。

程序代码如下:

```
/*c09_06.c*/
#include<stdio.h>
main ()
{ int a, b, *max;                    /*指针 max 指向最大值变量*/
  int *max1(int *a,int *b);          /*定义函数的返回值为指向整型数据的指针*/
  printf ("enter a b:");
  scanf ("%d %d",&a, &b);            /*输入整型数据 a,b*/
  max=max1(&a, &b);                  /*调用 max()时实参为变量 a 和 b 的地址*/
  printf ("max=%d\n", *max);
}
int *max1(int *a, int *b)            /*函数 max()的返回值为指向整型的指针*/
{ int *p;
  p= *a> *b? a:b;                    /*p 为指向最大值的指针*/
  return (p);                        /*返回指针 p*/
}
```

运行结果如下：

```
enter a b: 12 8                      /*输入数据 12␣8 回车*/
max=12
```

9.2.3 指向函数的指针

在C语言中，指针的使用非常灵活，指向函数的指针就体现了这种灵活性。在定义一个函数之后，编译系统为每个函数确定一个入口地址，当调用该函数的时候，系统会从这个“入口地址”开始执行该函数。存放函数的入口地址的指针就是一个指向函数的指针，简称函数的指针。

函数指针的定义方式是：

```
类型标识符(* 指针变量名)()
```

类型标识符为函数返回值的类型。特别值得注意的是，由于C语言中，()的优先级比*高，因此，“*指针变量名”外部必须用括号，否则指针变量名首先与后面的()结合，就是前面介绍的“返回指针的函数”。试比较下面两个定义语句：

```
int (*pf)();       /*定义一个指向函数的指针,该函数的返回值为整型数据*/
int *f();          /*定义一个返回值为指针的函数,该指针指向一个整型数据*/
```

和变量的指针一样，函数的指针也必须赋初值，才能指向具体的函数。由于函数名代表了该函数的入口地址，因此，一个简单的方法是直接用函数名为函数指针赋值，即：

```
函数指针名=函数名
```

函数型指针经定义和初始化之后，在程序中可以引用该指针，目的是调用被指针所指的函数。由此可见,使用函数型指针,增加了函数调用的方式。

【例 9.7】 用指针调用函数,输出 3 个数中的最大值。

程序代码如下：

```
/*c09_07.c*/
#include <stdio.h>
max (int x, int y)
{ return (x>y)? x: y;
}
main()
{ int (*pf)();                /*函数指针定义*/
  int a,b,c,d,e;
  pf=max;                     /*将函数的入口地址赋给指针*/
  scanf("%d,%d,%d ", &a, &b, &d);
  c=(*pf)(a,b);               /*用指针调用函数,c为a和b中较大者*/
  e=(*pf)(c,d);               /*用指针调用函数,e为c和d中较大者*/
  printf("a=%d,b=%d,d=%d max=%d", a, b, d,e);
}
```

运行结果如下：

```
2,34,8                        /*输入2,34,8后回车*/
a=2,b=34,c=8,max=34
```

在上例中,语句 c=(*pf)(a,b);等价于 c=max(a,b);,因此当一个指针指向一个函数时,通过访问指针,就可以访问它指向的函数。

需要注意的是,一个函数指针可以先后指向不同的函数,将哪个函数的地址赋给它,它就指向哪个函数,使用该指针,就可以调用函数。但是,必须用函数的地址为函数指针赋值。另外,如果有函数指针(*pf)(),则 pf+n、pf++和 pf--等运算是无意义的。

9.3 指针与数组

指针使用很灵活,可以定义指针来访问数组元素。一个变量在内存中有相应的地址,而数组包含多个元素,每个数组元素在内存中都占有一个内存地址,因此也可以定义一个指针指向这个地址。

9.3.1 通过指针引用一维数组元素

在数组中已经知道,可以通过数组的下标唯一确定某个数组元素在数组中的顺序和存储地址。

例如：

```
int a[5]={1, 2, 3, 4, 5}, x, y, *p;
```

```
x=a[2];          /* 通过下标将数组 a 中下标为 2 的元素值赋给 x,x=3 */
y=a[4];          /* 通过下标将数组 a 中下标为 4 的元素的值赋给 y,y=5 */
```

由于每个数组元素相当于一个变量,因此指针变量可以指向数组中的元素,也就是可以用"指针方式"访问数组中的元素。当定义一个数组时,编译系统会按照其类型和长度在内存中分配一块连续的存储单元。数组名的值为数组在内存中所占用单元的起始地址。也就是说,数组名代表了数组的首地址。

指针是用来存放内存地址的变量,用赋值语句 p=a;,p 指针就指向数组的首地址了。这样就可以通过 p 指针来访问数组 a 中的元素了,如图 9.5 所示。

	地址	数组 a 各元素的值	用数组 a 下标表示	用变量 p 表示数组元素地址
p→ p 的值与 a 相同,为数组的首地址	2000	1	a[0]	p
	2002	2	a[1]	p+1
	2004	3	a[2]	p+2
	2006	4	a[3]	p+3
	2008	5	a[4]	p+4

图 9.5 指针与数组变量的关系

需要注意的是,如果数组为 int 类型,那么指针变量也应该是指向 int 类型的,也就是说,指针变量的类型必须和它要指向的数组的类型相一致。

现在看一下怎样通过指针来引用数组元素。如果按照上面的定义,*p 的值就表示 p 当前所指向的数组元素,该元素的值为 1。p+1 的值是什么呢? 按照 C 语言的规定,如果指针变量 p 已经指向了数组中的第一个元素,则 p+1 指向同一数组中的下一个元素。所以 p+1 是数组中下一个元素的地址,而不是内存中的下一个地址。p+1 的具体地址值和数组中元素的数据类型有关。

例如,如果数组元素是整型,那么 p+1 的地址就是 2002,因为整型在内存中占两个字节,系统会根据类型自动计算地址。如果 p 的初值为数组的首地址,那么 p+i 和 a+i 就是 a[i]的地址,它们指向数组 a 的第 i 个元素。这里需要说明的是,a 代表数组的首地址,a+i 也是地址,是第 i+1 个元素的地址。*(p+i)和 *(a+i)是 p+i 或者 a+i 所指向的数组元素 a[i]。实际上,在编译时,对数组元素 a[i]的值可以表示成 *(a+i),即按照数组首地址加上相对位移量得到要找的元素的地址,然后找出该单元的内容。指向数组的指针变量也可以带下标,如 p[i]与 *(p+i)是等价的。下面来看数组元素的下标引用和指针引用的对应关系,假定 p 指向 a[0],那么数组元素有如下关系:

```
a[0]=*p=*a,a[1]=*(p+1)=*(a+1),a[2]=*(p+2)=*(a+2),…,a[4]=*(p+4)=*(a+4);
```

数组元素的地址的对应关系如下:

```
&a[0]=p=a,&a[1]=p+1=a+1,&a[2]=p+2=a+2,…,&a[4]=p+4=a+4;
```

当指针指向数组时,可通过数组名和指针两种方式来访问数组元素。因为指针是变量,而数组名是常量,所以指针的值可以改变,这就特别需要注意指针当前的指向。如果已经指向了数组所占内存之外的地方,则会出现问题,这是指针使用中容易出错的地方,也是指针使用最危险之处。

【例 9.8】 数组元素的 3 种引用方法。

(1) 下标法。

程序代码如下:

```
/* c09_08_1.c */
#include "stdio.h"
main()
{ int a[10];
  int i;
  for(i=0;i<10;i++)
  scanf("%d",&a[i]);
  printf("\n");
  for(i=0;i<10;i++);
  printf("%d",a[i]);
  printf("\n");
  }
```

(2) 通过数组名计算数组元素地址,求元素的值。

程序代码如下:

```
/* c09_08_2.c */
#include"stdio.h"
main()
{ int a[10];
  int i;
  for(i=0;i<10;i++) scanf("%d",&a[i]);
  printf("\n");
  for(i=0;i<10;i++) printf("%d", * (a+i));
  printf("\n");
  }
```

(3) 通过指针变量指向数组元素得到元素的值。

程序代码如下:

```
/* c09_08_3.c */
#include"stdio.h"
main()
{ int a[10];
  int i,j;
  int * p=a;
  for(i=0;i<10;i++)
  scanf("%d",&a[i]);
```

```
  printf("\n");
  for(j=0;j<10;j++)
  {printf("%d", * p);p++;}
  printf("\n");
}
```

3 个程序运行结果相同,如下：

```
1 2 3 4 5 6 7 8 9 0
1 2 3 4 5 6 7 8 9 0
1 2 3 4 5 6 7 8 9 0
```

可以看到,下标法、通过数组名计算数组元素地址和通过指针变量指向数组元素 3 种方法实现的效果是一样的,都输出了数组元素的值,但是它们的效率不一样。在程序执行时,编译系统是将 a[i]转换成 * (a+i),第(1)种方法和第(2)种方法的执行效率是一样的。用指针变量指向元素时,不必每次都重新计算地址,像 p++这样的操作是比较快的。第(3)种方法的效率比前两种要高。用下标法比较直观,能直接知道是第几个元素。用地址法和指针变量的方法不是太直观,很难判断出当前处理的是哪个元素,必须仔细分析变量 p 的指向,才能判断出当前输出的是第几个元素。在使用指针时,一定要注意不要使指针为"空",即不指向任何地方,也不要使指针的指向超越了数组的边界。

【例 9.9】 分析程序。

程序代码如下：

```
/* c09_09.c */
main(){
    int a[]={1, 2, 3, 4, 5, 6};
    int * p;
    p=a;                                /* 指针 p 为数组的首地址 */
    printf("%d", * p);
    printf(" %d\n", * (++p));
    printf("%d", * ++p);
    printf(" %d\n", * (p--));           /*  * (p--)等价于 * p-- */
    p+=3;
    printf("%d %d\n", * p, * (a+3));
}
```

运行结果：

```
1 2
3 3
5 4
```

此例中指向数组 a 与指针变量 p 的指向变化情况如图 9.6 所示。

注意,例 9.9 的第 6 条语句 printf 中的 * (++p),是先使指针 p 自增 1,再取指针 p

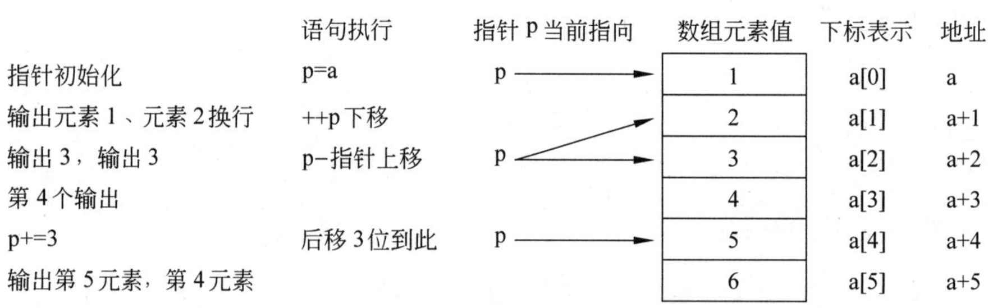

图 9.6　指针操作时对应的数组元素

值做 * 运算,它的含义等价于第 7 条语句 printf 中的 * ++p。而 *(p--)是先取指针 p 值做 * 运算,再使指针 p 自减 1。

用指针方式实现对数组的访问是很方便的,可以使源程序更紧凑、更清晰。

9.3.2　指针基本运算

对于指针的运算有指针的加减运算和两个指针的关系运算。

1. 指针的加、减运算

当指针 p 指向数组中的元素时,n 为一个正整数,表达式 p±n 表示指针 p 所指向当前元素之后或之前的第 n 个元素。最常见的指针加减运算 p++、p--的含义是指针加 1,指向数组中的后一个元素;指针减 1,指向数组中的前一个元素。指针与整数进行加减运算后,它们的相对关系如图 9.7 所示。

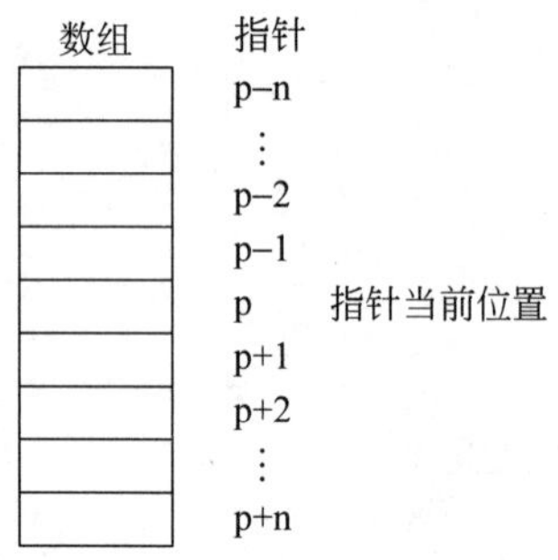

图 9.7　指针的加减运算

由于指针 p 所指的具体对象不同,所以对指针与整数进行加减运算时,C 语言会根据所指的不同数据类型计算出不同的存储单元的大小,以保证正确操作实际的运算对象。数据类型的存储单元的大小等于一个该数据类型的变量所占用的内存单元数。对于字符型,存储单元的大小为 1;对于整型,存储单元的大小为 2;对于长整型,存储单元的大小为 4;对于双精度浮点型,存储单元的大小为 8。图 9.7 所示的 p+1 运算,其中的 1 意味着是该类型变量的一个单元。

【例 9.10】 编程将字符串 str1 复制到字符串 str2 中。

程序代码如下:

```
/* c09_10.c */
#include<stdio.h>
#include<string.h>
main()
{ char str1[80], str2[80], * p1, * p2;
  printf("enter string 1:");
```

```
 gets(str1);
 p1=str1;
 p2=str2;
 while ((*p2=*p1)!='\0')          /*指针 p1 的内容送到指针 p2*/
 { p1++;p2++;  }                  /*指针 p1 和 p2 分别向后移动一个字符*/
 printf("string 2:");
 puts(str2);
 }
```

运行结果如下：

```
enter string 1: china
string 2: china
```

程序中的关键是 while 语句中,(*p2=*p1)!='\0'的含义是先将指针 p1 的内容送到指针 p2 的内容中,即进行两个指针内容的赋值,然后再判断所赋值的字符是否是串结束标记'\0'。如果不是串结束标记,则执行循环继续进行字符复制;如果是串结束标记,则退出循环,完成串复制。

对于上面程序中的 while 循环,可以进行如下改进。

方法一：

```
while (*p2=*p1)
{ p1++;p2++;}
```

方法二：

```
while (*p2++=*p1++);     /*循环体为空*/
```

【例 9.11】 编写程序,求字符串的长度。

程序分析：字符串的存储结束标志为'\0'。先设置一个计数器,将字符串中的字符逐一读出,每次读到字符都要判断。如果为非'\0',计数器加 1,否则程序结束。字符串的长度为计数器所记的次数。

程序代码如下：

```
/*c09_11.c*/
#include<stdio.h>
main()
{ char str[50],*p=str;
  printf("enter string:");
  gets(str);
  while (*p)
  p++;           /*找到串结束标记'\0'。退出循环时 p 指向'\0'*/
  printf("string length=%d\n",p-str);     /*同类型指针进行减法运算,求出串长*/
}
```

运行结果如下：

```
enter string: china
string length=5
```

2. 两个指针的关系运算

只有当两个指针指向同类型的数据元素时,才能进行关系运算。

当指针 p 和指针 q 指向同类型的数据元素时则:

p<q: 当 p 的地址小于 q 的地址时,表达式的值为 1;反之为 0。

p>q: 当 p 的地址大于 q 的地址时,表达式的值为 1;反之为 0。

p==q: 当 p 和 q 指向同一元素时,表达式的值为 1;反之为 0。

p!=q: 当 p 和 q 不指向同一元素时,表达式的值为 1;反之为 0。

任何指针 p 与 NULL 进行 p==NULL 或 p!=NULL 运算均有意义,p==NULL 的含义是当指针 p 为空时成立,p!=NULL 的含义是当 p 不为空时成立。

指向两个不同数组的指针进行比较,没有任何实际的意义。

【例 9.12】 编写程序将一个字符串逆置。

程序代码如下:

```
/* c09_12.c */
#include<stdio.h>
main()
{ char str[50], *p, *s, c;
  printf("enter string:");
  gets(str);
  p=s=str;                /* 指针 p 和 s 指向 str */
  while (*p)
  p++;                    /* 找到字符串结束标记'\0' */
  p--;                    /* 指针回退一个字符,保证反向后的字符串有串结束标记'\0',指针 p
                          /* 指向字符串中的最后一个字符 */
  while (s<p)             /* 当字符串前面的指针 s 小于字符串后面的指针 p 时,进行循环 */
  { c=*s;                 /* 交换两个指针所指向的字符 */
    *s++=*p;              /* 字符串前面的指针 s 向后(+1)移动 */
    *p--=c;               /* 字符串后面的指针 p 向前(-1)移动 */
    }
  puts(str);
  }
```

运行结果如下:

```
enter string: china
anihc
```

9.3.3 通过指针引用二维数组元素

用指针变量可以指向一维数组,也可以指向多维数组,但是指向多维数组的指针要

复杂得多。现在说明一下二维数组指针,设有一个二维数组定义为:

```
int a[4][2]={{1,2},{3,4},{5,6},{7,8}};
```

可以把数组a看作是只有4个元素的一维数组,即a[0]、a[1]、a[2]和a[3],而每一个元素又是一个包含两个元素的一维数组。数组在内存中是连续存储的,数组元素的内存分配顺序为a[0][0]、a[0][1]、a[1][0]、a[1][1]、a[2][0]、a[2][1]、a[3][0]、a[3][1]。

假设数组的开始地址为2000,它应代表整个二维数组的首地址,也就是二维数组第0行的首地址。数组存储及数组元素和指针的对应关系如图9.8所示。

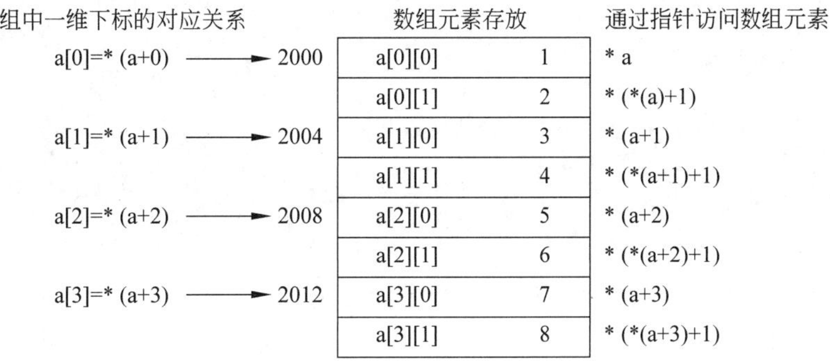

图9.8 二维数组元素内存中存放顺序及对应关系

说明如下。

(1) a[0],a[1],a[2],a[3]是一维数组名,在C语言中数组名代表数组的首地址,因此a[0]代表第0行一维数组中第0列元素的地址,即&a[0][0];a[1]的值就是&a[1][0]……

(2) 既然a[0]是第0行的首地址,那么a[0]+1就是第0行第1列元素的地址了,即2002。其实这很好理解,因为可以把a[0]看作是一个一维数组的首地址,那么a[0]+1自然就是这个一维数组的第2个元素的地址了。

(3) 我们已经知道,a[0]和*(a+0)等价,a[1]和*(a+1)等价,a[i]和*(a+i)等价。因此,a[0]+1和*(a+0)+1的值都是&a[0][1],即2002。既然如此,那么*(a[0]+1)和*(*(a+0)+1)就是a[0][1]中的值了,也就是内存单元2002中的内容。请记住a[i]和*(a+i)是等价的。

(4) 从形式上看,可以认为a[i]是第i个元素。但是,如果a是一个一维的数组名,那么a[i]实际上就是数组a第i个元素中的内容,在这里a[i]是有物理地址的,是占内存单元的。如果a是一个二维数组,则a[i]是一个一维数组名,它本身并不占用内存单元,它只是一个地址,也就是这个二维数组第i+1行的首地址。同样的道理,a+1是地址,也就是a[1]。而*(a+1)的含义也是a[1]。我们知道,a[1]其实是一个一维数组名,数组名代表的是地址,这样a+1和*(a+1)都是地址,与a[1]等价,地址值为2004。元素a[i][j]存储的地址是数组的首地址+i×N+j。

【例9.13】 多维数组的输出。

程序代码如下:

```
/*c09_13.c*/
#include<stdio.h>
main()
{int a[3][4]={{1,2,3,4},{5,6,7,8},{9,10,11,12}};
 int *p;
 for(p=a[0];p<a[0]+12;p++)
 { if((p-a[0])%4==0) printf("\n");
  printf("%4d", *p);
 }
}
```

程序的运行结果为：

```
1    2    3    4
5    6    7    8
9    10   11   12
```

分析：在上面的程序中，把程序第6行中的p=a[0]换成p=a，可不可以呢？虽然a和a[0]的值是相同的，但是它们的类型是不相同的，所以这样做是不合法的。在编写有关二维数组的程序时应特别注意这一点。那么，怎样使一个指针指向二维数组呢？可以使用指向一维数组的指针。

【例9.14】 给定某年某月某日，将其转换成这一年的第几天并输出。

程序分析：解题时先输入年月日：Y,M,D。然后将1、2、3、…、M－1月的各月天数累加，再加上指定的日D。每年中除二月外，其他日子是确定的。首先确定该年是否是闰年，若是闰年，二月的天数为29，否则为28。参考程序代码如下：

```
/*c09_14.c*/
#include<stdio.h>
main()
{ static int day_tab[2][13]={ {0,31,28,31,30,31,30,31,31,30,31,30,31},
                              {0,31,29,31,30,31,30,31,31,30,31,30,31}};
  int y, m, d;
  scanf("%d%d%d", &y, &m, &d);
  printf("%d\n", day_of_year(day_tab,y,m,d));      /*实参为二维数组名*/
  }
day_of_year(day_tab,year,month,day)
int *day_tab;                                      /*形参为指针*/
int year, month, day;
{ int i, j;
  i=(year%4==0&&year%100!=0) || year%400==0;
  for (j=1;j<month;j++)
  day+=*(day_tab+i*13+j);
                      /*day_tab+i*13+j;对二维数组中元素进行地址变换*/
  return(day);
}
```

运行结果如下：

```
2000  2  3     /*输入年月日数据*/
34
```

由于C语言对于二维数组中的元素在内存中是按行存放的，所以在函数day_of_year中要使用公式day_tab+i*13+j计算main()函数的day_tab中元素对应的地址。

9.4 字符串与指针

9.4.1 字符数组与字符指针

前面已经详细讨论了字符数组与字符串，下面利用指针引用它们。字符指针也可以指向一个字符串，可以用字符串常量对字符指针进行初始化。

例如，有语句

```
char * str="This is a string.";
```

对字符指针进行初始化。此时，字符指针存放的是一个字符串常量的首地址，即指向字符串的首地址。这里要注意字符指针与字符数组之间的区别。

例如，有语句

```
char string[]="This is a string.";
```

此时，string是字符数组，它存放了一个字符串。

字符指针str与字符数组string的区别是：str是一个变量，可以改变str使它指向不同的字符串，但不能改变str所指的字符串常量。string是一个数组，可以改变数组中保存的内容。

如果有：

```
char * str, * str1="This is another string.";
char string[100]="This is a string.";
```

则在程序中，可以使用如下语句：

```
str++;                                      /*指针str加1*/
str="This is a NEW string.";                /*使指针指向新的字符串常量*/
str=str1;                                   /*改变指针str的指向*/
strcpy(string, "This is a NEW string.")     /*改变字符数组的内容*/
strcat(string, str)                         /*进行字符串连接操作*/
strcpy(str, string)                 /*不能向str进行字符串复制,可能会破坏其他数据*/
```

字符指针与字符数组的区别在使用中要特别注意。

9.4.2 常见的字符串操作

由于使用指针编写的字符串处理程序比使用数组方式处理字符串的程序更简洁、更方便,所以在C语言中,大量使用指针对字符串进行各种处理。在处理字符串的函数中,一般都使用字符指针作为形参。由于数组名代表数组的首地址,因此在函数之间可以采用指针传递整个数组,这样在被调用函数的内部,就可以用指针方式访问数组中的元素。下面来看几个使用指针处理字符串的程序。

【例 9.15】 用字符指针指向一个字符串。

程序代码如下:

```
/*c09_15.c*/
#include"stdio.h"
main()
{
char * str="helloworld";
printf("%s\n",str);
}
```

运行结果如下:

```
helloworld
```

程序分析与注意事项:这里的str是指向字符串"helloworld"的指针,即字符串的首地址赋给了字符指针,使一个字符指针指向了一个字符串。C语言对字符串常量是按字符数组处理的,在内存开辟了一个字符数组来存放字符串常量。定义str的语句char * str="helloworld";等价于char * str;和str="helloworld";,str被定义为一个指向字符型数据的指针变量,需要注意的是,它只能指向一个字符变量或者其他字符类型数据,不能同时指向多个字符数据。所以,在指向字符串时,并不是把字符串的所有字符存放到str中,也不是把字符串赋给 * str,只是把字符串的首地址赋给字符指针。

下面的情况是不允许的:

```
char * str;
scanf("%s",str);
```

因为指针没有明确的指向,其值是任意的,也许所指向的区域不是用户可以访问的内存区域,或者是根本不存在的地方。输出一个字符串时,系统先输出字符指针所指向的一个字符数据,然后自动使str加1,指向下一个字符,直到遇到字符串结束标志'\0'为止。虽然字符数组和字符指针都可以用来表达字符串,但是它们还是有不同之处。

例如:

```
char string[]="hello world";
char * str="hello world";
```

string 和 str 的值都是字符串"hello world"的首地址,但是 string 是一个字符数组,名字本身是一个地址常量;而 str 是指向字符串首地址的字符指针。因而 str 可以被赋值,而 string 不能。若定义了一个指针变量,并使它指向一个字符串,就可以用下标形式引用指针变量所指向的字符串中的字符。

【例 9.16】 用指针作为函数的形式参数,编写字符串复制函数。

程序代码如下:

```
/*c09_16.c*/
#include<stdio.h>
main()
{ char a[30], b[30];
  printf("enter string:");
  scanf ("%s", a);
  strcopy (a, b);               /*调用函数的实参为一维数组名,即该数组的首地址*/
  printf("a=%s\nb=%s\n", a, b);
 }
strcopy (str1, str2)            /*将字符串 str1 复制到字符串 str2 中*/
char *str1, *str2;              /*函数的形参为指向字符的指针*/
{ while (*str2++=*str1++);      /*通过指针操作实参变量(数组 b)*/
}
```

运行结果如下:

```
enter string: china
a=china
b=china
```

程序中使用一维数组名作为实际参数,使用数组名作为实际参数也就是将数组的首地址传递给被调用函数。程序中用指针比用数组有更多的优点,它使程序更紧凑、简练。

【例 9.17】 编写函数,求字符串的长度。

程序代码如下:

```
/*c09_17.c*/
#include<stdio.h>
strlen (char *str)              /*字符串 str 的长度*/
{ char *p=str;
  while (*p)                    /*找到字符串结束标记'\0'。退出循环时 p 指向'\0' /
  p++;                          /* 指针下移*/
  return (p-str);               /*两个指针进行减法运算,求出串长*/
 }
 main()
 { char a[50];
  printf("enter string:");
  scanf("%s", a);
```

```
  printf("String length=%d\n", strlen(a));      /*调用函数strlen()求出串长*/
}
```

运行结果如下：

```
enter string: English
String length=7
```

【例 9.18】 编写函数,实现两个字符串的连接。

程序代码如下：

```
/*c09_18.c*/
#include<stdio.h>
char*strcat (str1, str2)                     /*函数返回指向字符串str1的指针*/
char*str1, *str2;                            /*函数的形参为两个指向字符串的指针*/
{ char*p=str1;
  while (*p)
   p++;                                      /*找到字符串str1的串结束标记*/
 while (*p++=*str2++);                       /*将字符串str2连接到字符串str1的后面*/
  return (str1);                             /*返回指向字符串str1的指针*/
}
main()
{ char a[50], b[30];
  printf("enter string 1:");
  scanf("%s", a);
  printf("enter string 2:");
  scanf("%s", b);
  printf("a+b=%s\n", strcat(a, b));   /*调用字符串连接函数strcat()*/
}
```

运行结果如下：

```
enter string1: pen
enter string2: child
a+b=penchild
```

【例 9.19】 用下标的形式引用字符串中的元素。

程序代码如下：

```
/*c09_19.c*/
#include"stdio.h"
main()
{char *a="helloworld";
  int i;
  printf("Thefifthcharcteris%c\n",a[4]);
  for(i=0;a[i]!='\0';i++)
```

```
    printf("%c",a[i]);
    printf("\n");
}
```

运行结果如下：

```
Thefifthcharcteriso            /*最后一个 0 是 a[4]的输出*/
helloworld
```

程序中并未定义数组 a,但字符在内存中是以字符数组形式存放的。

【例 9.20】 输入两个有序的字符串,编写一个合并这两个字符串的函数,使合并后的字符串仍然有序排列。

程序代码如下：

```
/*c09_20.c*/
#include<stdio.h>
main ()
{ char str1[80], str2[80], str[80];
  char *p, *q, *r, *s;
  int i, j, n;
  printf ("enter string1:");
  gets (str1);
  printf ("enter string2:");
  gets (str2);
  for (p=str1, q=str2, r=str; *p!='\0' && *q!='\0';)      /*完成串合并*/
  if (*p<*q) *r++=*p++;                /*若字符串 str1 中的字符较小,则将它复制到字
                                          符串 str 中*/
  else *r++=*q++;                      /*若字符串 str2 中的字符较小,则将它复制到字
                                          符串 str 中*/
  s=(*p)? p: q;                        /*判断哪个字符串还没有处理完毕*/
  while (*s)                           /*继续处理(复制)尚未处理完毕的字符串*/
   *r++=*s++;
   *r='\0';                            /*向字符串 str 中存入字符串结束标记*/
  printf ("result:");
  puts (str);
}
```

运行结果如下：

```
enter string1: 1123abdffm
enter string2: 0cghz
result: 01123abcdffghmz
```

9.5 指针数组、数组指针及应用

9.5.1 指针数组与数组指针

数组中每个元素都具有相同的数据类型，数组元素的类型就是数组的基类型。如果一个数组中的每个元素均为指针类型，即由指针变量构成的数组，这种数组称为指针数组，它是指针的集合。

指针数组定义的形式为：

```
类型 * 数组名[常量表达式];
```

例如：

```
int * pa[5];
```

表示定义一个由5个指针变量构成的指针数组，数组中的每个数组元素——指针，都指向一个整数，其结构如图9.9所示。

数组指针定义的形式为：

```
类型 (* 数组名)[常量表达式];
```

例如：

(1) int (* pb)[5];：表示定义了一个指向数组的指针pb，pb指向的数组是一维的体积为5的整型数组，其结构如图9.10所示。

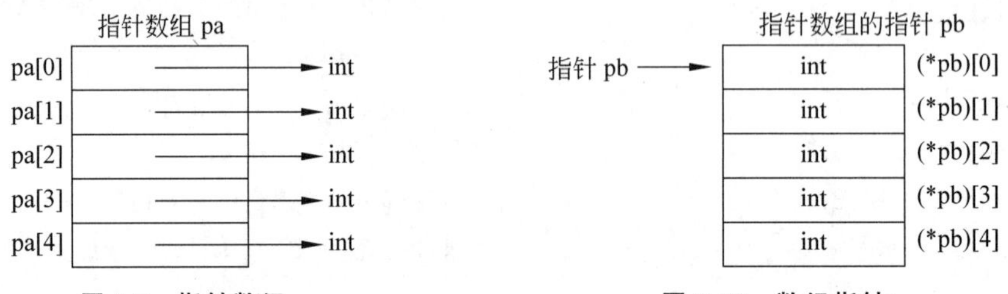

图9.9 指针数组　　**图9.10 数组指针**

注意 int * pa[5]与int(* pb)[5]的区别。

(2) char * line[5];：表示line是一个5个元素的数组，每个元素是一个指向字符型数据的指针。若设指向的字符型数据(字符串)分别是"ONE" "TWO"、…、"FIVE"，则数组line的结构如图9.11所示。

char (* line)[5];表示line是指向一个长度为5的字符数组的指针。

指针数组常适用于指向若干字符串，这样使字符串处理更加灵活方便。

【例9.21】 输入字符串，判断该字符串是否是英文的星期几。使用指针数组实现。

程序代码如下：

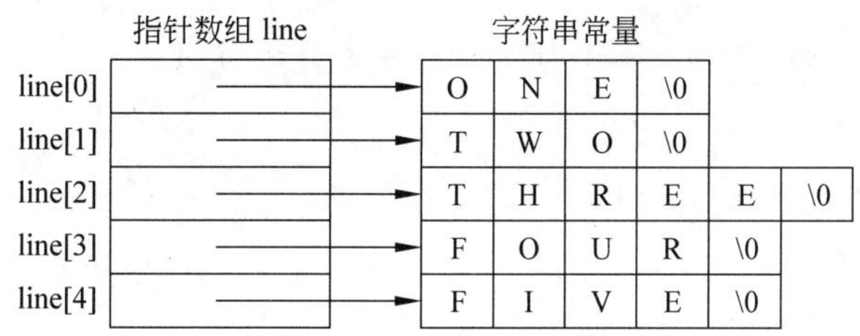

图 9.11 指向字符串常量的指针数

```
/*c09_21.c*/
#include<stdio.h>
char *week_day[8]={"sunday", "monday", "tuesday", "wednesday",
                   "thursday", "friday", "saturday", NULL };
      /*定义指针数组。数组中的每个元素指向一个字符串*/
 main()
 { int m;
  char string[20];
  printf("enter a string: ");
  scanf("%s", string);
  m=lookup(string);
  printf("l=%d\n", m);
}
lookup (char ch[])                         /*传递字符串(字符数组)*/
{ int i, j;
  char *pc;
  for (i=0;week_day[i]!=NULL;i++)          /*完成查找工作*/
  { for(pc=week_day[i],j=0; *pc==ch[j]; j++,pc++)
    if (*pc=='\0') return(i);              /*若找到则返回对应的序号*/
  }
  return(-1);                              /*若没有找到,则返回-1*/
}
```

运行结果如下:

```
enter a string: monday
l=1
```

程序中没有使用二维的字符数组,而是采用指针数组 week_day。可以看到指针数组比二维字符数组有明显的优点,一是指针数组中每个元素所指的字符串不必限制相同的字符长度,二是访问指针数组中的一个元素是用指针间接进行的,效率比下标方式要高。

【例 9.22】 输入星期几,输出对应星期的英文名称。用指针数组实现。

程序代码如下:

```
/*c09_22.c*/
#include<stdio.h>
char *week_day[8]={"sunday", "monday", "tuesday", "wednesday",
```

```
                "thursday", "friday", "saturday", NULL };
           /*定义指针数组。数组中的每个元素指向一个字符串*/
main()
{ int day;
  char *p, *lookstr();
  printf("enter day: ");
  scanf("%d", &day);
  p=lookstr (week_day, day);
  printf("%s\n", p);
}
char *lookstr (table, day)              /*函数的返回值为指向字符的指针*/
char *table[];                          /*传递指向字符串的指针数组*/
int day;
{ int i;
  for (i=0;i<day && table[i]!=NULL;i++);
  if (i==day && table[i]!=NULL)
    return (table[day]);
  else
    return(NULL);
}
```

运行结果如下：

```
enter day: 1
monday
```

【例 9.23】 修改例 9.14 的程序，用数组指针作为形参实现函数 day_of_year()。程序代码如下：

```
/*c09_23.c*/
#include<stdio.h>
main()
{ static int day_tab[2][13]={ 0,31,28,31,30,31,30,31,31,30,31,30,31,
                              0,31,29,31,30,31,30,31,31,30,31,30,31 };
  int y, m, d;
  scanf ("%d%d%d", &y, &m, &d);
  printf("days=%d\n", day_of_year(day_tab, y, m, d));
}
day_of_year (day_tab, year, month, day)
int (*day_tab)[13], year, month, day;      /*day_tab为数组指针*/
{ int i, j;
  i=year%4==0 && year%100!=0 || year%400==0;
  for (j=1;j<month;j++)
    day+=(*(day_tab+i))[j];                /*引用数组指针指向的数组中的元素*/
  return (day);
```

```
}
```

运行结果如下：

```
2000  2  12        /*程序输入年、月、日*/
43                 /*程序输出结果*/
```

事实上，在程序中可以用指针灵活地处理多维数组，使程序优化，并可提高程序的技巧。例如，对于一个三维数组 long a[100][100][100];，要将所有的元素都清零，可采用下面两种方法。

方法一：采用常规的多维数组处理方式。

```
long a[100][100][100], i, j, k;
for (i=0; i<100; i++)
  for (j=0; j<100; j++)
    for (k=0; k<100; k++)
      a[i][j][k]=0;
```

方法二：采用指针处理方式。

```
long a[100][100][100], i, *pa;
pa=a;
for (i=0; i<100*100*100; i++)
  *pa++=0;
```

方法一直接使用三维数组中的数组元素，访问其中的任一数组元素 a[i][j][k]时，每次都要调用数组元素地址的计算公式。而方法二则利用三维数组在内存中是按行线性顺序存放的这一特性，通过一个指针顺序加 1 的方法实现对数组 a 中所有元素的赋 0 操作。两种处理方法相比较，方法二处理速度比方法一快得多。

【例 9.24】 有 30 个学生，每个学生有 5 门课，编写程序，输入所有学生的成绩，然后求出每个学生的平均成绩。

程序代码如下：

```
/*c09_24.c*/
#include"stdio.h"
main()
{ int  a[30][5];double b[30];
  int(*pa)[5],i,j,sum;double *p;pa=a;
  for(i=0;i<30;i++)
  for(j=0;j<5;j++)
  scanf("%d",*(pa+i)+j);pa=a;p=b;
  for(i=0;i<30;i++,p++){
  for(j=0,sum=0;j<5;j++)
  sum+=*(*(pa+i)+j);
  *p=(double)sum/5;}
```

```
  for(i=0,p=b;i<30;i++,p++)
  printf("%lf", * p);
}
```

程序分析：先建立一个辅助数组，用以存放学生的平均成绩，最后统一输出。这个程序综合了不同的知识与概念，读者可以仔细分析并试着运行一下。

9.5.2 main()函数的参数

指针数组的一个重要应用是作为 main 函数的形参。在前面讲述的程序中，main()函数的第一行全部写成 main()，括号中为空，表示没有参数。实际上 main()函数是可以带参数的，其一般形式为：

```
main (argc, argv)
int argc;            /* argc 表示命令行参数个数 */
char * argv[];       /* argv 指向命令行参数的指针数组 */
```

argc 和 argv 是 main()函数的形参。在操作系统下运行 C 程序时，可以以命令行参数形式，向 main()函数传递参数。命令行参数的一般形式是：

```
运行文件名 参数 1 参数 2 … 参数 n
```

运行文件名和参数之间，各个参数之间要用一个空格分隔。argc 表示命令行参数个数(包括运行文件名在内)，argv 是指向命令行参数的数组指针。指针 argv[0]指向的字符串是运行文件名，argv[1]指向的字符串是命令行参数 1，argv[2]指向的字符串是命令行参数 2 等。

【例 9.25】 文件的运行文件名为 TEST1，按数组方式引用命令行的参数。

程序代码如下：

```
/* c09_25.c */
#include<stdio.h>
main (int argc, char * argv[])
{ int i;
  printf ("argc=%d\n", argc);          /* 输出参数 argc 的值 */
  for (i=0;i<argc;i++)
    printf ("%s\n", argv[i]);          /* 按数组方式引用命令行的参数 */
}
```

运行程序，设在操作系统提示符下，为了运行程序，输入的命令行参数为：

```
TEST1 IBM-PC COMPUTER
```

则执行程序后，运行结果如下：

```
argc=3
TEST1
IBM-PC
COMPUTER
```

这样利用指针数组作为主函数 main()的形式参数,可以很方便地实现 main()函数与操作系统的通信。

【例 9.26】 按指针方式引用命令行的参数。

程序代码如下:

```
/* c09_26.c */
#include<stdio.h>
main (int argc, char * argv[])
{ int i;
  for (i=0;i<argc;i++)
  printf ("%s\n", * argv++);        /* 按指针方式引用命令行的参数 */
}
```

运行结果如下:

```
D: \TURBOC2\C09_26.C     /* 程序的路径 */
```

9.6 指向指针的指针

一个指针可以指向任何一种数据类型,包括指向一个指针。当指针变量 p 中存放另一个指针 q 的地址时,则称 p 为指针型指针,也称为级指针。

若有定义:

```
char * pointer;
```

pointer 是指向字符串的指针,用它可以存放字符型变量的地址,并且可以用它对所指向的变量进行间接访问。

进一步定义:

```
char**p;
```

从运算符 * 的结合性可以知道,上述定义相当于 char * (* p);。

这是指向字符串的指针,即指向指针的指针。

【例 9.27】 指向指针的指针 1。

程序代码如下:

```
/* c09_27.c */
main()
{ int a, * pointer, * * p;
  a=20;
  pointer=&a;
  p =&pointer;
  printf("%d, %u, %u\n" , a, pointer, p);
  printf("%d, %u, %d\n", * pointer, * p, * * p);
}
```

运行结果:

```
20, 2000, 2050
20, 2000, 20
```

【例 9.28】 指向指针的指针 2。

程序代码如下:

```
/*c09_28.c*/
main()
{ static char*country[]={"CHINA","ENGLAND",
          "FRANCE", "GERMANY"};
char **p;int i;
for(i=0; i<4; i++)
{  p=country+i;
   printf("%s\n", *p);
  }
}
```

运行结果:

```
CHINA
ENGLAND
FRANCE
GERMANY
```

【例 9.29】 使用二级指针引用字符串。

程序代码如下:

```
/*c09_29.c*/
#include<stdio.h>
#define SIZE 5
main()
{ char*pc[]={"Beijing","Shanghai","Guangzhou","Chongqing"};
  char**p;
  int i;
  for (i=0;i<SIZE;i++)
  {  p=pc+i;
     printf ("%s\n", *p);
  }
}
```

在上面的程序中,p 是指针型指针,在循环开始 i 的初值为 0,语句 p=pc+i;用指针数组 pc 中的元素 pc[0]为其初始化,*p 是 pc[0]的值,即字符串"Beijing"的首地址,调用函数 printf(),以%s 形式就可以输出 pc[0]所指字符串。pc+i 即将指针向后移动,依次输出其余各字符串。程序运行结果为:

```
Beijing
Shanghai
Guangzhou
Chongqing
```

类似地，用指针数组、多级指针还可以将上述5个字符串排序输出，请读者考虑。

用多级指针还可以引用整型二维数组，请读者分析以下程序。

【例 9.30】 给出代码，分析程序的运行结果。

程序代码如下：

```
/*c09_30.c*/
int a[3][3]={1, 2, 3, 4, 5, 6, 7, 8, 9};
int*b[]={a[0],a[1],a[2]};
int**p=b;
main()
{  int i,j;
   for (i=0;i<3;i++)
     for (j=0;j<3;j++)
      printf("%d,%d,%d\n",*(b[i]+j),*(*(p+i)+j),*(*(a+i)+j));
}
```

运行结果：

```
1,1,1
2,2,2
3,3,3
4,4,4
5,5,5
6,6,6
7,7,7
8,8,8
9,9,9
```

多级指针 p、指针数组 b 和二维数组 a 之间的关系如图 9.12 所示。

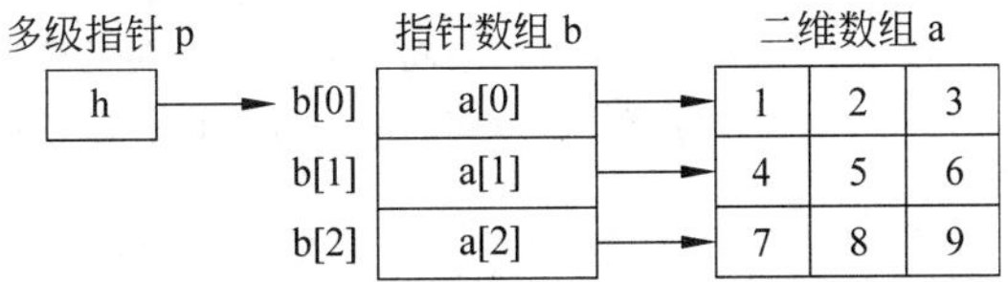

图 9.12 多级指针与二维数组的关系

下面将通过一些比较复杂的例题，向大家展示指针应用的实例。

【例 9.31】 使用指针，编写一个求字符串长的递归函数。

首先设计递归算法。假设函数 strlen()的参数为指向字符串首地址的指针 s，则：

(1) 若指针 s 的当前字符为'\0',则 s 的串长为 0。

(2) 将字符串 s 分为第 1 个字符和除第 1 个字符之外的其他部分。

(3) 字符串长=1+除第 1 个字符之外的其余部分的长度。

可以写出程序如下。函数 strlen()的返回值为字符串长度。

```
strlen (char * s)      /* s 为指向字符串的指针 */
{ if (* s =='\0') return (0);
else return (1+strlen(s+1));
}
```

【例 9.32】 使用指针,编写一个完成串反向的递归函数。

首先设计递归算法。

(1) 将给定的字符串分为两个部分。

第 1 部分:第 1 个字符和最后一个字符('\0'前的字符)。

第 2 部分:从第 2 个字符到倒数第 2 个(即中间的字符)。其中第 2 部分与原问题性质一样,只是缩小了规模。

(2) 基本算法。

① 交换第 1 部分的两个字符。

② 将第 2 部分构成一个字符串,递归:完成第 2 部分串反向。

整个程序的算法可以描述如下。

(1) 定义两个字符指针分别指向字符串的首字符和除'\0'以外的最后一个字符。

(2) 将所指的两个字符进行交换。

(3) 使中间部分构成“新的”字符串,并对其进行串反向操作。

程序如下:

```
revstr (char * s)
{ char * p=s, c;
  while (* p) p++;          /* 确定字符串结束标记'\0'的位置 */
  p--;                      /* p 指向'\0'之前的最后一个字符 */
  if (s<p)
  { c= * s;
    * s= * p;               /* 将字符串最后面的字符存到字符串的最前面 */
    * p='\0';               /* 形成一个新的待方向的字符串 */
    revstr(s+1);            /* 以新字符串的起始地址 s+1 进行递归调用 */
    * p=c;                  /* 将字符串最前面的字符存到字符串的最后面 */
  }
}
```

【例 9.33】 从键盘上输入两个字符串,对这两个字符串分别排序;然后将它们合并,合并后的字符串按 ASCII 码值从小到大升序排列并删去相同的字符。

程序代码如下:

```
/* c09_33.c */
```

```
strmerge (a,b,c)              /*将已排好序的字符串a和字符串b合并后存入字符串c*/
char *a, *b, *c;
{ char t, *w;
  w=c;                        /*w是指向目标串的指针*/
  while (*a!='\0' && *b!='\0') /*当字符串a和字符串b都没有结束的时候执行循环*/
  { t=*a<*b ? *a++:*b<*a ? *b++: (*a++, *b++);
  /*将*a和*b(两个串的第1个字符)较小的存入临时变量t中*/
  if (*w=='\0') *w=t;         /*若是第1个存入的字符,则将t直接存入目标串*/
  else if (t!=*w) *++w=t;     /*若不相同,则指针w后移,将t存入目标串中*/
  }/*循环结束,a或b中若有还没处理的字符,将其余字符存入串w中*/
  if (*a!='\0')               /*如果是字符串a中还有剩余字符,则处理字符串a*/
  while (*a!='\0')
  if (*a!=*w) *++w=*a++;
                              /*若首字符不相同,则指针w后移,将*a存入目标串*/
  else a++;
  if (*b!='\0')               /*如果是字符串b中还有剩余字符,则处理字符串b*/
  while (*b!='\0')
  if (*b!=*w)  *++w=*b++;
                              /*若首字符不相同,则指针w后移,将字符串*b存入目标串*/
  else b++;
  *++w='\0';                  /*完成目标字符串的字符串结束标记*/
  }
strsort (char*s)              /*将字符串s中的字符排序*/
{ int i,j,n;
  char t, *w;
  w=s;
  for (n=0;*w!='\0';n++) w++;
  for (i=0;i<n-1;i++)
  for (j=i+1;j<n;j++)
  if (s[i]>s[j])
  { t=s[i];s[i]=s[j];s[j]=t;}
  }
  main()
  { char s1[100],s2[100],s3[200];
    printf ("\nPlease input First String:");
    scanf ("%s",s1);
    printf ("\nPlease input Second String:");
    scanf ("%s",s2);
    strsort (s1);             /*将字符串s1排序*/
    strsort (s2);             /*将字符串s2排序*/
    s3[0]='\0';               /*将字符串s3置为空串*/
    strmerge (s1,s2,s3);      /*合并字符串s1和字符串s2生成字符串s3*/
    printf ("\nResult:%s",s3);
}
```

运行结果如下：

```
Please Input First String: English
Please Input Second String: China
Result: CEaghilns
```

【例 9.34】 对一批程序设计语言名，按字母顺序从小到大进行排序并输出。

程序代码如下：

```
/* c09_34.c */
#include<string.h>
#include<stdio.h>
sort (char * book[], int num)                  /* 形参 book 是指针数组 */
{ int i,j;
  char * temp;
  for (j=1;j<=num-1;j++)
    for (i=0;i<num-1-j;i++)
      if (strcmp(book[i], book[i+1])>0)  /* 调用库函数进行字符串比较 */
      {  temp=book[i];                        /* 交换指向字符串的指针 */
         book[i]=book[i+1];
         book[i+1]=temp;
      }
}
main ()
{ int i;
  static char *book[]={"FORTRAN","PASCAL","BASIC","COBOL","C","Smalltalk"};
                                               /* 使用指针数组保存字符串 */
      sort (book, 6);
      for (i=0;i<6;i++) printf ("%s\n", book[i]);       /* 输出 */
}
```

运行结果如下：

```
BASIC
C
COBOL
FORTRAN
PASCAL
Smalltalk
```

请注意，程序在排序的时候并没有交换字符串，而是通过交换指向字符串的指针完成排序工作的。

指针是C语言中最重要的内容之一，也是学习C语言的重点和难点。在C语言中，使用指针进行数据处理十分方便，在实际的编程过程中大量使用指针。指针与变量、函数、数组、结构和文件等都有着密切的联系，因此要学好指针。

习 题 9

9.1 单项选择题

① 若有定义 int x, * p;，则以下正确的赋值表达式是(　　)。

A. p=&x　　B. p=x　　C. * p=&x　　D. * p= * x

② 下述程序执行后，变量 i 的正确结果是(　　)。

```
int i;
char * s="a\045+045\b";
for(i=0; * s++;i++);
```

A. 7　　B. 8　　C. 9　　D. 10

③ 以下程序段的输出结果是(　　)。

```
char str[12]={'s','t','d','i','o'};
printf("%d\n",strlen(str));
```

A. 5　　B. 6　　C. 11　　D. 12

④ 下列函数的功能是(　　)。

```
int fun(char * x){
char * y=x;
while( * y++);
return y-x-1;}
```

A. 比较两个字符串的大小　　B. 求字符串的长度

C. 求字符串存放的位置　　D. 将字符串 x 连接到字符串 y 后面

⑤ 执行下列程序段后，printf("%c", * (p+4))的值为(　　)。

```
charstr[]="Hello";
char * p;p=str;
```

A. 'o'　　B. '\0'　　C. 不确定的值　　D. 'o'的地址

⑥ 有以下的定义语句：

```
int a[4][5];
int( * p)[5]=a;
```

则对数组 a 元素正确引用的表达式是(　　)。

A. p+1　　B. * (p+3)　　C. * (p+1)[2]　　D. * (* (p+1)+2)

⑦ 若有如下定义：char * p,m=8,n;，以下正确的程序段是(　　)。

A. p=&n; scanf("%c",&p);　　B. p=&n; scanf("%c",p);

C. p=n; scanf("%c",&p);　　D. p=n; scanf("%c",p);

⑧ 已知 char s[100];int i;则引用数组元素的错误的形式是(   )。

A. s[i+10]　　B. *(s+i)　　C. *(i+s)　　D. *((s++)+i)

⑨ 若用数组名作为函数调用时的实参,则实际上传递给形参的是(   )。

A. 数组首地址　　B. 数组的第一个元素值

C. 数组中全部元素的值　　D. 数组元素的个数

9.2 读程序分析,并给出下面程序的运行结果。

①
```
#include<stdio.h>
main()
{  int a[10],b[10], * pa, * pb,i;
   pa=a;  pb=b;
   for (i=0; i<3; i++,pa++,pb++)
   {  * pa=i;   * pb=2 * i;
      printf("%d\t%d\n", * pa, * pb);
   }
   printf("\n");  pa=&a[0];  pb=&b[0];
   for (i=0; i<3; i++)
   {  * pa= * pa+i;   * pb= * pb+i;
      printf("%d\t%d\n", * pa++, * pb++);
   }
}
```

运行结果为________。

②
```
#include <stdio.h>
main( )
{  char * ptr1, * ptr2;
   ptr1=ptr2="8765";
   ( * ptr1)++;
   ptr2++;
   printf("c1=%c, c2=%c\t", * ptr1, * ptr2);
   while( * ptr2! ='\0') putchar( * ptr2++);
}
```

运行结果为________。

③
```
#include <stdio.h>
f(int a,int b,int p,int * q )
{  p= (a+b) * (a-b );
   * q=a+b;
}
main( )
{  int a=2,b=3,c=4,d=5;
   f(a,b,c,&d);
   printf("%d,%d\n",c,d);
}
```

运行结果为________。

④
```
#include<stdio.h>
#include<string.h>
main()
{  char a[3][20]={{"abc"},{"uvw"},{"xyz"}},b[80]="", *p=b;
   int i;
   for(i=0;i<3;i++)  p=strcat(p+i,a[i]);
   i=strlen(p);
   printf("%d\n",i);
}
```

运行结果为________。

⑤
```
#include <stdio.h>
void swap(int *a,int *b)
{  int c;
   c= *a; *a= *b; *b=c;
}
main()
{  int i,j,a[3][3]={1,2,3,4,5,6,7,8,9};
   for(i=0;i<2;i++)
       for(j=0;j<2-i;j++)
           if(i==j)   swap(&a[i][j],&a[i+2][j+2]);
           else      swap(&a[i][j],&a[i+1][j+1]);
       for(i=0;i<3;i++)
       {  for(j=0;j<3;j++)  printf("%d",a[i][j]);
          printf("\n");
       }
}
```

运行结果为________。

⑥
```
#include <stdio.h>
void fun(int *p1,int *p2)
{  int t;
   if(p1<p2)
   {  t= *p1; *p1= *p2; *p2=t;
      fun(p1+=2,p2-=2);
   }
}
main()
{  int i,a[6]={1,2,3,4,5,6};
   fun(a,a+5);
   for(i=0;i<5;i++)  printf("%2d",a[i]);
}
```

运行结果为________。

⑦
```
#include <stdio.h>
main()
{  int a[12]={1,2,3,4,5,6,7,8,9,10,11,12}, *p[4],i;
   for(i=0;i<4;i++)p[i]=&a[i*3];
   printf("%d\n",p[3][2]);
}
```

运行结果为________。

⑧
```
#include <stdio.h>
#include <string.h>
main( )
{  char str1[80],str2[80],*p,*q;
   int i;
   gets(str1);
   for(p=str1,q=str2;*p! ='\0';p++,q++)
       *q=*p;
   *q='\0';
   printf("%s",str2);
}
输入 china
```

运行结果为________。

⑨
```
#include <stdio.h>
main()
{  char strg[40],*there,one,two;
   int *pt,list[100],index;
   strcpy(strg,"This is a character string.");
   one=strg[0];
   two=*strg;
   printf("第一输出的是 %c %c\n",one,two);
   one=strg[8];
   two=*(strg+8);
   printf("第二输出的是 %c %c\n",one,two);
   there=strg+10;
   printf("第三输出的是 %c\n",strg[10]);
   printf("第四输出的是 %c\n",*there);
   for (index=0;index<100;index++)
   list[index]=index+100;
   pt=list+27;
   printf("第五输出的是 %d\n",list[27]);
   printf("第六输出的是 %d\n",*pt);
}
```

运行结果为________。

⑩
```
#include <stdio.h>
main()
{  int index, * pt1, * pt2;
   index=39;
   pt1=&index;
   pt2=pt1;
   printf("The value is %d %d %d\n",index, * pt1, * pt2);
   * pt1=13;
   printf("The value is %d %d %d\n",index, * pt1, * pt2);
}
```

运行结果为________。

9.3 有一个字符串，包含 n 个字符，编程实现将字符串从第 i 个字符到第 j 个字符间的字符逆置。

9.4 编写一个函数，对 n 个字符开辟连续的存储空间，此函数返回一个指针(地址)指向字符串开始的空间。

9.5 编程实现，输入 n 个整数，将最小数与第一个数对换，把最大数与最后一个数对换。

9.6 编程实现，输入 n 个字符串，按由小到大顺序输出。

9.7 编写一个函数，功能是交换两个实数变量的值。

9.8 有 n 个数，让每一个数顺序向后移 3 个位置，后面的 3 个移到前面。

9.9 输入一行文字，求出其中字母、空格、数字及其他字符的个数。

9.10 编写函数，求一个字符串的长度。

9.11 编程实现约瑟夫环问题：n 个人围成一圈，从第一个人开始报数，凡报到 3 的人退出，问最后剩下的是第几号。

9.12 已经有 a、b 两个链表，每个链表中结点包括学号、成绩，编程实现把两个链表合并，按学号序排列。

9.13 编写一个函数，将一个 3 行 3 列矩阵转置。

9.14 编程实现将 n 个数按输入时的顺序逆序排列。

9.15 编写一个函数，判断 $N \times N$ 矩阵是否为上三角阵。上三角阵是指不含主对角线，下半三角都是 0 的矩阵。

9.16 编程实现，输入一行字符，将其中的每个字符从小到大排列后输出。

9.17 有 10 个学生，每个学生的信息有学号、姓名、四门课的成绩和平均成绩，编程输出课程的平均成绩和总平均成绩以及最高分的学生信息。

9.18 编程实现，输入一个字符串，将其中连续的数字放在数组 A 中。

9.19 编程实现两个字符串的比较。

9.20 编程实现输入一个月份号，输出该月份的英文名。

9.21 将空格分开的字符串称为单词。输入多行字符串，直到输入 stop 单词时才停止。编程实现并输出单词的数量。

9.22 编程实现用指向指针的指针的方法对 5 个字符串排序后输出。

9.23 编程实现对 n 个整数排序后输出。

9.24 用指针编写比较两个字符串 s 和 t 的函数 strcmp(s,t)。要求 s<t 时返回 −1;s=t 时返回 0;s>t 时返回+1。

9.25 编程实现输入多个字符串,求出字符串的串长。当串中包含 stop 时,结束输入,打印最长字符串。

9.26 编写程序,将两个一维数组中的对应元素的值相减后输出。

9.27 输入一个字符串,分别统计字符串中所包含的各个不同的字符的数量。

如输入字符串 abcedabcdcd ,则输出 a=2 b=2 c=3 d=3 e=1。

9.28 将一个数的数码倒过来所得到的新数叫原数的反序数。如果一个数等于它的反序数,则称它为对称数。编程实现求不超过 1993 的最大二进制的对称数。

9.29 编程实现,找到一个二维数组中的鞍点,即该位置上的元素在该行上最大,该列上最小,也可能没有鞍点。

9.30 编程实现从键盘输入字符串 s 和 v,在字符串 s 中的最小字符后面插入字符串 v。

第 10 章 chapter 10

结构体类型与链表操作

本章要点：

- 结构体的概念和定义。
- 结构体变量的定义、初始化及引用。
- 结构体数组的运用。
- 结构体指针的运用。
- 链表的结构，以及链表的建立、插入、删除和输出的编程方法。

前面，本书已经介绍了 C 语言的基本数据类型，如整型、实型和字符型等，也介绍了一种构造数据类型——数组，以及指针类型。但是，只有这些数据类型还不能满足人们在处理实际问题时的需要，为此，C 语言又提供了一种新的构造数据类型——结构体类型。这种数据类型不同于数组(由若干个数据类型相同的元素组成)，它是由若干数据类型不同的数据项组合而成，并由用户根据需要自己定义的一种构造数据类型。

10.1 结构体的概念和定义

结构体是一种构造数据类型，它是由若干相关的、类型不同的数据项组合成一个整体而构成的一种数据结构。C 语言允许用户在程序中自己建立结构体数据类型。

例如，要表示一个员工的基本信息，应包括以下数据项。

姓名(char name[20])
员工号(long int num)
性别(char sex)
年龄(int age)
电话(char telephone[12])
家庭地址(char addr[40])

按照这些数据项将信息添加上去，就可以生成一张员工的基本信息表，如表 10.1 所示。这些数据项的数据类型不同，但都与一个员工信息相联系，都是反映一个员工信息的某个属性或特征，如果分别定义、单独使用，就不能反映它们是作为一个整体来构成员工的基本信息，也不能反映它们之间是相互联系的。因此，最好是把它们组合成一个整体,定义成一种新的数据类型——结构体类型。这样定义的一种结构体类型,便于描述一个员工信息的所有属性或特征,并很容易实现对某一个员工信息中的各数据项的引用。

表 10.1 员工信息表

姓名	员工号	性别	年龄	电　话	家庭地址
李宁	020011	男	20	024-12345678	沈阳市沈河区文化路81号

再例如,要表示一本书的基本信息,应包括以下数据项。

书名(char book_name[40])
书号(char num[13])
作者(char name[20])
出版社(char press[40])
发行时间(int year)

按照这些数据项将信息添加上去,就可以生成一张图书的基本信息表,如表10.2所示。这些数据项的数据类型不同,但都与一本书的信息相联系,如果分别定义、单独使用,就不能反映它们是作为一个整体来构成图书的基本信息,也不能反映它们之间是相互联系的。因此,最好是把它们组合成一个整体,定义成一种新的结构体类型。

表 10.2 图书信息表

书　名	书　号	作者	出版社	发行时间
C++程序设计	9787302034216	钱能	清华大学出版社	2002

实际上,还可以构造出许许多多种类似这样的结构体类型。

当构造好一个结构体类型之后,首先就需要定义它。定义一个结构体类型的一般形式为:

```
struct 结构体名
{
  成员列表
};
```

其中,结构体名是结构体的标识,是由用户自己指定的,它的命名遵循标识符的命名规则;成员列表是结构体类型中的各数据项成员,它们通常是由一些基本数据类型的变量所组成,有时也包含一些复杂的数据类型的变量。定义完一个结构体类型之后,一定要用一个";"结束。

例如,可以将前面构造好的反映员工基本信息的结构体类型定义如下:

```
struct employee
{ char name[20];                /* 姓名 */
  long int num;                 /* 员工号 */
  char sex;                     /* 性别 */
```

```
    int age;                    /* 年龄 */
    char telephone[12];         /* 电话 */
    char addr[40];              /* 家庭地址 */
};
```

在这个结构体类型数据中，struct 是结构体的标识符，是关键字，一定不能省略。struct employee 是结构体的类型名，它和系统提供的标准类型(如 int、char、float 和 double 等)的作用一样，都是一种数据类型，都可以用来定义变量的类型，只是结构体类型名需要由用户根据编程需要自己指定。这是因为根据解决实际问题的需要，结构体类型名可以定义出许许多多种。花括号内的 name[]等数据项是结构体的成员，这些成员可以是基本(或称简单)的数据类型，也可以是复杂的数据类型。

还可以将前面构造好的反映图书基本信息的结构体类型定义为 struct book。

```
struct book
{   char book_name[40];
    char num[20];
    char name[20];
    char pub[40];
    int year;
};
```

有了这些结构体类型，就可以用它们来表示一些员工信息或图书信息的数据了。

在定义结构体类型时，要注意以下几点。

(1) 结构体类型中所含成员项的类型、数量和大小必须是确定的，即各成员项都要进行类型声明，并指明数据长度，不能随机改变大小。

(2) 结构体成员中可以包含另一种类型的结构体变量。

例如，在定义 struct employee 结构体类型中包含了另一种类型的结构体变量 birthday，而 birthday 是属于表示日期信息的结构体类型 struct date 的变量。

```
struct date
{   int year;
    int month;
    int day;
};
struct employee
{   char name[20];
    long int num;
    char sex;
    int age;
    char telephone[12];
    char addr[40];
    struct date birthday;       /* 结构体变量 */
};
```

(3) 一个结构体成员中不能包含本结构体类型的变量。

例如,下面的定义是错误的。

```
struct date
{   int year;
    int month;
    int day;
    struct date birthday;
};
```

(4) 结构体内的各成员名称不能相同。但是,结构体成员名可以与程序中的其他变量名相同。

例如,下面的定义是可以的。

```
main()
{   struct date
    {   int year;
        int month;
        int day;
    };
    int year;
    …
}
```

10.2 结构体变量的定义和初始化

10.2.1 结构体变量的定义

定义好一个结构体类型之后,就可以像基本数据类型 int 等那样,用它来定义该类型的结构体变量了。

一个结构体类型不能直接用来存放数据,因为定义了一个结构体类型,只是设定了一种数据类型(相当于基本数据类型 int 等一样),它只相当于一个模型,并不占据内存空间。只有用结构体类型定义了变量(如用 int 定义了变量 a,即 int a;)之后,这个变量才会占据一定的内存空间,才可以用来存放数据和引用。

结构体类型与结构体变量之间的关系,就好像房屋设计图与房屋之间的关系一样。在建造房屋之前,要先设计建造图,然后按照设计图去建造房屋,其中的设计图类似一个结构体类型,它只是一个房屋设计图形,不具有空间,还不能用来住人。而按照设计图建造好的房屋类似一个按照结构体类型定义好的变量,它是一个具有空间的实体,可以用来住人。

定义结构体变量的方法有如下 3 种形式。

(1) 先声明结构体类型,再定义结构体变量。

例如,前面已经定义了结构体类型 struct employee,用它来定义两个该结构体类型的变量 employee1 和 employee2 的形式是:

```
struct employee employee1,employee2;
```

这样,变量 employee1 和 employee2 就是具有 struct employee 类型的结构体变量了,而且系统会为之分配相应的内存空间,并且在程序中可以被赋值和引用。

(2) 在定义结构体类型的同时定义结构体变量。

例如,定义一个表示日期的结构体类型 struct date 的变量 birthday,用来表示出生日期,形式是:

```
struct date
{  int year;
   int month;
   int day;
}birthday;
```

(3) 直接定义结构类型变量,不出现结构体名。

例如,定义两个点平面坐标的结构体类型变量 first 和 second。

```
struct
{  float x;
   float y;
}first,second;
```

这 3 种定义形式中,前两种是通常采用的形式,后一种形式由于定义中不出现结构体名,因此无法采用类型名对变量定义的形式重复对新变量进行定义。

定义好结构体变量之后,系统会为之分配相应的存储空间来存放数据。系统对结构体变量存储空间的分配,通常是依据结构体中成员的数据类型和在结构体中出现的先后次序来分配空间的。

例如,上面定义的一个结构体类型 struct date 的变量 birthday,在程序编译时,系统会为之分配 6 个单元的存储空间,前两个单元存放成员 year,中间两个单元存放成员 month,最后两个单元存放成员 day。

10.2.2 结构体变量的初始化

同其他类型的变量一样,对结构体变量的初始化也可以在定义时指定初始值。其初始化的一般形式为:

```
结构体类型 结构体变量名={ 初值表 };
```

例如,对结构体变量 employee1 的初始化形式是:

```
struct employee
    {  char name[20];
```

```
    long int num;
    char sex;
    int age;
    char telephone[12];
    char addr[40];
} employee1={"Li Ning",020011,'M',20,"024-12345678","沈阳市沈河区文化路81号"};
```

也可以将一个结构体变量的值赋值给同类型的另一个结构体变量。

例如，

```
struct employee employee2=employee1;
```

思政10

10.3 结构体变量的引用

定义了一个结构体变量之后，可以引用这个变量的值，引用时应遵循以下规则。

(1) 不能将一个结构体变量作为整体进行引用。只能对结构体变量中的成员分别进行引用。引用结构体成员的形式为：

```
结构体变量名.成员名
```

例如：

```
employee1.num= 020010;
```

其中，“.”是成员运算符，它的优先级最高。

(2) 如果一个结构体类型中还包含另一种类型的结构体变量，那么，只能对最低层的成员进行引用，引用时就需要再加一个“.”成员运算符。也就是说，只能对结构体变量中最低层的成员进行赋值、存取及运算。

例如，对如下定义的结构体变量employee1的出生日进行赋值的形式是：

```
struct date
{  int year;
   int month;
   int day;
};
struct employee
{  char name[20];
   long int num;
   char sex;
   int age;
   char telephone[12];
   char addr[40];
   struct date birthday;     /* 结构体变量 */
} employee1;
```

```
employee1.birthday.year=1980;
employee1.birthday.month=10;
employee1.birthday.day=18;
```

(3) 可以引用结构体变量成员的地址，也可以引用结构体变量的地址。结构体变量的地址主要用于作为函数参数，以传递结构体变量的值。

例如，输入结构体变量 employee1 的成员项 num 的值形式是：

```
scanf ("%d", & employee1.num);
```

输出变量 employee1 的首地址的形式是：

```
printf ("%o", & employee1);
```

10.4 结构体数组

10.4.1 结构体数组的定义

由同一种结构体类型的变量组成的数组就称为该类型的结构体数组。

例如，定义一个结构体数组：

```
struct employee
{   char name[20];            /* 姓名 */
    long int num;             /* 员工号 */
    char sex;                 /* 性别 */
    int age;                  /* 年龄 */
    char telephone[12];       /* 电话 */
    char addr[40];            /* 地址 */
}groups[3];
```

其中，groups[3]为结构体数组，数组中有 3 个元素，分别为该结构体类型的变量。也可以先定义结构体类型，然后定义这种结构体类型的数组。

例如：

```
struct employee
{   char name[20];              /* 姓名 */
    long int num;               /* 员工号 */
    char sex;                   /* 性别 */
    int age;                    /* 年龄 */
    char telephone[12];         /* 电话 */
    char addr[40];              /* 地址 */
};
struct employee groups[3];
```

这些结构体数组的元素和一般数组一样，在内存中是连续存放的。

10.4.2 结构体数组的初始化

可以通过对结构体数组元素的初始化，来对结构体数组进行初始化，其一般形式是：

```
struct 结构体名 数组名[大小]={初值列表};
```

例如：

```
struct employee groups[3]={
        {"Li Ning",010101,'M',21,024-12345678,"沈河区文化路 81 号"},
        {"Wang Lin",010102,'M',30,024-23456789,"东陵区长青街 110 号"},
        {"Ma Wei",010103,'F',25,024-34567890,"和平区建设路 65 号"}
    };
```

当然，也可以对结构体数组中的每个元素赋初值，要给第 2 个员工的年龄赋初值，可以这样：groups[1].age=30;。

【例 10.1】 定义一个结构体数组，赋初始值后输出。

程序如下：

```
/*c10_01.c*/
#include<stdio.h>
struct employee
{   char name[20];              /*姓名*/
    long int num;               /*员工号*/
    char sex;                   /*性别*/
    int age;                    /*年龄*/
    char telephone[16];         /*电话*/
    char addr[40];              /*地址*/
};
main()
{   int i;
    /*定义并初始化结构体数组*/
    struct employee groups[3]={
        {"李明",10001,'M',21,"024-12345678","沈河区文化路 81 号"},
        {"王芳",10002,'F',30,"024-23456789","东陵区长青街 110 号"},
        {"马威",20001,'F',25,"024-34567890","和平区建设路 65 号"}};
    /*结构体变量的输出*/
    printf("\n 初始化的结构体数组的数据如下: \n");
    printf("记录号  姓名    员工号  性别  年龄    电  话     地   址\n");
    for (i=0;i<3;i++)
    {   printf("NO.%-6d%-8s%-8d%-6c%-4d%-13s%-20s\n",i+1,groups[i].name,
groups[i].num,groups[i].sex, groups[i].age,groups[i].telephone, groups[i].addr);
    }
}
```

程序运行后输出结果为：

```
初始化的结构体数组的数据如下：
记录号  姓名  员工号  性别  年龄     电   话              地     址
  NO.1  李明  10001    M     21     024-12345678     沈河区文化路 81 号
  NO.2  王芳  10002    F     30     024-23456789     东陵区长青街 110 号
  NO.3  马威  20001    F     25     024-34567890     和平区建设路 65 号
```

10.4.3 结构体数组的应用

【例 10.2】 用结构体类型编写一个程序，连续输入 n 个学生的高等数学、大学英语和大学物理 3 门课程的成绩，然后计算平均分数并输出。

分析：构造一个表示学生成绩的结构体类型 score，然后采用 do…while 循环连续输入学生姓名和成绩直到结束，最后输出学生姓名、各门课程成绩及计算所得的平均分数。

程序如下：

```
/*c10_02.c*/
#include<stdio.h>
#include<string.h>
#define N 50
struct score
{  char name[16];              /*学生姓名*/
   float math;                 /*高等数学成绩*/
   float eng;                  /*大学英语成绩*/
   float phy;                  /*大学物理成绩*/
   float ave;                  /*3门课程的平均成绩*/
};
main()
{  int k,n=0;
   char c[2];
   struct score stu[N];
   printf("输入学生姓名和成绩: \n");
   do                          /*连续输入学生姓名和成绩*/
   {
       printf ("\n第%d个学生姓名: ", n+1);
       scanf ("%s", stu[n].name);
       printf ("高等数学,大学英语,大学物理成绩: ");
       scanf ("%f,%f,%f", &stu[n].math, &stu[n].eng, &stu[n].phy);
       stu[n].ave=(stu[n].math+stu[n].eng+stu[n].phy)/3;     /*计算平均分*/
       n++;
       printf("\n继续输入学生姓名和成绩请按 Y 或 y: ");
       scanf("%s",c);
    } while(!(strcmp(c,"Y"))||!(strcmp(c,"y")));
```

```
    printf("\n输出学生成绩: \n");
    printf("姓  名          高等数学  大学英语  大学物理  平均成绩\n");
    for(k=0; k<n; k++)        /*输出学生姓名和成绩*/
    {    printf ("%-16s%-10.2f%-10.2f%-10.2f%-8.2f\n", stu[k].name, stu[k].
math, stu[k].eng, stu[k].phy, stu[k].ave);
    }
}
```

程序运行结果为：

```
输入学生姓名和成绩:
第1个学生姓名: Liu
高等数学,大学英语,大学物理成绩: 78,97,69

继续输入学生姓名和成绩请按Y或y: y

第2个学生姓名: Wang
高等数学,大学英语,大学物理成绩: 78,85,73

继续输入学生姓名和成绩请按Y或y: y

第3个学生姓名: Huang
高等数学,大学英语,大学物理成绩: 82,90,92

继续输入学生姓名和成绩请按Y或y: n
输出学生成绩:
姓  名          高等数学  大学英语  大学物理  平均成绩
Liu              78.00     97.00     69.00     81.33
Wang             78.00     85.00     73.00     78.67
Huang            82.00     90.00     92.00     88.00
```

【例10.3】 对候选人得票的统计程序。设有4个候选人,10人参加投票,每次输入一个得票人的名字,要求最后输出每个候选人得票结果。

分析：构造一个表示候选人得票情况的结构体类型person,然后采用for循环语句连续输入10个投票人所投候选人的姓名,经过得票统计,最后输出候选人的得票数。

用N-S流程图表示该程序的算法如图10.1所示。程序如下：

```
/*c10_03.c*/
#include<stdio.h>
#include<string.h>
struct person
{    char name[20];
     int count;
}leader[4]={"Li",0,"Wang",0,"Ma",0,"Zhu",0};
main()
```

```
{    int i, j;
     char vote_name[20];
     printf("\n 输入所投候选人的姓名：\n");
     for(i=1; i<=10; i++)
     {    scanf ("%s", vote_name);
          for(j=0; j<4; j++)
          if(strcmp(vote_name, leader[j].name)==0)
              leader[j].count++;
  }
  printf("\n 投票结果如下：\n");
  for(i=0; i<4; i++)
    printf ("%5s: %d\n",leader[i].name, leader[i].count);
}
```

程序运行情况为：

```
输入所投候选人的姓名：
Li
Ma
Wang
Li
Ma
Wang
Zhu
Zhu
Ma
Li
投票结果如下：
Li: 3
Wang: 2
Ma: 3
Zhu: 2
```

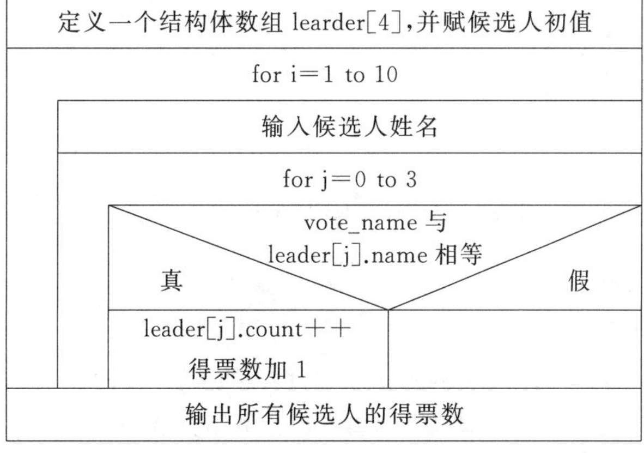

图 10.1 例 10.3 程序的 N-S 流程图

10.5 结构体指针

10.5.1 指向结构体变量的指针

结构体指针是指指向结构体类型数据的指针，这和整型指针、实型指针及字符型指针等的含义是一样的。当用一个结构体类型名定义一个指针变量时，就称该指针变量为一个指向该结构体类型数据的指针变量。

例如：

```
struct student * p;
```

指针是某变量在内存中的地址，一个结构体变量的指针就是该结构体变量在内存中的起始地址。当把一个结构体变量的起始地址赋值给一个指向该结构体类型的指针变量时，该指针变量就指向了该结构体变量。

例如：

```
struct test tester, * p;
p=&tester;
```

通过结构体变量的指针可以访问结构体的成员。

例如，下面定义一个结构体变量 tester 和一个指向该结构体类型的指针变量 p。

```
struct test
{  long int num;
   char name[10];
   float score;
}tester, * p;
```

然后将结构体指针变量 p 指向结构体变量 tester，并对结构体变量 tester 的成员赋值。

```
p=&tester;
tester.num=99101;
strcpy(tester.name,"Li Ning");
tester.score=89.5;
```

这样就可以用结构体变量或者结构体指针变量访问 tester 的成员了。

```
printf("No.%ld\nnum: %s\nname: %f\nscore: ",tester.num,tester.name,tester.score);
printf("No.%ld\nnum: %s\nname: %f\nscore: ",( * p).num,( * p).name,( * p).score);
```

在 C 语言中，引用结构体成员的形式有如下 3 种。

(1) 利用结构体变量和结构体成员运算符“.”引用其成员。

结构变量名.成员名

例如：

```
tester.name;
```

(2) 利用结构体指针变量和结构体成员运算符“.”引用其成员。

```
(*指针变量名).成员名
```

例如：

```
(*p).name;
```

(3) 利用结构体指针变量和指向结构体成员运算符－>引用其成员。

```
指针变量名->成员名
```

例如：

```
p->name;
```

其中，指向结构体成员运算符－>和结构体成员运算符“.”的优先级最高。

10.5.2 指向结构体数组的指针

结构体数组的指针就是该结构体数组所占据的内存空间的起始地址。当把一个结构体数组的起始地址赋值给一个该结构体类型的指针变量时，就称该指针变量为指向结构体数组的指针变量。

例如，下面程序中定义了一个结构体类型为 test 的结构体数组 tester[3]和一个指向该结构体类型的指针变量 p，然后将指针变量 p 指向结构体数组 tester[3]的起始地址(即指向结构体数组中第 0 个元素 tester[0] 的起始地址)，那么 p＋i(相当于 tester＋i)就是指向结构体数组中第 i 个元素 tester[i]的起始地址，如图 10.2 所示。通过指向结构体数组的指针变量可以引用结构体数组中各元素的成员的值。

【例 10.4】 用指向结构体数组的指针变量输出结构体数组中各元素的成员。

程序如下：

```
/*c10_04.c*/
#include<stdio.h>
struct test
{  long int num;
   char name[20];
   float score;
};
main()
{  struct test tester[3]={
   {99101,"Li Ning",88},
   {99102,"Zhang Li",92.5},
   {99103,"Wang Fang",90}
```

```
    };
    struct test *p;
    printf("No.        Name        Score\n");
    for (p=tester;p<tester+3;p++)
        printf ("%ld,%-20s,%f\n",p->num,p->name,p->score);
}
```

程序的运行结果为：

```
No.          Name          Score
99101        Li Ning        88.000000
99102        Zhang Li       92.500000
99103        Wang Fang      90.000000
```

注意：如果定义 p 为指向 struct test 结构体类型的指针变量，那么它只能指向一个该结构体类型的变量，或指向一个该结构体类型的数组 test 中的某个元素 tester[i](即指向 tester 数组中某个元素 tester[i]的起始地址)，而不能指向 tester 数组中某个元素 tester[i]的某一个成员。

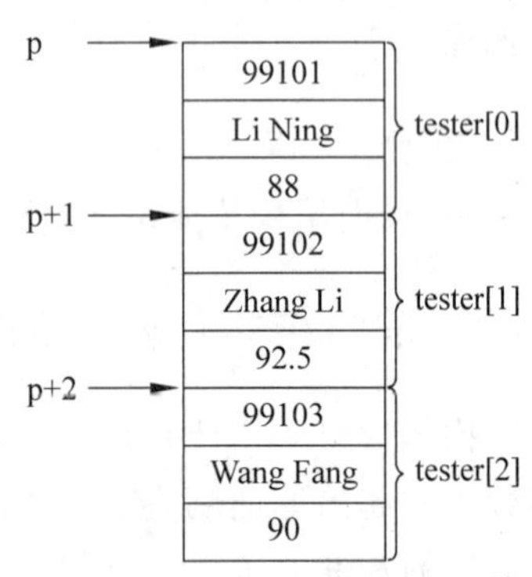

图 10.2　指向结构体数组的指针变量 p 指向数组 stu 各元素的位置

例如：

p=&tester[0]；是正确的。

p=&tester[0].name；是错误的。

【例 10.5】　分析以下程序的运行结果。

```
/*c10_05.c*/
#include<stdio.h>
main()
{   struct ss
        { int a;
          int b;
        }x[2]={{11,22},{33,44}};
    struct ss *p=x;
    printf ("%d,",++p->a);
    printf ("%d\n", (++p)->a);
    p=x;
    printf ("%d,", (++p)->a);
    printf ("%d\n",++p->a);
}
```

程序分析：该程序中由于 p 指向 x(即 p 为结构体数组的起始地址 &x[0])，在执行表达式++p->a时，先执行->运算，p->a 的值(即为 x[0].a 的值)是 11，再执行++运算，++p->a 的值(即为++x[0].a 的值)是 12，所以 printf("%d,",++p->a)；的输出值是 12，而 p 仍然指向 x。在执行 printf("%d\n",(++p)->a)；时，由于(++p)有括号，因此先执行++p 运算，结果 p 指向 x+1(p 为 x[1]的起始地址 &x[1])，再执行->运算，(++p)->a 的值(即为 x[1].a 的值)是 33，所以第二条输出语句输出 33。然后 p 又指向

x,执行第三条输出语句时,(++p)->a 的值(即为 x[1].a 的值)是 33,结果 p 指向 x+1,该语句输出 33。执行第四条输出语句时,++p->a 的值(即为++x[1].a 的值)是 34,结果 p 仍然指向 x+1,该语句输出 34。

整个程序的运行结果为:

```
12,33
33,34
```

【例 10.6】 分析以下程序的运行结果。

```
/* c10_06.c */
#include<stdio.h>
main()
{   struct st
        { int a;
         struct st * next;
        }x[3];
    struct st * p=x;
    x[0].a=11; x[0].next=&x[1];
    x[1].a=22; x[1].next=&x[2];
    x[2].a=33; x[2].next=NULL;
    printf ("%d,", p->a);
    printf ("%d,", p->a++);
    printf ("%d,", p->next->a);
    printf ("%d\n",++p->a);
}
```

程序分析:该程序中由于 p 指向 x(即 p 为结构体数组的起始地址 &x[0]),表达式 p->a的值(即为 x[0].a 的值)是 11,所以第一条输出语句输出值是 11。在执行第二条输出语句的表达式 p->a++时,由于->的优先级高,所以,先执行 p->a 运算,再执行++运算。由于 p->a++中的++是后增量运算,所以 p->a++(即为 x[0].a)的值是 11,而 x[0].a++的值增 1 为 12,第二条输出语句输出 11。在执行第三条输出语句的表达式 p->next->a 时,由于->的结合性为左结合性,所以,先执行 p->next 的结果为 &x[1](即为 p+1),再执行(p+1)->a(即为 x[1].a)的结果为 22,第三条输出语句输出 22。在执行第四条输出语句的表达式++p->a 时,先执行->(即为 x[0].a),后执行++(即为++x[0].a),结果是 12+1=13,该语句输出 13。

整个程序的运行结果为:

```
11,11,22,13
```

10.5.3 结构体变量和结构体指针作函数参数

用结构体变量或指向结构体变量的指针作函数参数,如同用一般变量或一般指针作函数参数一样,可以把一个结构体变量的值或一个结构体数组的值传递给另一个函数。

【例 10.7】 用结构体类型编写一个程序,输入 n 个学生的姓名和成绩,然后按姓名的字典顺序排列后顺序输出。

分析:构造一个表示学生信息的结构体类型 stu,并定义一个该类型的结构体数组 per[],用于存放若干个学生的姓名和成绩;设计一个函数 sort()用于对学生的姓名按字典顺序排列,这里采用指向结构体变量的指针 p 作函数参数,将结构体数组 per[]的值传递给另一个函数 sort();主函数中连续输入学生姓名和成绩,然后通过调用函数 sort()将姓名按字典顺序排列,最后输出排列后的结果。

程序如下:

```
/*c10_07.c*/
#include<stdio.h>
#include<string.h>
struct stu
{  char name[16];
   float score;
};
void sort(struct stu*p, int n)          /*按姓名的字典顺序排列函数*/
{  int i,j,k;
   struct stu temp;
   for(i=0; i<n; i++)
   {     k=i;
         for(j=i+1; j<n; j++)
                if(strcmp(p[k].name,p[j].name)>0)
                    k=j;
         temp=p[k];
         p[k]=p[i];
         p[i]=temp;
   }
}
main()
{   struct stu per[50];
    int m, i;
    char c[2]="y";
    printf("请输入: \n");
    for(m=0; strcmp(c,"y")==0; m++)
    {    printf ("第%d个姓名和成绩: ", m+1);
         scanf ("%s%f", per[m].name, &per[m].score);
         printf("\n继续输入请按 y: ");
         scanf("%s",c);
    }
    sort(per, m);
    printf("\n输出学生姓名 成绩: \n");
    for(i=0; i<m; i++)
      {    printf ("%-16s%-12.2f\n", per[i].name, per[i].score);
```

```
        }
}
```

程序运行结果为：

```
请输入：
第 1 个姓名和成绩：Wang 85.5
继续输入请按 y：y
第 2 个姓名和成绩：Liu 78
继续输入请按 y：y
第 3 个姓名和成绩：Jiang 89
继续输入请按 y：n

输出学生姓名 成绩：
Jiang      89.00
Liu        78.00
Wang       85.50
```

10.6 链 表

10.6.1 链表概述

先介绍引用自身结构体的定义：在一个结构体类型定义中可以用指向本结构体类型的指针变量作为成员，这种结构体类型就称为引用自身的结构体。例如：

```
struct student
{  int num;
   float score;
   struct student * next;          /* 指向本结构体类型的指针变量 */
};
```

链表是一种常见的重要的数据结构。它由若干相同类型的结构体(引用自身的结构体)变量组成，并用指针把一个个的结构体变量链接起来。利用它可以动态地进行存储空间分配。

例如，用下面一个结构体变量构成一种简单链表的结构如图 10.3 所示。

```
struct child
{  char name[20];          /* 姓名 */
   struct child * next;    /* 指向下一个结点的指针 */
};
```

链表看上去就像一个链条，可以通过增加或减少一个环节，来加长或缩短链条的长度。链表有单向链表、双向链表和循环链表等形式。这里只向大家介绍单向链表，简称

图 10.3 简单链表的结构

为链表。

链表有一个“头指针”变量,用 head 表示,它存放链表的第一个元素的地址,即指向第一个元素。链表中的每一个元素称为“结点”,每个结点中包含两部分内容:第一部分是结点数据本身,第二部分是指向下一个结点的指针。链表中最后一个结点称为链尾,链尾结点中指针的值是空(NULL),表示该链表到此结束。

链表与结构体数组有相似之处:都由若干相同类型的结构体变量组成,结构体变量之间都有一定的顺序关系。但二者存在如下差别。

(1) 结构体数组中的各元素在内存中是连续存放的,而链表中的各结点可以不是连续存放的。

(2) 结构体数组中的元素可通过下标运算或相应指针变量的“移动”进行顺序或随机访问;而链表中的结点不便于随机访问,只能从头指针开始一个结点一个结点地顺序访问。如果不提供“头指针”,则整个链表都无法访问。

(3) 结构体数组在定义时就为其分配了内存空间,并确定了其长度(即元素个数),不能动态增长;而链表并不是一开始就有的,需要编写程序动态地创建,并为其分配存储空间。

对链表的操作包括建立链表、输出链表、将结点数据插入链表和删除链表中某结点的操作。

10.6.2 链表操作所需要的函数

链表结构是动态地分配存储的,构成链表结构的某一个结点可以动态建立,即在需要时才开辟一个结点的存储单元。也可以在不需要时,即删除链表结构中的某一个结点时,释放一个结点的存储单元。动态地开辟和释放存储单元的办法如何? C 语言编译系统的库函数中提供了有关函数,常用的链表操作时需要动态地开辟和释放存储单元的函数有 malloc()、calloc()和 free()。

1. malloc()函数

malloc()函数的原型是:

```
void * malloc(unsigned int size);
```

函数功能:在内存的动态存储区中分配一个大小为 size 的连续空间,并且返回一个指向这块空间起始地址的指针。如果函数调用失败,则返回空指针。

编程时如果使用这 3 个函数,在文件开头要有文件包含语句:

```
#include <stdlib.h>
```

2. calloc()函数

calloc()函数的原型是:

```
void * calloc(unsigned n,unsigned size);
```

函数功能:在内存的动态存储区中分配 n 个大小为 size 的连续空间,并且返回一个指向这块空间起始地址的指针。如果函数调用失败,则返回空指针。

注意:其中的 n 表示所要分配的对象的个数,而 size 是每个对象占用内存单元的字节数。

3. free()函数

free()函数的原型是:

```
void free(void *p);
```

函数功能:释放由 p 指向的内存区,使这部分内存区可以被其他变量使用。其中,p 是调用 malloc()或 calloc()函数时的返回值。

有了上面 3 个函数,就可以用来动态建立链表或删除链表中某个结点的操作了。

10.6.3 链表的操作

1. 建立链表

所谓建立链表是指在程序执行过程中从无到有地建立起一个链表,即一个一个地新建结点和输入各结点数据,并建立起前后链接的关系。

下面介绍如何建立一个链表。

(1) 建立一个链表结点的结构体类型。设链表的结点数为 n。

```
struct student
{  long int num;                /*学号*/
   char name[20];               /*姓名*/
   struct student *next;        /*指向下一个结点的指针*/
};
int n;
```

(2) 定义一个建立链表的函数 creat(),返回值为链表的头指针。在函数中设置 3 个指针变量 head、p 和 tail。其中 head 为头指针,指向链表的头结点;p 指向新建结点;tail 指向当前链表的最后一个结点。

```
struct student *head, *p, *tail;
```

(3) 按如下步骤建立链表。

① 置链表为空。即将 head 的初值置为 NULL。

② 添加第一个新结点。给 p 分配空间,并给 p 各成员赋值。然后让头指针 head、尾指针 tail 都指向第一个结点,如图 10.4(a)所示。

③ 添加中间结点。给 p 分配空间,并赋值。然后用 tail－＞next＝p 将新结点与前一个结点相连。再让 tail 指向新添加的结点,直到 n 个结点建好为止,如图 10.4(b)和图 10.4(c)所示。

④ 添加尾结点。当添加的新结点为尾结点时,表示链表结束,这时使 tail－＞next＝NULL,一个完整的链表就建好了,如图 10.4(d)所示。

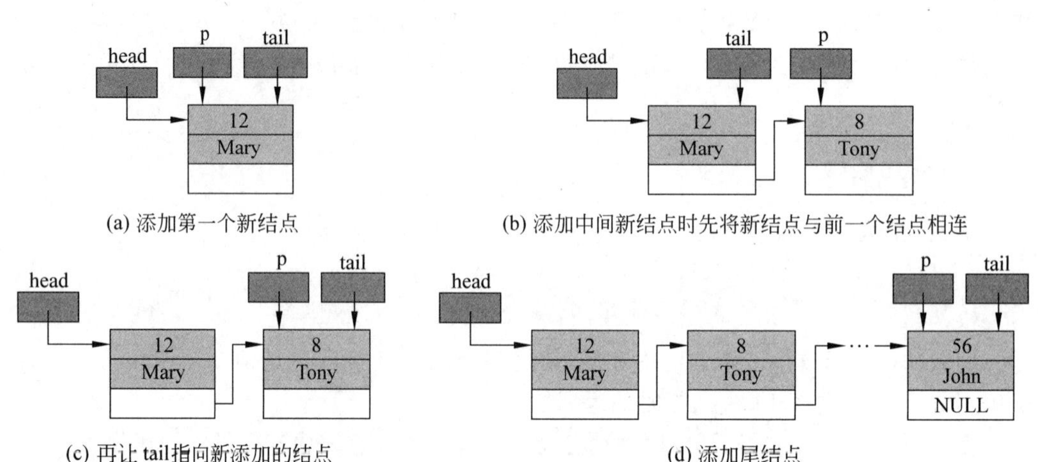

图 10.4　建立链表的过程

建立链表的函数程序如下:

```
#define NULL 0
struct student
{long int num;              /*学号*/
 char name[20];             /*姓名*/
 struct student *next;      /*指向下一个结点的指针*/
};
int n;
struct student *creat (void)
{  struct student *head, *p, *tail;
   head=NULL;n=0;
   p=tail=(struct student *)malloc(sizeof (struct student));
   scanf ("%ld,%s",&p->num,p->name);
   while (p->num!=0)
   {  n=n+1;
      if (n==1) head=p;
      else tail->next=p;
      tail=p;
      p=(struct student *)malloc(sizeof (struct student));
      scanf ("%ld,%s",&p->num,p->name);
```

```
}
    tail->next=NULL;
    return (head);
}
```

2. 输出链表

输出链表就是将链表中各结点的数据依此输出。输出一个链表的过程如下。

(1) 首先已知一个链表的头指针 head 和结点个数 n。

(2) 定义一个输出链表的函数 print (),参数为链表的头指针,返回值为空。在函数中定义一个指向链表的指针变量 p,使 p 先指向第一个结点(即 p=head),并输出链表中第一个结点的数据(如果 head=NULL,则链表为空,输出结束);其次通过 p=p->next,使 p 指向下一个结点,并输出该结点的数据,从而就可以顺藤摸瓜地找出链表中的所有结点。直到当 p==NULL 时,所有结点就输出完毕了。这一过程又叫链表的遍历。

输出链表中各结点数据的函数程序如下:

```
void print (struct student * head)
{   struct student *p;
    printf("现有%d条学生记录如下: \n",n);
    p=head;
    if (head! =NULL)
        do
        {    printf("学号: %ld, 姓名: %-20s\n", p->num, p->name);
             p=p->next;
        } while (p! =NULL);
}
```

3. 删除链表中某结点

从一个链表中删除某个结点的操作,并不是从内存中将此结点删掉,而是将它从链表中分离,撤销它与原来链表的链接关系,并且不破坏链表的链接顺序,如图 10.5 所示。在编写程序时,如果被删除的结点不再使用,一定要用 free 函数将其释放。

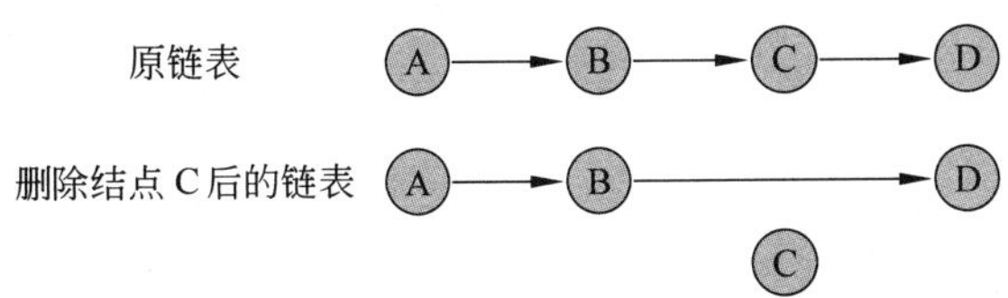

图 10.5 删除链表中某个结点的示意图

删除一个链表中指定的结点过程如下。

(1) 首先已知一个链表的头指针 head 和结点个数 n。

(2) 定义一个删除链表的函数 del (),参数为链表的头指针和待删除结点,返回值为删除后的链表的头指针。在函数中定义两个指向链表的指针变量 p 和 pGuard,一个先指向链表的头结点,即 p=head,另一个待用。

```
struct student *p, *pGuard;
```

(3) 从头指针开始寻找待删除结点,并将其从链表中删除,然后释放待删除结点。这里用 p 指向待删除的结点,用 pGuard 指向待删除结点的上一个结点,分如下 3 种情况进行处理。

① 如果待删除结点为头结点,只需令 head=p->next 即可,然后释放 p 所指向的头结点。删除过程如图 10.6 所示。

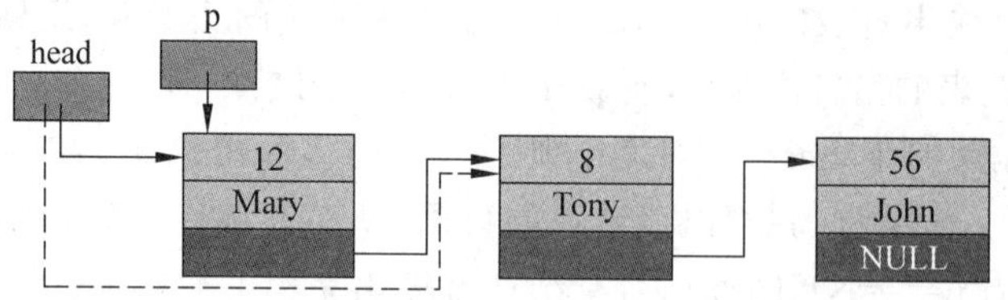

图 10.6 待删除结点为头结点时的示意图

② 如果待删除结点既不为头结点,也不为链尾结点,则用 pGuard->next=p->next,将待删除结点的上一个和下一个结点链接起来,最后释放 p 指向的待删除结点。删除过程如图 10.7 所示。

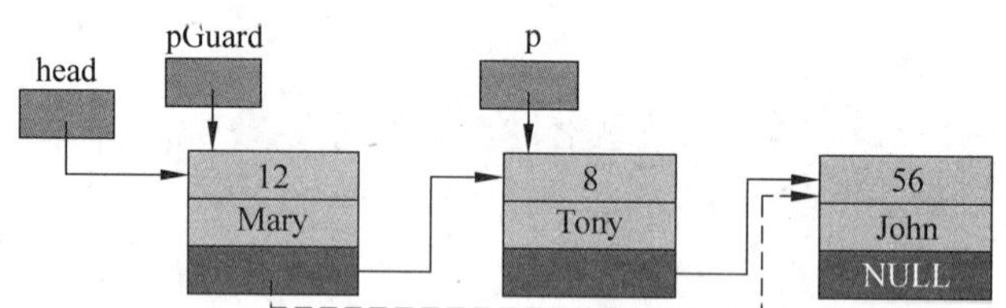

图 10.7 待删除结点不为头结点、尾结点时的示意图

③ 如果待删除结点为链尾结点,则用 pGuard->next=NULL,将待删除结点的上一个结点设置成链尾结点,然后释放 p 所指向的头结点。由于这种情况下的 p->next=NULL,所以③可以与②一样处理,即用 pGuard->next=p->next,删除链尾结点。

删除链表中的一个结点的函数程序如下:

```
struct student *del(struct student *head, long num)
{   struct student *p, *pGuard;
    if (head==NULL)                                /*链表为空*/
    {  printf ("链表为空!\n");
       return(head);
    }
    p=head;
    while ((num!=p->num)&&(p->next!=NULL))     /*寻找待删除结点至链尾*/
    {  pGuard=p;
       p=p->next;
    }
```

```
    if (num==p->num)                                  /* 找到待删结点 */
    {  if (p==head) head=p->next;                     /* 待删除结点为头结点 */
       else pGuard->next=p->next;                     /* 待删除结点为中间结点或尾结点 */
       printf ("删除学号为 %ld 的学生. \n", num);
       n=n-1;
    }
    else printf ("链表中不存在学号为 %ld 的学生\n", num);     /* 没找到待删结点 */
    return (head);
}
```

4. 链表的插入

链表的插入操作就是指将一个结点插入到一个已有的链表中。

例如，定义了一个简单的结构体类型 student，以这个结构体作为结点类型创建一个保存学号的链表，并且这个链表结点要按照学号值从小到大的顺序排列。那么创建这样的链表就要用到插入的操作。

```
struct student
{  long int num;                /* 学号 */
   char name[20];               /* 姓名 */
   struct student * next;       /* 指向下一个结点的指针 */
};
```

链表的插入操作方法如下：

(1) 首先已知一个链表的头指针 head、结点个数 n 和一个待插入的结点 stud。

(2) 定义一个插入链表的函数 insert ()，参数为链表的头指针和指向待插入结点的指针，返回值为插入后的链表的头指针。在函数中定义一个指针变量 pGuard，用于指向待插入位置的上一个结点。

```
struct student * pGuard;
```

(3) 从头指针开始寻找待插入结点的位置。这里分为以下几种情况。

① 链表为空表(即 head＝NULL)，待插入的结点是第一个结点。此时将 stud 插入到 head 之后，作为第一个结点，并使 head＝stud；stud－＞next＝NULL 即可，如图 10.8 所示。

② 链表不空(即 head≠NULL)，待插入结点的 num 值最小，插入位置为链表的开头。此时将 stud 插入到 head 之后，作为第一个结点，并先使 stud－＞next＝head；，后使 head＝stud 即可。如图 10.9 所示。

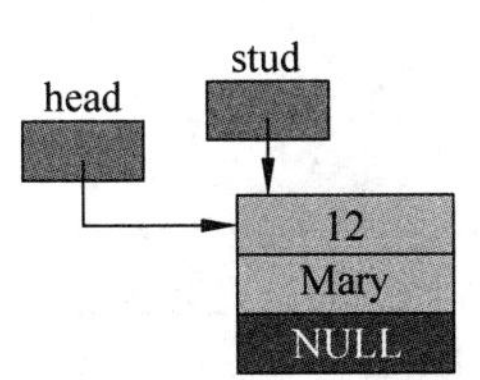

图 10.8　链表为空表时的插入状态

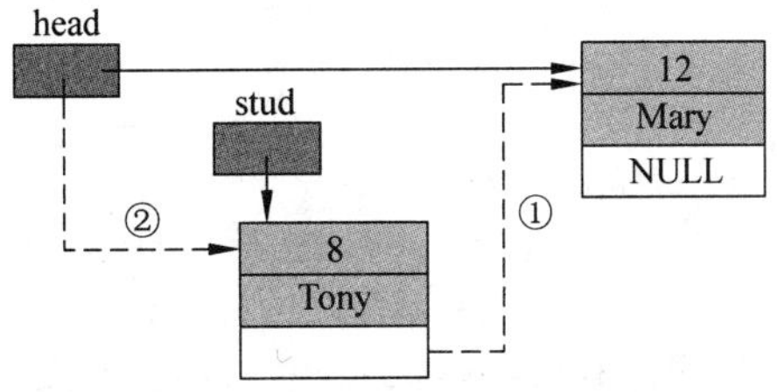

图 10.9　链表不为空表时插入结点值最小的插入状态

③ 链表不空(即 head≠NULL),待插入结点的 num 值介于两个结点之间,插入位置为链表的中间。此时 pGuard 指向待插入位置的上一个结点,先将 stud－＞next＝pGuard－＞next,使待插入结点与下一个结点相连,然后将 pGuard－＞next＝stud,使上一结点与待插入结点相连。这两步顺序一定不要颠倒,如图 10.10 所示。

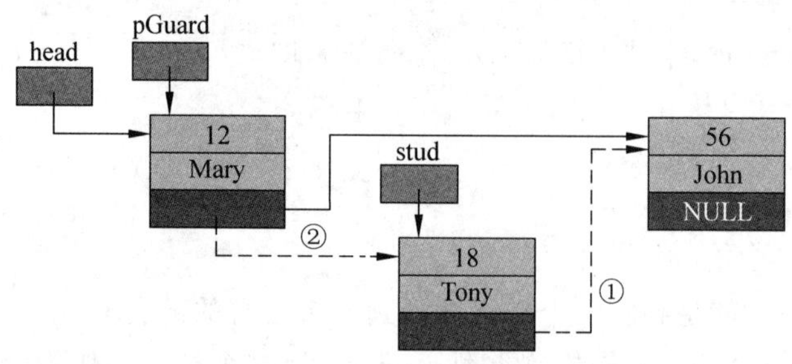

图 10.10　链表不为空表时插入位置在中间的插入状态

④ 链表不空(即 head≠NULL),待插入结点的 num 值最大,插入位置为链尾。此时 pGuard 指向待插入位置的上一个结点(即链尾结点),先将 stud－＞next＝pGuard－＞next(其值为 NULL),使待插入结点为链尾,然后将 pGuard－＞next＝stud,使原来的链尾结点与待插入结点相连,如图 10.11 所示。

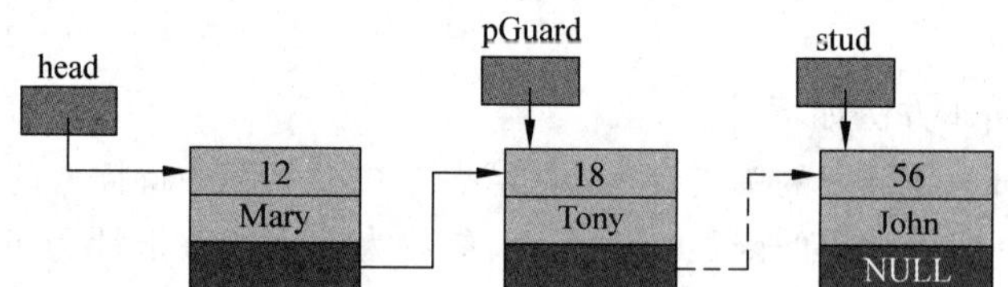

图 10.11　链表不为空表时插入结点值最大的插入状态

链表中插入一个结点的函数程序如下:

```
struct student * insert (struct student * head, struct student * stud)
{    struct student * pGuard;
     if (head==NULL)                        /* 链表为空 */
     {    head =stud;stud->next =NULL;
          return(head);
     }
     if (head->num>stud->num)               /* 插入位置在链首 */
     {  stud->next =head;head=stud;
        return(head);
     }
     pGuard=head;
     while ((pGuard->next! =NULL)&&(pGuard->next->num<stud->num))
         pGuard=pGuard->next;               /* 寻找待插入结点的位置至链尾 */
     stud->next=pGuard->next;               /* 待插入结点位置在中间或链尾 */
     pGuard->next =stud;
```

```
    return(head);
}
```

5. 链表的综合操作

【例 10.8】 按照上述链表建立、输出、删除和插入操作的方法，编写一个完整的实现链表综合操作的程序。

分析：本程序从无到有地建立一个表示学生学号和姓名的有序的链表，然后执行删除操作。输入某一学生学号，并将该学号的学生从链表中删除，直到输入学号为 0 时删除结束；再执行插入操作，输入某一学生学号，并将该学号的学生按顺序插入到链表中，直到输入学号为 0 时插入结束。

程序如下：

```
/*c10_08.c*/
#include<stdio.h>
#include<stdlib.h>
//#define NULL 0
struct student
{       long  num;
         char  name[20];
         struct  student  *next;
};
int n;                                    /*定义全局变量，存放链表的长度*/
struct student  *creat (void);
void print (struct student*head);
struct student  *insert (struct student*head, struct student*stud);
struct student  *del (struct student  *head, long num);
main()
{    struct student*head, *stu;
     long  del_num;
     printf("建立链表，输入学生学号和姓名: \n");
     head=creat();                        /*建立*/
     print(head);
     printf("删除链表，输入待删除的学生学号: ");
     scanf("%ld",&del_num);
     while(del_num!=0)
     {   head=del(head,del_num);          /*删除*/
          printf("删除链表，输入待删除的学生学号: ");
            scanf("%ld",&del_num);
     }
     print(head);
     printf ("插入链表，输入待插入的学生学号和姓名: ");
     stu=(struct student*)malloc(sizeof(struct student));
     scanf("%ld,%s",&stu->num,stu->name);
     while(stu->num!=0)
     {     head=insert(head,stu);         /*插入*/
```

```
        printf ("插入链表,输入待插入学生的学号和姓名: ");
        stu=(struct student * )malloc(sizeof(struct student));
        scanf("%ld,%s",&stu->num,stu->name);
        n++;
    }
    print(head);
}
struct student  * creat (void)
{   struct student * head, * p, * tail;
    head=NULL;
    n=0;
    tail=(struct student * )malloc(sizeof(struct student));
    p=tail;
    scanf ("%ld,%s",&p->num,p->name);
    while (p->num!=0)                /* 输入数据为 0 时结束 */
    {   n=n+1;
        if (n==1) head=p;
        else  tail->next=p;
        tail=p;
        p=(struct student * )malloc(sizeof(struct student));
        scanf("%ld,%s ",&p->num,p->name);
    }
    tail->next=NULL;
    return (head);
}
struct student  * insert (struct student * head, struct student * stud)
{   struct student  * pGuard;
    if (head==NULL)                  /* 链表为空 */
    {    head =stud;
         stud->next=NULL;
         return(head);
    }
    if (head->num>stud->num)         /* 插入位置在链首 */
    {   stud->next=head;
            head=stud;
            return(head);
    }
    pGuard=head;
    while ((pGuard->next!=NULL)&&(pGuard->next->num<stud->num))
            pGuard=pGuard->next; /* 寻找待插入结点的位置至链尾 */
    stud->next=pGuard->next;         /* 待插入结点位置在中间或链尾 */
    pGuard->next=stud;
    return(head);
}
struct student  * del(struct student * head,long num)
{   struct student  * p, * pGuard;
   if (head==NULL)
```

```
    {   printf ("链表为空!\n");
        return(head);
    }
    p=head;
    while ((num!=p->num)&&(p->next!=NULL))    /*寻找待删除结点至链尾*/
    {    pGuard=p;
         p=p->next;
    }
    if (num==p->num)                           /*找到待删除结点*/
    {   if (p==head) head=p->next;             /*待删除结点为头结点*/
        else  pGuard->next=p->next;            /*待删除结点为中间结点或尾结点*/
        printf ("删除学号为 %ld 的学生. \n", num);
        n=n-1;
    }
    else printf ("链表中不存在学号为 %ld 的学生\n", num);    /*没找到待删除结点*/
    return (head);
}
void print (struct student * head)
{   struct student   * p;
    printf("现有%d 条学生记录如下: \n",n);
    p=head;
    if (head!=NULL)
    do
    {   printf("学号: %ld, 姓名: %-20s\n", p->num, p->name);
        p=p->next;
    } while (p!=NULL);
}
```

程序的运行结果如图 10.12 所示。

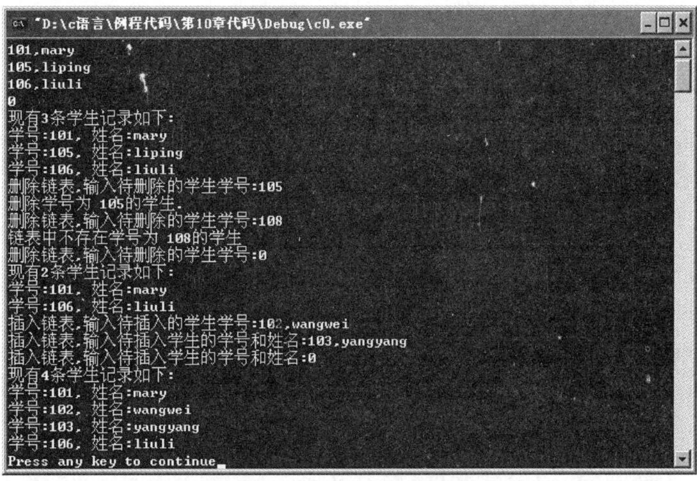

图 10.12　例 10.8 程序运行结果

在实际编写程序时,通常涉及链表的各种操作,其编程方法同本例题类似。读者可以模仿此例程并稍加修改,编写一个用菜单方式选择各种操作功能的链表综合操作程序。

习　题　10

10.1　选择题

① 若有以下语句

```
struct{  int a;
         int b; }st, * p;
p=&st;
```

则对成员 a 错误引用的是(　　)。

A. st.a　　　　B. p->a　　　　C. (* p).a　　　　D. * p.a

② 若有以下语句

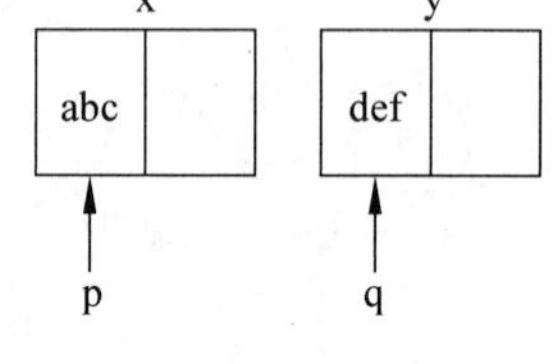


```
struct node
{  char data;
   struct node * next;
}x, y, * p, * q;
p=&x; q=&y;
```

则把结点 y 连接到结点 x 之后的错误语句是(　　)。

A. x.next=q;　　　　B. p.next=&y;

C. p->next=&y;　　　　D. (* p).next=q;

③ 若有以下语句

```
struct Person
{  char name[10];
   int age;
} class[4]={"John",17,"Paul", 19,"Mary",18,"Adam",16 };
```

则能输出字符串 Paul 的语句是(　　)。

A. printf ("%s", class[2].name);

B. printf ("%c", class[1]);

C. printf ("%s", class[1].name);

D. printf ("%c", class[1].name[0]);

④ 下边程序的输出结果是(　　)。

```
#include<stdio.h>
struct data
{  int a, b, c; };
main()
{  struct data s[2]={ {1,2,3},{4,5,6} };
```

```
    int t;
    t=s[0].a+s[1].b;
    printf ("%d\n", t);
}
```

A. 5　　B. 6　　C. 7　　D. 8

⑤ 以下程序的运行结果是(　　)。

```
#include <stdio.h>
struct ord{int x;
    int y;
}dt[2]={{1,2},{3,4}};
main()
{   struct ord *p=dt;
    printf("%d,",++p-> x);
    printf("%d\n",++p-> y);
}
```

A. 1,2　　B. 2,3　　C. 3,4　　D. 4,1

⑥ 若有以下语句,则不能求出 num 值较大的结点指针的语句是(　　)。

```
struct stu{ int num;
    struct stu* next;
}s1,s2, * p=&s1, * q=&s2;;
```

A. (s1.num>s2.num)?&s1:&s2;

B. (p1->num>p2->num)?s1:s2;

C. (s1.num>s2.num)?p:q;

D. (p1->num>p2->num)?p:q

⑦ 已知学生记录描述如下:

```
struct student{  char name[20];
struct {  int year;
          int month;
          int day;
    }birth;
};
struct student s;
```

若对变量 s 中的 birth 赋值“1984 年 11 月 11 日”,则下列赋值方式中正确的是(　　)。

A. year=1984; month=11; day=11;

B. birth.year=1984; birth.month=11; birth.day=11;

C. s.year=1984; s.month=11; s.day=11;

D. s.birth.year=1984; s.birth.month=11; s.birth.day=11;

⑧ 设有如下声明语句：

```
struct stu{ int a;
    float b;
}stutype;
```

则下列叙述不正确的是(　　)。

A. struct 是结构体类型的关键字

B. struct stu 是用户定义的结构体类型

C. stutype 是用户定义的结构体类型名

D. a 和 b 都是结构体成员名

⑨ 若有如下定义：

```
struct person{ int age;
    char name[20];
};
struct person class[10]={ 19,"John",21, "Bob",18, "Mary",22,"Ada"};
```

根据上述定义，下列能输出字母 M 的语句是(　　)。

A. printf("%c\n",class[3].name);

B. printf("%c\n",class[3].name);

C. printf("%c\n",class[2].name[0]);

D. printf("%c\n",class[2].name[1]);

⑩ 设有如下定义：

```
struct sk{int a;
    float b;
}data;
int *p;
```

若要使 p 指向 data 中的 a 域，正确的赋值语句是(　　)。

A. p=&a;　　　　B. p=data.a;

C. p=&data.a;　　　　D. *p=data.a;

⑪ 若已建立下列的链表结构，指针 p、s 分别指向图中所示结点，则不能将 s 所指结点插入到链表结尾的语句组是(　　)。

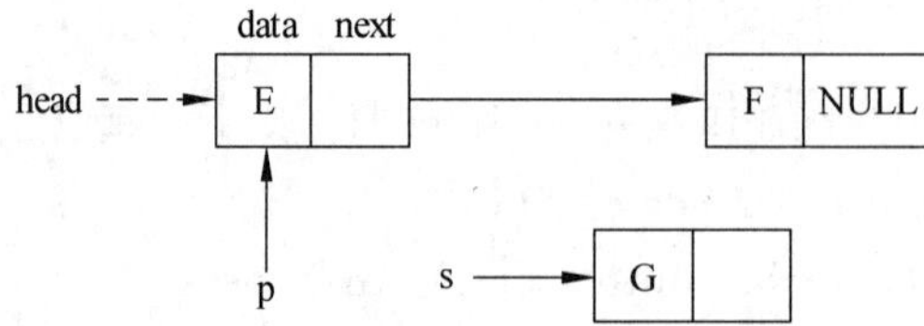

A. s->next=NULL; p=p->next; p->next=s;

B. p=p->next; s->next=p->next; p->next=s;

C. p=p->next; s->next=p; p->next=s;

D. p=(* p).next; (* s).next=(* p).next; (* p).next=s;

⑫ 在一个单链表中，若在P所指结点之后插入S所指结点，则执行(　　)。

A. s->next=p;p->next=s;　　B. s->next=p->next;p->next=s;

C. s->next=p->next;p=s;　　D. p->next=s;s->next=p;

10.2　填空题

① 若有以下定义，则要使p指向data中的a域，正确的赋值语句是________。

```
struct sk{  int a; float b;}data;
int *p;
```

② 若有以下语句，则下面表达式的值为________。

```
struct cmplx{int x; int y;} cnumn[2]={1,3,2,7};
cnum[0].y/cnum[0].x*cnum[1].x;
```

③ 若有以下定义：

```
structm{ int a;
    int b;
    float f;
}n={1,3,5.0};
struct m*pn=&n;
```

则表达式pn->b/n.a * ++pn->b的值是________，表达式(* pn).a+pn->f的值是________。

④ 定义一个struct employee的结构体类型，成员包括员工编号(long型)、姓名(最多20个字符的字符数组)、性别(char型)、所在部门(最多30个字符的字符数组)，然后定义一个该类型的结构体数组(元素个数50)，并为第一个员工赋值为员工编号是1002，性别是男，部门是开发部。请在如下员工结构体类型定义中填空：

```
______________________
{   ___________________        //员工编号
    ___________________        //员工姓名
    ___________________        //员工性别
    ___________________        //员工所在部门
};
______________________
________________________
```

⑤ 无名结构体的缺点是________。

⑥ 已知有下列程序段：

```
struct ST{ int a;
    int b;
}m, * mp= &m;
m.a= 3;
```

则语句 m.a=3;可以替换成________或者________。

⑦ 如下图所示的链表中,每个结点包含两个成员:一个整型数据 data,一个指向该结点的指针 next,请填空。

a. 完成该结点类型声明和变量定义

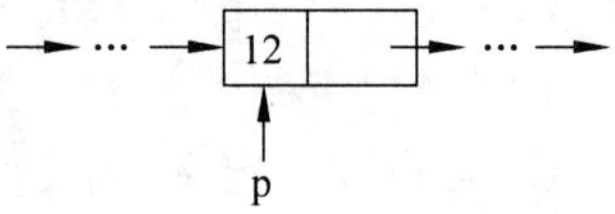

```
struct node
{ ____________
  ____________
} * p, * q, * w;
```

b. 写出给指针 w 开辟存储单元的语句

w= ____________________

c. 将 w 指向的新结点插入到 p 和 q 指向结点的中间的语句为

____

____

10.3 阅读程序题,分析以下程序的运行结果。

①
```
#include<stdio.h>
main()
{  struct st
   {  int x;
      int y;
   }snum[2]={1,2,3,4};
   printf ("%d\n",snum[0].y/snum[0].x * snum[1].x-snum[1].y);
}
```

②
```
#include <string.h>
typedef struct student{
    char name[10];
    long sno;
    float score;
}STU;
main()
{  STU a={"zhangsan",2001,95},b={"Shangxian",2002,90},
          c={"Anhua",2003,95},d, * p=&d;
   d=a;
   if(strcmp(a.name,b.name)>0) d=b;
   if(strcmp(c.name,d.name)>0) d=c;
   printf("%ld %s\n",d.sno,p->name);
}
```

③
```
main()
{  int s[4]={1,2,3,4};
   struct { int x;
```

```
        int * y;
    }t={100,s}, * k=&t;
    printf("%d,%d,%d",t.y[3],k->x,k->y[2]);
}
```

④
```
struct contry
{   int num;
    char name[20];
}x[5]={1,"China",2,"USA",3,"France",4,"England",5,"Spanish"};
main()
{   int i;
    for(i=3;i<5;i++)
        printf("%d%c",x[i].num,x[i].name[0]);
}
```

⑤
```
struct sp
{   int a;
    int * b;
} * p;
int d[3]={10,20,30};
struct spt[3]={70,&d[0],80,&d[1],90,&d[2]};
main()
{   p=t;
    printf("%d,%d\n",++(p->a), * ++p->b);
}
```

⑥
```
struct n{   int x;
        char c;
};
func(struct n b)
{   b.x=20;
    b.c='y';
}
main()
{   struct n a={10,'x'};
    func(a);
    printf("%d,%c",a.x,a.c);
}
```

⑦
```
struct st{   int a;
        struct st * next;
}s[5];
int data[5]={1,2,3,4,5};
main()
{   int i;
    struct st * p;
    for(i=0;i<5;i++)
    {     s[i].a=data[i];
```

```
            s[i].next=&s[i+1];
        }
        p=s+2;
        printf("%d %d",++p->a,(++p)->next->a*3);
    }
```

10.4 编程题

① 编写一个程序,定义一个结构体变量存放日期,输入今天的日期,输出明天的日期。

② 用结构体类型编写一个程序,输入 n 个学生的高等数学、英语和 C 语言 3 门课程的成绩,然后计算平均分数并输出。

③ 用结构体类型编写一个程序,输入 n 个客户的姓名和电话号码,然后按姓名的字典顺序排列后顺序输出。

④ 编写一个程序,建立如下图所示的单链表,然后再将该链表逆序排列并输出。

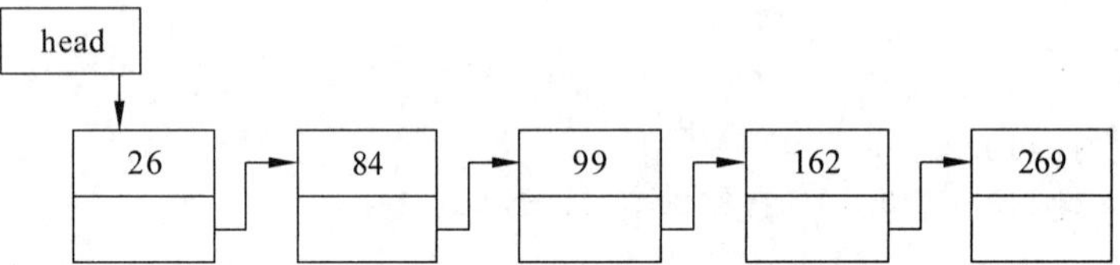

逆序排列后的链表应为:

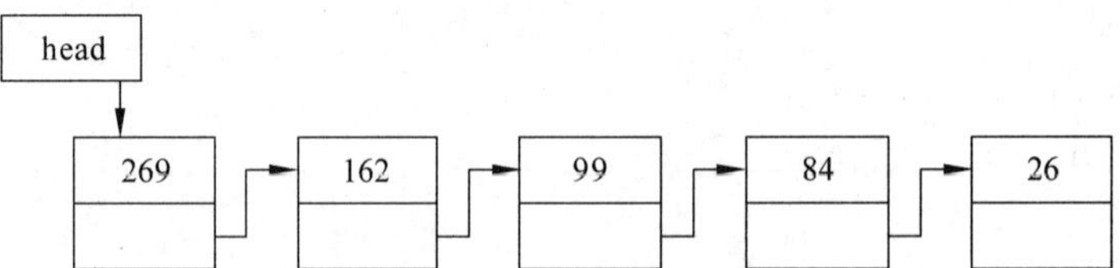

⑤ 已知学生结构体包含学号和成绩两个成员,其类型定义如下:

```
struct student{ int num;
    float score;
    struct student *next;
};
```

请编写两个函数,分别实现创建链表和输出链表。创建链表时,数据从键盘输入,当输入学号为-1时结束输入。

⑥ 在上题基础上,实现下列功能:从 a 链表中删去与 b 链表中有相同学号的那些结点。a、b 链表的数据均从键盘输入。

⑦ 在上题的基础上,实现下列功能:合并两个有序链表 a、b。链表要求按学号升序排列。

合并函数的原型为:

```
struct student *combine(struct student *p1,struct student *p2);
```

⑧ 时间换算问题。利用结构体实现以下功能：以 hh：mm：ss 的格式输出某给定时间再过 n 秒后的时间值(超过 23:59:59 就从 0 点开始计时)。

⑨ 定义矩形结构体类型，成员包含长和宽，均为整型，编程实现矩形边长的输入、输出及矩形面积的计算与输出。

⑩ 利用结构体数组实现简单的通讯录，要求实现的功能有人员信息的录入、输出所有联系人信息、依据性别统计人数、根据姓名查找联系人等。各项功能通过函数实现。联系人信息包括姓名、性别、年龄、电话号码。

第 11 章 chapter 11

共用体与枚举类型

本章要点：

- 共用体的概念和定义，共用体变量的引用。
- 枚举类型的概念和定义，枚举类型变量的引用。
- typedef 自定义类型的使用。
- 有关共用体和枚举类型的编程方法。

11.1 共　用　体

11.1.1 共用体的概念及定义

在实际编程中，有时需要这样一种数据类型，即让几种不同类型的变量存放到同一段内存单元中，C 语言中称这种几种不同类型的变量共占同一段内存空间的数据类型为共用体类型的数据结构。

定义共用体类型的一般形式为：

```
union 共用体名
{
    成员列表;
};
```

其中，union 是关键字；共用体名是共用体的标识，是由用户自己指定的，它的命名遵循标识符的命名规则。

例如：

```
union data
{    int a;
     float b;
     char c;
};
```

表明共用体类型 data 包含有 3 个数据成员，分别是整型变量 a、实型变量 b 和字符型变量 c。共用体类型 data 可以把一个整型变量、一个实型变量和一个字符型变量放在同一个地址开始的内存单元中。这3个变量在内存中所占的字节数不同，但是，它们都从同一地址开始存放，在引用时使用覆盖技术，几个变量的值可以相互覆盖，在某一个时刻只有最后一次赋值的那个成员变量的值起作用。

定义了共用体类型的结构之后，若要在程序中使用这种共用体类型的数据，需要定义共用体类型的变量。

定义共用体类型变量的一般形式为：

```
union  共用体名  变量列表;
```

也可以在定义共用体类型的同时定义共用体类型的变量，形式为：

```
union  共用体名
{    成员列表;
}变量列表;
```

例如：

```
union data
{  int a;
   float b;
   char c;
}b1,b2;
```

表明定义了两个类型为 union data 的共用体变量 b1 和 b2。

共用体变量的定义与结构体变量的定义形式很相似，但它们有不同的含义：结构体变量的每个成员分别占有自己的内存单元，结构体变量所占内存空间的长度是各成员所占内存长度之和。而共用体变量的各个成员共占用同一段内存空间，因此共用体变量所占内存空间的长度是其成员中所占内存长度最长的那个成员的长度。

例如，上面定义的共用体变量 b1 和 b2 所占内存空间的长度都是4字节(因为其成员中，所占内存长度最长的那个成员实型变量占4字节长度)，成员变量 a、b、c 在内存中所占字节数不同，但都从同一个内存地址(假设地址为2005)开始存放，在使用时，几个变量的值可以相互覆盖，内存中所存放的是最后一次赋值的那个成员变量的值，如图11.1所示。

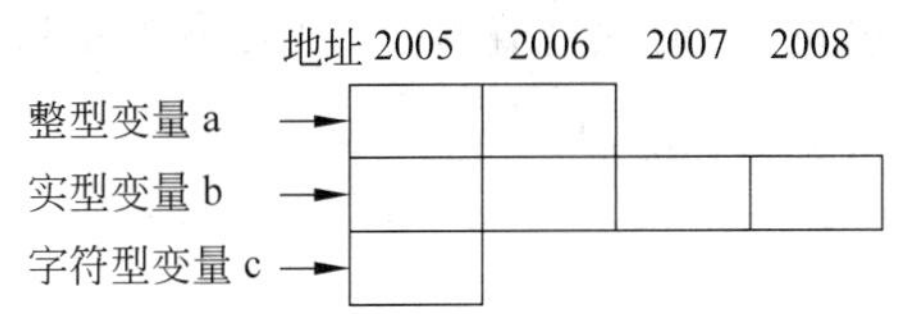

图 11.1 共用体变量 b1 的内存结构

11.1.2 共用体变量的引用

定义好一个共用体变量之后，就可以引用它了。引用共用体变量时需要注意以下几点。

(1) 不能整体引用共用体变量，只能引用共用体变量中的成员。

例如,引用前面定义的共用体变量 b1 的正确方式为:

```
b1.a=100;
b1.c='A';
b1.f=3.14;
b2=b1;
```

是错误的。

(2) 可以定义共用体类型的指针变量 px,并使它指向一个同类型的共用体变量 x。

例如:

```
union data
    {int a;
     float f;
     char c;
    }x, * px;
px=&x;
```

(3) 可以通过共用体指针变量引用其成员。

例如:

```
px->a=100;
```

或者

```
(* px).a= 100;
```

共用体类型与结构体类型不同,它具有如下几个特点。

(1) 共用体类型中可以包含几个不同类型的成员,这几个不同类型的成员可以存放在同一个内存段里,但在某一时刻该内存段里只能存放其中一种成员,而不是同时存放几个成员。也就是说,在某一时刻只有一个成员起作用。

(2) 共用体变量中起作用的成员是最后一次赋值存放的那个成员。先前赋过值的成员被新赋值的成员所覆盖而失去作用。

例如,前面定义的共用体变量 b1,经过以下几个赋值语句后,只有成员 f 的值 3.14 是有效的,先前赋过值的成员 b1.a=100 和 b1.c='A'被 b1.f=3.14 所覆盖而失效。

```
b1.a=100;
b1.c='A';
b1.f=3.14;
```

(3) 共用体变量的地址与它的各成员的地址相同。

例如,&a、&a.i 和 &a.f 都是同一地址。

(4) 不能在定义共用体变量时对它初始化。

例如:

```
union
{int i;
 float f;
 char ch;
}x= {1,'a',3.14};
```

是错误的。

(5) 不能把共用体变量作为函数参数，函数的返回值也不能带回共用体变量。但可以使用指向共用体变量的指针作为函数参数。

【例 11.1】 分析以下程序的运行结果。

```
/* c11_01.c */
#include<stdio.h>
main()
{   union emp
    {   struct
        {   int x;
            int y;
        }stc;
        int a;
        int b;
    }u;
    u.a=1; u.b=2;
    u.stc.x=u.a+u.b;
    u.stc.y=u.a+u.b;
    printf("%d,%d\n",u.stc.x,u.stc.y);
}
```

程序分析：程序中的 u 是共用体变量，其中的 stc 是结构体变量，a、b 和 stc 共享共用体变量 u 的一段内存空间，执行 u.a＝1； u.b＝2;语句后，u.a＝1;被 u.b＝2;所覆盖，u.a 和 u.b 的值都是 2。执行 u.stc.x＝u.a＋u.b; 语句后，u.stc.x＝4;。这样一来，u.a 和 u.b 的值 2 又被 u.stc.x＝4;的值所覆盖，因此，u.a、u.b 和 u.stc.x 的值都是 4。执行 u.stc.y＝u.a＋u.b; 语句后，u.stc.y＝8;。

程序的运行结果为：

```
4,8
```

【例 11.2】 分析以下程序的运行结果。

```
/* c11_02.c */
#include<stdio.h>
main()
{   struct emp
    {   union
        {   int x;
            int y; }u;
        int a;
        int b;
    }s;
    s.a=1; s.b=2;
    s.u.x=s.a+s.b;
    s.u.y=s.a*s.b;
```

```
    printf ("%d, %d\n", s.u.x, s.u.y);
}
```

程序分析：程序中的 s 是结构体变量,其中的 u 是共用体变量,s.u.x 和 s.u.y 共享共用体变量 s.u 的一段内存空间。执行 s.a=1; s.b=2;语句后,成员变量 s.a 和 s.b 的值分别是 1 和 2。执行 s.u.x=s.a+s.b;语句后,s.u.x 的值是 3。执行 s.u.y=s.a * s.b;语句后,s.u.y 的值是 2。这样一来,s.u.x 的值 3 被 s.u.y 的值 2 所覆盖,因此,s.u.x 和 s.u.y 的值都是 2。所以程序的运行结果为：

```
2,2
```

【例 11.3】 分析以下程序的运行结果。

```
/*c11_03.c*/
#include<stdio.h>
main()
{   union
    {   short int x;
        long y;
        unsigned char ch1;
    }w;
    w.y=0x12345678;
    printf ("%x\n", w.y);
    printf ("%x\n", w.x);
    printf ("%x\n", w.ch1);
}
```

程序分析：程序中定义了一个共用体变量 w,在 32 位机器中,short int 型占 2 字节,long 型占 4 字节,unsigned char 型占 1 字节,因此,共用体变量 w 所占内存单元的长度是 4 字节。在执行 w.y=0x12345678;语句后,由于 0x12345678 是十六进制数,因此,共用体变量 w 的第 1 个字节单元存放 0x78,第 2 个字节单元存放 0x56,第 3 个字节单元存放 0x34,第 4 个字节单元存放 0x12。

程序运行结果为：

```
12345678
5678
78
```

思政 11

11.1.3 共用体类型编程举例

【例 11.4】 编写一个程序,输入若干人员的数据,每个人员的数据包括姓名、年龄、性别和就业情况,若已就业要输入工作单位;若失业要输入失业年数。最后输出这些数据。

分析：首先定义一个结构体类型的数据,包括 5 个数据成员：人员姓名(用字符型数据表示)、年龄(用整型数据表示)、性别(用字符变量表示)、就业情况(用字符型变量表示)、工作单位或失业年数(用共用体类型的变量表示)。若就业情况是'y',第5个数据项是工作单位;若就业情况是'n',第5个数据项是失业年数。程序如下:

```
/*c11_04.c*/
#include<stdio.h>
#define N  3
struct
{  char name[20];
   int age;
   char sex;
   char job;
   union
      {  int count;
         char workplace[30];
      }category
} person[N];
main()
{  int i;
   for (i=0, i<N, i++)
   (  scanf ("%s %d %c %c", person[i].name, &person[i].age, &person[i].sex,
&person[i].job);
      if (person[i].job=='n')  scanf ("%d", &person[i].category. count);
       else if (person[i].job=='y')  scanf ("%s", &person[i].category.
workplace);
          else  printf("input error1");
)
  printf ("\n");
  printf ("Name    Age   Sex   Job    unemploy_count /Workplace\n");
  for (i=0, i<N, i++)
   {  if(person[i].job=='N')
        printf("%-10s%-6d%-3c%-3c%-20d\n", person[i].name, person[i].age,
      person[i].sex, person[i].job, person[i].category.count);
      else
        printf ("%-10s%-6d%-3c%-3c,%-20s\n",person[i].name, person[i].
      age, person[i].sex, person[i].job, person[i].category.workplace);
  }
}
```

程序运行结果如下:

```
Li 28 m y shenyang ligong university
Wang 45 f n 10
Chen 30 f y shenyang house property   bureau
Name        Age        Sex        Job     unemploy_count /Workplace
Li           28         m          y     shenyang ligong university
Wang         45         f          n     10
Chen         30         f          y     shenyang house property bureau
```

11.2 枚举类型

在实际编程中,经常会遇到这样一种数据类型,如一个星期有 7 天,一年有 12 个月,口袋中只有红、黄、蓝 3 种颜色的球等。这些数据的取值都被限定在几个可能值的范围内,如果把它们定义为整型、字符型或其他类型都无法说明它们的特点,因此,C 语言 ANSI C 新标准中提供了一种枚举类型的数据。

11.2.1 枚举类型的概念及其变量的定义

枚举类型的数据是指将变量的所有取值一一列举出来,变量的值只限于列举出来的值的范围内。如果一个变量只有几种可能的值,就可以定义该变量为枚举类型的变量了。

定义一个枚举类型数据的一般形式为:

```
enum 枚举类型名 { 枚举元素列表 };
```

其中,enum 是关键字;枚举类型名是枚举类型的标识,是由用户自己指定的,它的命名遵循标识符的命名规则。

例如,定义一个表示星期的枚举类型 weekday,然后再定义两个该枚举类型的变量 workday 和 weekend。

```
enum weekday{sun,mon,tue,wed,thu,fir,sat};
enum weekday workday,weekend;
```

也可以在定义枚举类型的同时,定义该枚举类型的变量。

例如:

```
enum weekday{sun,mon,tue,wed,thu,fir,sat}workday,weekend;
```

其中 sun,mon,tue,wed,thu,fir,sat 称为枚举元素或枚举常量,它们是由用户自己定义的标识符。

11.2.2 枚举类型数据的使用

在使用枚举类型数据时需要注意以下几点。

(1) 在 C 语言编译中,对枚举元素按整常量处理。它们不是变量,不能在定义之外对它们赋值。

例如,sun=0;mon=1;是错误的。

(2) 枚举元素作为常量,在 C 语言编译时按其定义的顺序自动使它们的值为 0,1,2,3 等。

例如,在上面定义的枚举类型 enum weekday 中,sun 的值为 0,mon 的值为 1,tue 的值为 2,……,sat 的值为 6。

也可以在定义时，由程序员改变枚举元素的值。

例如：

```
enum weekday{sun=7,mon=1,tue,wed,thu,fir,sat}workday;
```

这里注意，从 mon 以后，各元素的值顺序加 1，即 tue 的值为 2，wed 的值为 3，……，sat 的值为 6。

(3) 可以对枚举变量赋值，但取值范围限定在枚举列表中的各值。

例如：

```
workday=mon;            /* workday 的值为 1 */
printf("%d",workday);   /* 输出值 1 */
```

但是，一个整数不能直接赋值给一个枚举变量。因为 workday 不是整型变量。

例如：

```
workday=1;
```

是错误的。

(4) 枚举值可以用来做比较判断。

例如：

```
if (workday==sun) printf("Today is Sunday.");
```

枚举类型数据是一种构造数据类型。它通常用于解决“是否存在”或“有多少种情况”等类型的问题。

【例 11.5】 分析以下程序的运行结果。

```
/*c11_05.c*/
#include<stdio.h>
main()
{  enum {a=3, b, c=2,d}em;
   em=d;
   printf(”%d\n”, em);
}
```

程序分析：在枚举类型变量 em 中 a=3，b 在 a 之后，所以 b=4。c=2，d 在 c 之后，所以 d=3。程序运行结果为：

```
3
```

【例 11.6】 一个口袋中有红、黄、蓝 3 个球，依次从口袋中拿出所有球，编写一个程序，输出所有的拿法。

程序如下：

```
/*c11_06.c*/
#include<stdio.h>
enum color {red=1,yellow,blue};
```

```
void display (enum color ball)
{  switch(ball)
   {  case red: printf ("red ");break;
      case yellow: printf ("yellow ");break;
      case blue: printf ("blue ");break;
   }
}
main()
{  int n=0;
   enum color i,k,m;
   for (i=red; i<=blue; i=(enum color)(i+1)
     for (k=red; k<=blue; k=(enum color)(k+1))
       for (m=red; m<=blue; m=(enum color)(m+1)
         if (i!=k && k!=m && m!=i)
         {  printf ("%d ",n++);
            display (i);
            display (k);
            display (m);
            printf ("\n");
         }
}
```

程序运行结果为：

```
1:  red     yellow  blue
2:  red     blue    yellow
3:  yellow  red     blue
4:  yellow  blue    red
5:  blue    red     yellow
6:  blue    yellow  red
```

对于本例程，若使用 Turbo C 或 CodeBlooks 环境编译，则程序中的 for 循环语句里的 i、k 和 m 的加 1 运算可以简化用 i++、k++和 m++替代。

【例 11.7】 输入今天是星期几，编写一个程序，计算若干天后是星期几。

程序如下：

```
/*c11_07.c*/
#include<stdio.h>
enum weekday { sun, mon,,tue, wed, thu, fri, sat };
main()
{  int m;
   enum weekday today, day;
   printf ("今天是星期几?");
   scanf ("%d", &today);
   printf ("输入天数:");
   scanf ("%d", &m);
   day=(enum weekday)((today+m)%7);
   printf ("%d 天后是:",m);
   switch (day)
```

```
    {  case mon: printf ("星期一"); break;
       case tue: printf ("星期二"); break;
       case wed: printf ("星期三"); break;
       case thu: printf ("星期四"); break;
       case fri: printf ("星期五"); break;
       case sat: printf ("星期六"); break;
       case sun: printf ("星期日"); break;
    }
  printf ("\n");
}
```

程序运行结果为：

```
今天是星期几？3
输入天数：65
65天后是：星期五
```

11.3 用 typedef 定义类型

11.3.1 用 typedef 定义类型的方法

在 C 语言中，除了可以直接使用 C 提供的标准类型名（如 int、char、float 和 long 等）和用户自己声明的结构体、共用体及枚举类型外，还可以用 typedef 声明新的类型名来代替原有的类型名。

用 typedef 声明新的类型名的一般形式为：

```
typedef   类型名   标识符;
```

其中，类型名为已有定义的类型标识符，而不是定义一种新的数据类型。标识符为用户自己定义的用来代替原有类型名的类型标识符。

例如：

```
typedef int INTEGER;
typedef float REAL;
```

指定用 INTEGER 代表 int 类型标识符，用 REAL 代表 float 类型标识符。于是，

```
int i;
```

就可以表示成

```
INTEGER i;
```

```
float f;
```

就可以表示成

```
REAL f;
```

再如，

```
typedef int NUM[10];      /*声明 NUM 为包含 10 个元素的整型数组类型 */
NUM a;                    /*定义 a 为包含 10 个元素的整型数组 */
```

typedef 还经常用于将结构体、共用体及枚举类型定义为 typedef 自定义类型，然后再用自定义的类型名定义变量。

例如：

```
typedef  struct  node {
    char data[20];
    struct node * next;
}STYPE;
```

声明新类型名 STYPE 来代替上面定义的一个结构体类型 struct node，这时 STYPE 就可以用来定义该结构体类型的变量了。

例如，定义一个具有 struct node 结构体类型的变量 node1 和指针变量 p 为：

```
STYPE node1, * p;
```

用 typedef 声明一个新的类型名的方法如下。

(1) 先按一般定义变量的方法写出定义体。

例如：

```
struct day
{   int month
    int day
    int year
} d;
```

(2) 将变量名换成新声明的类型名。

例如，将 d 换成 DATE。

(3) 在最前面加上 typedef。

例如：

```
typedef struct day
{   int month
    int day
    int year
}DATE;
```

(4) 可以用新声明的类型名去定义变量。

例如，用 typedef 声明的一个新的结构体类型名定义变量。

```
DATE birthday;      等价于 struct day birthday;
DATE * p;           等价于 struct day * p;
```

11.3.2 有关 typedef 的使用

在使用 typedef 自定义类型时要注意以下几点。

(1) 用 typedef 声明的类型名常用大写字母表示，以便与系统提供的标准类型名相区别。

例如，上面声明的一个新的结构体类型名 DATE。

(2) 用 typedef 只是对原有的类型起个新名，并没有生成新的数据类型。

(3) typedef 与 #define 有相似之处，但两者的作用不同。#define 是在系统预编译时处理的，它只能作简单的字符串替换；而 typedef 是在编译时处理的，它并不是作简单的字符串替换。

例如：

```
#define INTEGER int;
```

其含义是程序中所有的字符串 INTEGER 被替换成 int。

```
typedef int A[10];
```

其含义并不是用 A[10]去代替 int，而是声明了一个新的整型数组类型名 A，该类型数组包含的元素个数为 10。程序中有了该声明之后，就可以用所声明的新类型名 A 定义长度为 10 的整型数组类型的变量了。如 A num;，num 即为整型数组变量 num[10]的数组名。

【例 11.8】 分析以下程序的运行结果。

```
/*c11_08.c*/
#include<stdio.h>
main()
{  typedef int NUM[10];
   NUM a;
   int i;
   for (i=0; i<=9; i++)  a[i]=2*i+1;
   for (i=0; i<=9; i++)  printf ("%d  ", a[i]);
   printf ("\n");
}
```

程序分析：该程序中建立了一个用 typedef 自定义的长度为 10 的整型数组类型 NUM，然后用 NUM 定义了一个长度为 10 的整型数组 a，执行时用循环语句为数组 a 中的各元素赋值，最后输出数组 a 中各元素的值。

程序运行结果为：

```
1 3 5 7 9 11 13 15 17 19
```

习　题　11

11.1　以下对共用体变量 ux 的定义不正确的是(　　)。

A.
```
union
{int a;int b;}ux;
```

B.
```
union  utype
{int a;int b;};
utype ux;
```

C.
```
typedef union
{int a;int b;}UN;
UN ux;
```

D.
```
union un
{int a;int b;};
union un ux;
```

11.2　以下对枚举类型名的定义中正确的是(　　)。

A. enum a={one, two, three};

B. enum a {one=9, two=-1, three};

C. enum a={"one", "two", "three"};

D. enum a {"one", "two", "three"};

11.3　若有以下定义,则 sizeof(union dat)的值是(　　)。

```
struct str
{ int a[2];
   char c; };
union dat
{  float x;
   struct str s1; };
```

A. 1　　　B. 2　　　C. 4　　　D. 5

11.4　分析以下程序的运行结果。

```
#include<stdio.h>
main()
{  union
   {  int a;
      int b;} x;
   x.a=3;
   x.b=6;
   printf ("%d, %d", x.a+x.b, sieof(x));
}
```

11.5　分析以下程序的运行结果。

```
#include<stdio.h>
main()
{  union
```

```
    {  char s[2];
       int a;
    }u;
    u.a=0x3132;
    printf ("u.a=%x\n", u.a);
    printf ("u.s[0]=%x, u.s[1]=%x\n", u.s[0], u.s[1]);
    u.s[0]=1;
    u.s[1]=0;
    printf ("u.a=%x\n", u.a);
}
```

11.6 分析以下程序的运行结果。

```
#include<stdio.h>
main()
{  typedef struct person
   {  char s[30];
      int age;
   }PERS;
   PERS *p;
   PERS name[]={"Liming",18,"Wangfang",21,"Zhangli",20};
   int max_age, k=0;
   for (p=name; p<name+3; p++)
       if (p->age>max_age)
       {  max_age=p->age;
          k=p-name;
       }
   printf("%s, %d\n", (*(name+k)).s, (name+k)->age);
}
```

11.7 分析以下程序的运行结果。

```
#include<stdio.h>
main()
{  enum {a, b=3, c, d=4, e} m;
   printf ("%d\n", m);
    m=c;
   printf ("%d\n", m);
    m=e;
   printf ("%d\n", m);
}
```

11.8 编写一个程序，输入 N 个学生的数据，每个学生的数据包括学号、姓名和性别，若为男生，还需要输入身高和体重；若为女生，还要输入年龄。最后输出这些数据。

11.9 编写一个程序，口袋中有红、黄、蓝、黑、白 5 种颜色的球若干，每次从口袋中先后拿出 3 个球，得到 3 种不同颜色球的可能拿法有多少种，打印出每种情况。

第 12 章 chapter 12

文　件

本章要点：

- 文件的概念和文件的分类。
- 文件的基本操作过程。
- C 语言中有关文件处理的库函数。

思政 12

12.1 文件的概念

在前面各章的程序中，所用的数据很多是从键盘输入。在调试过程中，每运行一次程序都要输入一次数据，尤其麻烦的是输入数组数据或者结构体数据时，输入的数据量比较大，不管是输入数据过程出错，还是程序出错，都要将大量的数据一遍一遍地输入。可以设想：这些数据如果能向程序一样保存在磁盘上，当使用它们时，就从外存储器调入到内存中，这样就避免了许多重复性的劳动。这些存在磁盘上的数据就是数据文件的概念。实际上无论是数据库与信息管理系统、科学与工程计算，还是文字处理与办公自动化、数字信号处理、数字图像处理，都需要处理大量的数据，这些数据通常都保存在磁盘上的数据文件中。

12.1.1 什么是文件

文件是程序设计中的一个重要概念。所谓文件，就是一个存储在外部介质上的数据的集合，一批数据以文件的形式存放在外部介质上。操作系统是以文件为单位对数据进行管理的。也就是说，如果想找存储在外部介质上的数据，必须先按文件名找到所指定的文件，然后再从该文件中读取数据。要向外部存储数据也必须先建立一个文件，才能向它输出数据。在 C 语言中，文件的含义比较广泛，不仅包含上述磁盘文件，还包括一切能进行输入和输出的终端设备。它们被看作是设备文件，键盘常被称为标准的输入文件，显示器常被称为标准的输出文件。C 语言把文件看作是一个字符的序列，即由一个字符的数据顺序组成。

12.1.2 C 文件的分类

对 C 语言文件的分类可以从不同的角度进行，从数据的组织形式上可分为文本

(text)文件和二进制文件;从文件的处理方式上看可分为缓冲区文件和非缓冲区文件。

1. 根据数据的组织形式分类

根据文件内数据的组织形式,文件可分为文本文件和二进制文件。文本文件又称ASCII码文件,即TEXT文件。在ASCII码类型的文件中,数据是采用ASCII码的形式进行存储的,保存在内存中的所有数据在存入文件的时候都要先转换为等价的字符形式。在ASCII码文件中,每个字符占用1字节,每个字节中存放相应字符的ASCII码。ASCII码文件便于字符处理,也便于字符输出,但是它占用的空间比较多,而且要花费转换的时间。二进制文件的每一个字节都是真正的二进制数,也就是把内存中的存储形式原样存放在磁盘上。二进制文件可以节省存储空间,但是不能直接输出字符形式。一般中间数据结果常用二进制文件保存。因数据的组织形式不同,两种文件在读写时有一些差异。由前所述,一个文件是一个字节流或者二进制流。它把数据看作是一连串的字符,而不考虑记录的界限。也就是说,C语言中的文件并不是由记录组成的。

在C语言中,对文件的存取是以字符为单位的。输入输出的数据流的开始和结束仅受程序控制而不受物理符号控制。在输出时不会自动增加回车换行符作为记录结束的标志,输入时也不以回车换行符作为记录的间隔。我们把这种文件称为流式文件。C语言允许对文件存取一个字符,这就增加了处理的灵活性。数据流是对数据输入输出行为的一种抽象。各种各样的终端设备或者磁盘文件的细节是非常复杂多样的,直接对它们进行编程将会非常烦琐。引入数据流的概念有效地解决了这一难题。只要建立了输入输出流,编程者在应用程序时就不需要关心输入输出设备或者是任何磁盘文件的具体细节差异。程序要输入数据,只需从输入数据流中读入,输出数据只需从输出流中写出即可,这样就使程序完全与具体硬件资源脱离了关系。也就是说,数据流使C程序与具体系统完全不相关,使C程序可以非常方便地移植。

2. 从文件的处理方法分类

C语言的文件系统可分为缓冲文件系统和非缓冲文件系统两类。缓冲文件系统又称为高级磁盘输入输出系统,在调用文件处理函数时,系统会自动在用户内存区中为每一个正在使用的文件划出一片存储单元,即开辟一个缓冲区。设立缓冲区的原因是磁盘读写速度比内存的处理速度要慢得多,而且磁盘驱动器是机电设备,定位精度比较差,所以磁盘数据存取要以扇区或簇为单位。这就要求有一个缓冲区作为文件数据输入输出的中间站来进行协调。从磁盘文件中读取数据时,先将含有该数据的扇区或簇从磁盘文件以慢速读到缓冲区中,然后再从缓冲区将数据快速送到应用程序的变量中去。下次再读数据时,首先判断缓冲区中是否有数据。如果有,则直接从缓冲区中读;否则就要从磁盘中再读出另一个扇区或簇。向磁盘中写数据也是一样的,数据总是先从内存写入缓冲区中,直到缓冲区写满之后才一起送到磁盘文件上去。非缓冲文件系统又称为低级磁盘输入输出系统,系统不为文件自动提供文件缓冲区,文件读写函数也与缓冲文件系统不同。1983年以后,在ANSI C标准中取消了非缓冲文件系统,对文本文件和二进制文件均统一采用缓冲文件系统进行处理。我们讲解的文件均为缓冲区文件。

12.1.3 文件的使用

文件使用前必须了解文件如何定义,文件的各种状态,访问文件的基本操作等。使用 Turbo C 数据文件首先要定义文件指针,然后通过 C 语言编译系统提供的一套库函数操作使用文件。

一般缓冲文件操作有如下 3 个必需的步骤。

(1) 在使用文件前要调用打开函数将文件打开。若打开失败,则返回一个空指针;若打开正常,可以得到一个文件指针,并利用它继续对文件操作。打开的文件有几种不同的打开方式,这决定了可以对文件进行的操作。

(2) 可调用各种有关函数,利用文件指针对文件进行具体处理,一般要对文件进行读或写操作。

(3) 在文件用完时,应及时调用关闭函数来关闭文件,切断数据流,防止数据遗失或误操作破坏文件内容。

12.2 文件的处理

C 语言中文件的操作主要是由 C 语言库函数实现,本节介绍使用缓冲式文件时涉及的基本文件操作及有关问题。在前面章节中已经学习了输入输出函数,本节主要讨论对磁盘文件的输入输出,这些函数在实际应用和文件处理中有重要的作用。同前面章节中介绍的输入输出函数一样,文件操作的函数也是属于 C 语言标准输入输出库中的函数。因此,为了使用其中的函数,应在程序函数的前面使用预处理命令包括到用户源文件中,即在源文件的开头写上:

```
#include<stdio.h>
```

12.2.1 文件类型的定义

对于每个正在使用的文件都要说明一个 FILE 类型的结构变量,该结构变量用于存放文件的有关信息,如文件名、文件状态等。在 C 语言中,文件结构不需要用户自己定义,它是由系统事先定义的,固定包含在头文件 stdio.h 中。文件结构的定义如下:

```
typedef struct
{ int _fd;          /* 文件位置指针,即当前文件的读写位置 */
  int _cleft;       /* 文件缓冲区中剩余的字节数 */
  int _mode;        /* 文件操作模式 */
  char * nextc;     /* 用于文件读写的下一个字符位置 */
  char * _buff;     /* 文件缓冲区位置(指针) */
} FILE;
```

FILE 为所定义的文件结构类型的类型名。文件结构在打开文件时由操作系统自动建立,因此,用户使用文件无须重复定义。但是在 C 程序中,凡是要对已打开文件进行操作，都需要在程序中说明指向文件结构的指针，即定义 FILE 型（文件型）的指针变量。文件型指针变量说明的形式为：

```
FILE * 文件型指针名;
```

这里，FILE 是文件结构的类型名，标识结构类型。文件型指针是指向文件结构的指针。

如 FILE * p;，p 是指针变量，指向文件结构。

如果在程序中需要同时处理多个文件，则需要说明多个指向 FILE 型结构的指针变量，使它们分别指向多个不同的文件。

需要注意的是：C 语言中标准设备文件是由系统控制的，它们由系统自动打开和关闭，标准设备文件的文件结构的指针由系统命名，用户在程序中可以直接使用，无须再进行说明。

12.2.2 打开文件

在使用文件之前应该首先打开文件，使用结束后应该关闭文件。使用文件的一般步骤是：打开文件→操作文件→关闭文件。

C 语言用函数 fopen()实现打开文件操作。fopen()函数的调用形式是：

```
FILE * fp;              \* 先定义文件 * \
fp=fopen(文件名,文件使用方式);
```

其中，FILE 是前面介绍的文件类型；fp 是一个指向 FILE 类型的指针变量，即指向被打开的文件。文件名即为所要打开的文件名称，是一个磁盘文件。文件使用方式用具有特定含义的符号表示，如表 12.1 所示。

表 12.1 文件打开方式表示

标识符	文件打开方式
"r"	为输入打开一个只读文本文件
"w"	为输出打开一个只写文本文件
"a"	向文本文件尾追加数据
"rb"	为输入打开一个只读二进制文件
"wb"	为输出打开一个只写二进制文件
"ab"	打开一个二进制文件在尾追加数据
"r+"	为读写打开一个文本文件
"w+"	为读写建立一个新文本文件
"a+"	为读写打开一个文本文件
"rb+"	为读写打开一个二进制文件
"wb+"	为读写新建一个二进制文件
"ab+"	为读写打开一个二进制文件

fopen()函数的功能是以指定的方式打开指定的文件。

(1) 用"r"方式打开的文件是一个只读文件,只能从文件向内存输入(读入)数据,而不能从内存向该文件输出(写)数据。以"r"方式打开的文件应该已经存在,不能用"r"方式打开一个并不存在的文件(即输入文件),否则出错。

(2) 用"w"方式打开文件是一个只写文件,只能从内存向该文件输出(写)数据,而不能从文件向内存输入数据。如果该文件原来不存在,则打开时建立一个以指定文件名命名的文件。如果原来的文件已经存在,则打开时将文件删除,然后重新建立一个新文件。

(3) 如果希望向一个已经存在的文件的尾部添加新数据(保留原文件中已有的数据),则应用"a"方式打开。但此时该文件必须已经存在,否则会返回出错信息。打开文件时,文件的位置指针在文件末尾。

(4) 用"r+"、"w+"和"a+"方式打开的文件可以输入输出数据。用"r+"方式打开文件时,该文件应该已经存在,这样才能对文件进行读写操作。用"w+"方式则建立一个新文件,先向此文件中写数据,然后可以读取该文件中的数据。用"a+"方式打开的文件,则保留文件中原有的数据,文件的位置指针在文件末尾,此时,可以进行追加或读操作。

(5) 如果不能完成文件打开操作,函数 fopen()将返回错误信息。出错的原因可能是:用"r"方式打开一个并不存在的文件、磁盘故障、磁盘已满无法建立新文件等,此时 fopen()函数返回空指针值 NULL。

(6) 用以上方式可以打开文本文件或二进制文件。ANSI C 规定可用同一种缓冲文件系统来处理文本文件和二进制文件。

(7) 在用文本文件向内存输入时,将回车符和换行符转换为一个换行符,在输出时将换行符换成回车和换行两个字符。在用二进制文件时,不进行这种转换,在内存中的数据形式与输出到外部文件的数据形式完全一致,一一对应。

例如,有定义:

```
FILE fp,fp1;
fp=fopen("A1.DAT","r");
```

以只读方式打开文件名为 A1.DAT 的文件,下面就可以从文件 A1.DAT 中读取数据了。

```
fp1=fopen("FI.DAT","w");
```

以创建文件名为 FI.DAT 的文件,将输出数据写到文件 FI.DAT 中。

12.2.3 关闭文件

文件使用完毕后,应当关闭,这意味着释放文件指针以供别的程序使用,同时也可以避免文件中数据的丢失。用 fclose()函数关闭文件。fclose()函数的调用形式是:

```
fclose (文件指针);
```

fclose()函数用于关闭使用 fopen()打开的文件,它是 fopen()函数的逆过程。该函数的功能是：关闭文件，切断缓冲区与该文件的联系，并释放文件指针。fclose()函数返回值为：正常关闭返回值为0；否则返回一个非0值，表示关闭出错。

例如，

```
fclose (fp);
```

关闭已打开的文件指针为fp的文件。

12.3 文件的读写

12.3.1 fputc()函数和fgetc()函数

fputc()函数和fgetc()函数是有关字符数据从文件输入和字符数据向文件输出的函数。

1. fputc()函数

fputc()函数的功能是将一个字符写到磁盘文件上去。一般调用形式：

```
fputc(ch,fp);
```

ch是要输出的字符，它可以是一个字符常量，也可以是一个字符变量。fp是文件指针，它是从fopen()函数得到的返回值。fputc()函数的作用是将ch值输出到fp所指的文件中去。fputc()函数也带回一个值，如果输出成功则返回值就是输出的字符；如果输出失败，则返回一个EOF。EOF是在stdio.h文件中定义的符号常量，值为−1。

2. fgetc()函数的调用形式

fgetc()函数是从指定的文件读入一个字符，该文件必须是以读或读写方式打开的。一般调用形式为：

```
ch=fgetc(fp);
```

其中ch为字符变量，接收fgetc()函数带回的字符。fp为文件型指针，指向所打开备读的文件。如果在执行fgetc()读字符时遇到文件结束符，函数则返回一个文件结束标志EOF。可以利用它来判断是否读完了文件中的数据。如想从一个磁盘文件顺序读入字符并在屏幕上显示出来，可以用下面代码：

```
while((ch=fgetc(fp))!=EOF)
    putchar(ch);
```

EOF不是可输出字符，因此在屏幕上显示不出来。由于字符的ASCII码不可能出现−1，因此EOF定义为−1能与其他字符区别开。当读入的字符值等于−1(即EOF)时，表示读入的已不是正常的字符而是文件结束符。但以上只适用于读文本文件。现在标准C已允许用缓冲文件系统处理二进制文件，而读入某一个字节中的二进制数据的值有可能是−1，而这又恰好是EOF的值。这就出现了读入有用数据却被处理为“文件结束”EOF的情况，即终止符设置不恰当。为了解决这个问题，标准C提供了一个函数feof()来判断文件是否真的结束。feof(fp)用来测试fp所指向的文件当前状态是否为“文件结束”，如果是文件结束，函数feof(fp)的值为1(真)，否则为0(假)。

例如，顺序读入一个二进制文件中数据的程序段如下：

```
while(! feof(fp))
    { c=fgetc(fp);
    …
    }
```

当未遇文件结束时，feof(fp)的值为0，!feof(fp)为1，读入一个字节的数据赋给变量c(接着可做其他处理)，之后再求feof(fp)函数，循环工作直到文件结束，feof(fp)值变为1，!feof(fp)值为0，结束while循环语句。这种方法也适用于文本文件。

【例12.1】 在屏幕上显示文本文件的内容。

程序代码如下：

```
/*c12_01.c*/
#include<stdio.h>
main ()
 { FILE * fp;
 char filename[20],ch;
  printf ("Input the file's name: ");
  scanf("%s",filename);                    /*输入文件名*/
  if ((fp=fopen (filename,"r"))==NULL)     /*打开文件*/
    { printf("file open error.\n");        /*没打开文件出错处理*/
      exit (0);
      }
        printf ("Output  characters from the file: ");
        while ((ch=fgetc(fp))!=EOF)        /*从文件中读字符*/
          putchar(ch);                     /*显示从文件读入的字符*/
          fclose (fp);                     /*关闭文件*/
          }
```

运行情况如下：

```
Input the file's name: fileex1.dat       /*输入磁盘文件名 fileex1.dat*/
Output characters from the file:
How are you!
/*将文件中内容输出在屏幕上，输出的字符串为"How are you!"*/
/*文件 fileex1.dat 在程序运行前已经存在，文件中的内容为 How are you!*/
```

【例12.2】 建立一个磁盘文件，将按Enter键前的若干字符逐个写入该文件。

程序代码如下：

```
/*c12_02.c*/
```

```
#include<stdio.h>
main()
{  FILE *fp;
   char ch,filename[13];
   printf("\nInput the file\'s name: ");
   gets(filename);                    /*要求输入文件名*/
   if((fp=fopen(filename,"w"))==NULL)
   { printf("Can not open the file\n");
    exit(0);
   }                                  /*文件没打开结束*/
   printf("Input the characters to the file: \n");
   while((ch=getchar())!='\n')        /*键盘输入一个字符到'\n'结束*/
     { fputc(ch,fp);                  /*将输入的字符写入磁盘文件中*/
   putchar(ch);                       /*字符输出到显示器上*/
   }
   fclose(fp);
}
```

运行情况如下：

```
Input the file's name: fileex1.dat   /*输入磁盘文件名 fileex1.dat*/
Input the characters to the file:
What inside the file                 /*输入字符串"What inside the file"*/
What inside the file                 /*通过 putchar(ch)输出到显示器上的字符串*/
```

程序运行之后，可以查看文件目录，目录中新创建一个名为 fileex1.dat 的数据文件，文件的内容可用 DOS 命令将其打印出来。

```
type fileex1.dat
What inside the file
```

注：通过 fputc()函数，循环写入 fileex1.dat 文件中。

【例 12.3】 请编程完成文本文件的复制。从文件 EX1.DAT 复制到文件 EX2.DAT 中。文件 EX1.DAT 中已经存在的内容为 What inside the file。

程序代码如下：

```
/*c12_03.c*/
#include<stdio.h>
main ()
{  FILE *fp1,*fp2;
   char file1[20],file2[20],ch;
   printf ("enter filename1:");
   scanf("%s",file1);
   printf ("enter filename2:");
   scanf("%s",file2);
```

```
    if ((fp1=fopen(file1,"r")) ==NULL)          /*以"只读"方式打开文件 1*/
    { printf("file1 open error.\n");
      exit (0);
    }
    if ((fp2=fopen(file2,"w"))==NULL)           /*以"写"方式打开文件 2*/
    { printf("file2 open error.\n");
      exit (0);}
    printf ("Output EX1.DAT to EX2.DAT characters :");
    while ((ch=fgetc(fp1))!=EOF)                /*从文件 fp1(即 EX1.DAT)中读字符*/
    { fputc (ch,fp2);putc (ch);}                /*写入文件 fp2(即 EX2.DAT)*/
    fclose (fp1);                               /*关闭两个文件*/
    fclose (fp2);
}
```

程序运行结果：

```
enter filename1: EX1.DAT
enter filename2: EX2.DAT
Output EX1.DAT to EX2.DAT characters: What inside the file
```

12.3.2 fgets()函数和 fputs()函数

fgets()函数和 fputs()函数是有关字符串数据从文件读取和输出到文件的函数。

1. fgets()函数

fgets()函数的作用是从指定文件读取一个字符串。一般形式为：

```
fgets(str,n,fp);
```

作用：从 fp 所指向的文件中读取长度不超过 n−1 个字符的字符串，并将该字符串放到字符数组 str 中。如果操作正确，函数的返回值为字符数组 s 的首地址；如果文件结束或出错，则函数的返回值为 NULL。

情况 1：从文件中已经读入了 n−1 个连续的字符，还没有遇到文件结束标志或行结束标志'\n'，则 s 中存入 n−1 个字符，串尾以串结束标记'\0'结束。

情况 2：从文件中读入字符遇到了行结束标志'\n'，则 s 中存入实际读入的字符，串尾为'\n'和'\0'。

情况 3：在读文件的过程中遇到文件尾(文件结束标志 EOF)，则 s 中存入实际读入的字符，串尾为'\0'。文件结束标志 EOF 不会存入数组。

2. fputs()函数

fputs()函数的作用是把一个字符串输出到指定的文件，一般形式为：

```
fputs(str,fp);
```

作用：向 fp 所指的文件输出 str 字符串，str 可以是一个字符串常量、字符数组变量或字符指针变量，字符串结束符'\0'不输出。若输出成功，函数值为 0；失败函数值为 EOF。

【例 12.4】 显示文件内容并加上行号。

程序代码如下：

```
/*c12_04.c*/
#include<stdio.h>
main ()
{  FILE*fp;
   char file[20],str[10];
   int flag=1,i=0;                     /*flag标志变量,为1表示开始新行。i为行号*/
   printf ("enter filename:");
   scanf("%s",file);
   if ((fp=fopen (file,"r")) ==NULL) /*打开文件*/
   { printf("file open error.\n");
     exit (0);
   }
   while (fgets(str,10,fp)!=NULL)     /*从文件中读出字符串*/
   {  if (flag) printf ("%3d:%s",++i,str);     /*显示行号*/
      else printf ("%s",str);
      if (str [strlen(str)-1] =='\n') flag=1;
      else flag=0;
   }
   fclose (fp);
}
```

程序运行结果如下：

```
enter filename: abc        /*文件abc已经创建*/
1: main(){
2: printf(" hello! ");
3: printf(" student ");
4: }
```

本程序的特点是使用一个长度仅为 10 的小数组来处理文件，程序中充分利用了函数 fgets()的特点。

【例 12.5】 从键盘输入若干行字符存入磁盘文件 file.txt 中。

程序代码如下：

```
/*c12_05c*/
#include<stdio.h>
```

```
#include<string.h>
main ()
{   FILE * fp;
    char str[81];
    if ((fp=fopen("file.txt","w")) ==NULL)
        /* 以写方式打开磁盘文本文件 file.txt 并判断打开操作正常与否 */
      { printf("Cannot open file.\n");   /* 不能正常打开磁盘文件的处理 */
        exit(0);
      }
      while (strlen(gets(str))>0)        /* 读入从键盘输入的一行字符,送入 str 字符数组 */
      { fputs(str,fp);                   /* 若该字符串非空则送入磁盘文件 file.txt 中去 */
      fputs("\n",fp);
      }
      fclose (fp);                       /* 操作结束关闭磁盘文件 */
}
```

【例 12.6】 复制文本文件。

程序代码如下：

```
/*c12_06.c*/
#include<stdio.h>
main ()
{   FILE * fp1, * fp2;
    char file[20],file2[20],s[10];
    printf ("enter filename1:");
    scanf("%s",file1);
    printf ("enter filename2:");
    scanf("%s",file2);
    if ((fp1=fopen (file1,"r")) ==NULL)          /* 打开文本文件 1 */
    { printf("file1 open error.\n");
      exit (0);
    }
    if ((fp2=fopen (file2,"w")) ==NULL)          /* 打开文本文件 2 */
    { printf("file2 open error.\n");
      exit (0);
    }
    while (fgets(s,10,fp1)!=NULL)                /* 从文件 fp1 中读出字符串 */
      fputs (s,fp2);                             /* 将字符串写入文件 fp2 中 */
    fclose (fp1);
    fclose (fp2);
}
```

12.3.3 fprinf()函数和 fscanf()函数

前面的章节中介绍了 scanf()和 printf()两个格式化输入输出函数,它们适用于标准设备文件。C标准函数库还提供了磁盘文件格式化输入输出的函数 fscanf()和 fprintf()。

1. fscanf()函数

fscanf()函数的功能是：从 fp 文件中按格式控制符读取相应数据赋给对应变量。函数的一般调用形式：

```
fscanf (fp,格式控制串,输入列表);
```

其中：fp 指向将要读取文件的文件型指针，格式控制串和输入列表的内容、含义及对应关系与 scanf 函数的相同，即将输入列表中的变量按控制串的格式从文件中读出。

例如：

```
fscanf (fp,"%d,%f",&i,&t);
```

完成从指定的磁盘文件上顺序读取 ASCII 码字符，并按%d 和%f 类型格式转换成二进制形式的数据送给变量 i 和 t。

2. fprintf()函数

fprintf()函数的功能是：将输出列表中的各个变量或常量，依次按格式控制符说明的格式写入文件。函数的一般调用形式：

```
fprintf (fp,格式控制串,输出列表);
```

其中：fp 指向将要写入文件的文件指针，格式控制串和输出列表的内容及对应关系与前面章节中介绍的 printf()函数相同。该函数调用的返回值是实际输出的字符数。

【例 12.7】 按格式输入字符型、整型、实型数各一个，写入文件 dform.dat，再读出并显示出来。

程序代码如下：

```
/*c12_07.c*/
#include<stdio.h>
main()
{  int i,i1;
   char ch,ch1;
   float f,f1;
   FILE*fp;
   printf("\n Input ch i f: ");
   scanf("%c %d %f",&ch,&i,&f);
   if((fp=fopen("dform.dat","w"))==NULL)
         /*创建文件 dform.dat 以只写方式打开*/
   {  printf("Can not open the file\n");
      exit(0);
   }
```

```
    fprintf(fp,"%c %5d %4.1f",ch,i,f);     /*将 ch、i、f 写入文件 dform.dat*/
    fclose(fp);                            /*关闭文件 dform.dat*/
    if((fp=fopen("dform.dat","r"))==NULL)/*以只读方式打开文件 dform.dat*/
    {  printf("Can not open the file\n");
       exit(0);
    }
    fscanf(fp,"%c %d %f",&ch1,&i1,&f1);
    /*从文件读出字符、整型和浮点 3 种变量并送给 ch1、i1、f1*/
    printf("%c %5d %4.1f",ch1,i1,f1);      /*输出 3 变量 ch1、i1 和 f1 的值*/
    fclose(fp);
}
```

程序运行情况:

```
Input ch i f: a 2 2.2        /*提示及输入字符、整型和浮点 3 数据*/
a         2 2.2              /*屏幕的显示结果*/
```

程序说明如下。

(1) 程序运行前 dform.dat 文件不一定存在,若存在先删除,然后创建新文件。

(2) dform.dat 文件中的内容是随键盘输入的数据写入的,本次运行后写入的内容为 a 2 2.2。

(3) 程序两次打开文件,第 1 次是以只写文件打开,第 2 次是以只读文件打开。两次打开的是同一个文件,最后输出为输入内容。

【例 12.8】 从键盘输入 10 个整数,将它们写入 test 文件中,然后再从 test 文件中读出并显示在屏幕上。

程序代码如下:

```
/*c12_08.c*/
#include<stdio.h>
main()
{  char s[80];
   int a,i;
   FILE*fp;
   if ((fp=fopen("test","w")) ==NULL)          /*以写方式打开文本文件*/
   { printf ("Cannot open file.\n");
      exit(0);}
   printf ("input 10 data:");
   for(i=1;i<=10;i++){
   scanf ("%d", &a);                           /*键盘上读取数据*/
   fprintf(fp,"%d",a);}                        /*以格式输出方式写入文件*/
   fclose (fp);                                /*写文件结束关闭文件*/
   if ((fp=fopen("test","r")) ==NULL)          /*以读方式打开文本文件*/
   {  printf ("Cannot open file.\n");
      exit(0);}
```

```
    printf ("output 10 data:");
    for(i=1;i<=10;i++)
    {  fscanf (fp," %d",&a);               /* 以格式输入方式从文件读取数据 */
       fprintf("%d",a);                    /* 将数据显示到屏幕上 */
    }
    fclose(fp);                            /* 读文件结束关闭文件 */
}
```

程序运行情况：

```
input 10 data: 1 2 3 4 5 6 7 8 9 10      /* 提示及输入 10 个整型数据 */
output 10 data: 1 2 3 4 5 6 7 8 9 10     /* 屏幕的显示结果 */
```

程序说明：程序运行前 dform.dat 文件不一定存在，若存在先删除，然后创建新文件。dform.dat 文件中的内容是 1 2 3 4 5 6 7 8 9 10。

12.3.4 fread()函数和 fwrite()函数

这类函数是 ANSI C 标准对缓冲文件系统所做的扩充，以方便文件操作实现一次读写一组数据的功能。如采用这种方式对数组和结构进行整体的输入输出是比较方便的。

1. fread()函数

fread()函数的功能是：从文件读取数据块，将数据块存到 buffer 指向的内存区。

函数的一般调用形式：

```
fread (buffer,size,count,fp);
```

其中：buffer 是一个指针，是指向输入数据存放在内存区的起始地址；size 是要输入的字节数；count 是要输入大小为 size 个字节的数据块的个数；fp 是文件指针。

fread 函数的功能是：对 fp 所指向的文件读取 count 次，每次读取一个大小为 size 的数据块，将读取的各数据块存到 buffer 指向的内存区。该函数的返回值是实际读取的 count 的值。

2. fwrite()函数

fwrite 函数的参数及其功能与 fread 函数类似，只是对文件的操作而言是互逆的，一个是读取，一个是写入。

函数的一般调用形式：

```
fwrite (buffer,size,count,fp);
```

其中的参数与 fread 函数的参数意义相同，不再复述。

【例 12.9】 从键盘输入 3 个学生的数据，将它们存入文件 student；然后再从文件中读出数据，显示在屏幕上。

程序代码如下：

```
/*c12_09.c*/
#include<stdio.h>
#define SIZE 3
struct student                              /*定义结构体表示学生基本信息*/
{  long num;
   char name[10];
   int age;
   char address[10];
} stu[SIZE],out;
void fsave ()
{  FILE*fp;
   int i;
   if ((fp=fopen("student","wb")) ==NULL)      /*以二进制写方式打开文件*/
   {  printf ("Cannot open file.\n"); /*打开文件的出错处理*/
      exit(0);                        /*出错后返回,停止运行*/
}
for (i=0;i<SIZE;i++)                  /*将学生的信息(结构)以数据块形式写入文件*/
      if (fwrite(&stu[i],sizeof(struct student),1,fp)!=1)
        printf("File write error.\n");/*写过程中的出错处理*/
fclose (fp);                          /*关闭文件*/
}
main ()
{  FILE*fp;
   int i;
   for (i=0;i<SIZE;i++)               /*从键盘读入学生的信息(结构)*/
   {  printf("input student %d:",i+1);
      scanf ("%ld%s ",&stu[i].num,stu[i].name);
      scanf ("%d%s",&stu[i].age,stu[i].address);
  }
  fsave();                            /*调用函数保存学生信息*/
  fp=fopen ("student","rb");          /*以二进制读方式打开数据文件*/
  printf ("No. Name Age Address\n");
  while (fread(&out,sizeof(out),1,fp))   /*以读数据块方式读入信息*/
printf ("%ld %s %d %s\n",out.num,out.name,out.age,out.address);
  fclose(fp);                         /*关闭文件*/
}
```

运行结果如下：

```
input student 1: 1 aaa 18 shanghai
input student 2: 2 bbb 19 shenyang
input student 2: 3 ccc 18 nanjing
```

```
No. Name Age Address
1  aaa  18  shanghai
2  bbb  19  shenyang
3  ccc  18  nanjing
```

12.4 文件的定位操作

前面介绍的对文件的操作都是顺序读写，即从文件的第一个数据开始，依次进行读写。由指向文件的指针自动移位。但在实际对文件的应用中，还往往需要对文件中某个特定的数据进行处理，这就要求对文件具有随机读写的功能，也就是强制将文件的指针指向用户所希望的指定位置。C语言对文件的定位提供了三个函数。

12.4.1 fseek()函数

fseek()函数能改变文件指针位置，可以让文件的读写顺序改变。

一般调用形式：

```
fseek(fp,offset,position);
```

其中：fp为文件型指针；position为起始点，指出以文件的什么位置为基准进行移动。position的值用整常数表示。ANSI C允许它有下列三个值之一。

- 0：文件的开头。
- 1：文件的当前位置。
- 2：文件的末尾。

offset为位移量，指从起始点position到要确定的新位置的字节数，也就是以起点为基准，向前移动的字节数。ANSI C要求该参数为长整型量。

fseek()函数的功能是：将文件fp的读写位置指针移到离开起始位置(position)的offset字节处的位置。如果函数读写指针移动失败，返回值为－1。

例如：

(1) fseek(fp,50L,0)；将位置指针移到文件头起始第50字节处。

(2) fseek(fp,100L,1)；将位置指针从当前位置向前(文件尾方向)移动100字节。

(3) fseek(fp,－20L,2)；将位置指针从文件末尾向后(文件头方向)移动20字节。

【例12.10】 实现对一个文本文件内容的反向显示。

若文件test已经存在，内容为：

111 222

333 444

555 666

777 888

程序代码：

```
/*c12_10.c*/
#include<stdio.h>
main ()
{  char c;
   FILE*fp;
   if ((fp=fopen("test","r")) ==NULL)  /*以读方式打开文本文件*/
   {  printf ("Cannot open file.\n");
      exit(1);
   }
   fseek(fp,0L,2);                     /*定位文件尾。注意并非定位到文件最后一个*/
                                       /*字符,而是定位到文件最后一个字符之后的*/
                                       /*位置*/
   while ((fseek(fp,-1L,1))!=-1)       /*相对当前位置退后一个字节*/
   { c=fgetc(fp);putchar (c);          /*如果定位成功,读取当前字符并显示*/
                                       /*读取字符成功,文件指针会自动移到下一字*/
                                       /*符位置*/
   if (c=='\n') fseek(fp,-2L,1);       /*若读入是'\n'字符*/
                                       /*由于DOS在文本文件中要存回车0x0d和换*/
                                       /*行0x0a两个字符,故要向前移动两个字节*/
   else fseek (fp,-1L,1);              /*文件指针向前移动一个字节,使文件指针定*/
                                       /*位在刚刚读出的那个字符*/
   }
   fclose (fp);                        /*操作结束关闭文件*/
}
```

运行结果如下：

```
888 777
666 555
444 333
222 111
```

12.4.2 rewind()函数

rewind()函数的作用是置指针重返文件的开始位置。

一般调用形式：

```
rewind(fp);
```

其中：fp为文件型指针。

【例12.11】 在屏幕上显示文件file1.c的内容,并将文件file1.c复制到文件file2.c。

程序代码如下：

```
/*c12_11.c*/
#include<stdio.h>
```

```
main()
{ FILE * fp1, * fp2;
  fp1=fopen("file1.c","r");
  fp2=fopen("file2.c","w");
  while (! feof(fp1))        /* 完成在屏幕上显示文件 file1.c 的内容 */
  putchar (fgetc(fp1));      /* 函数 feof()判断文件是否结束 */
  rewind(fp1);               /* 完成操作 1 后,文件 file1.c 的指针已指到文件的末尾, */
                             /* 为了完成操作 2,使 file1.c 的位置指针重返回文件头 */
  while(! feof(fp1))
  fputc (fgetc(fp1),fp2);    /* 把文件 file1.c 的内容复制到 file2.c 中 */
  fclose(fp1);               /* 操作结束分别关闭两个文件 */
  fclose(fp2);
}
```

运行结果如下:

```
888 777
666 555
444 333
222 111
```

12.4.3 ftell() 函数

ftell()函数是将文件指针位置设置为当前值。

一般调用形式:

```
ftell(fp);
```

功能是:得到 fp 所指向文件的当前读写位置,即位置指针的当前值。该值是一个长整型数,是位置指针从文件开始处到当前位置的位移量的字节数。如果函数的返回值为 −1L,表示出错。

【例 12.12】 首先建立文件 data.txt,检查文件指针位置;将字符串"Sample data"存入文件中,再检查文件指针的位置。

程序代码如下:

```
/* c12_12.c */
#include<stdio.h>
main()
{ FILE * fp; long position;
  fp=fopen("data.txt","w");          /* 打开文件 */
  position=ftell(fp);                /* 取文件位置指针 */
  printf ("position=%ld\n",position);
  fprintf(fp,"Sample data\n");       /* 向文件中写入长度为 12 的字符串 */
```

```
    position=ftell(fp);                    /* 取文件位置指针 */
    printf ("position=%ld\n",position);
    fclose(fp);
}
```

运行程序结果如下:

```
position=0      /* 打开文件时位置指针在文件第一个字符之前 */
position=13     /* 写入字符串后位置指针在文件最后一个字符之后 */
```

12.5 文件操作的状态和出错检测

由于C语言中对文件的操作都是通过调用有关的函数来实现,所以用户必须直接掌握函数调用的情况,特别是掌握函数调用是否成功。为此,C语言提供了两种手段来反映函数调用的情况和文件的状态。

(1) 由函数的返回值可以知道文件调用是否成功。

例如,调用fgets、fputs、fgetc和fputc等函数时,若文件结束或出错,将返回EOF;在调用fread、fopen和fclose等函数时,若出错,则返回NULL。

(2) 由C函数库提供对文件操作状态和操作出错的检测函数。

12.5.1 feof()函数

feof()函数是文件状态检测函数。

一般调用形式为:

```
feof (fp);
```

函数feof()的功能是:测试fp所指的文件的位置指针是否已到达文件尾(文件是否结束)。如果已到达文件尾,则函数返回非0值;否则返回0,表示文件尚未结束。

12.5.2 ferror()函数

ferror()函数是报告文件操作错误状态的函数。

一般调用形式为:

```
ferror (fp);
```

其中:fp为文件指针。

函数ferror()的功能是:测试fp所指的文件是否有错误。如果没有错误,返回值为0;否则,返回一个非0值,表示出错。

12.5.3 clearerr()函数

clearerr()函数是清除错误标志的函数。

一般调用形式为：

```
clearerr (fp);
```

函数 clearerr()的功能是：清除 fp 所指的文件的错误标志，即将文件错误标志和文件结束标记置为 0。

在用 feof()和 ferror()函数检测文件结束和出错情况时，遇到文件结束或出错，两个函数的返回值均为非 0。对于出错或已结束的文件，在程序中可以有两种方法清除出错标记：调用 clearerr()函数清除出错标记，或者对出错文件调用一个正确的文件 I/O 操作函数。

习 题 12

12.1 对文件的打开与关闭的含义是什么？为什么要打开和关闭文件？文件的打开方式有多少种？

12.2 单项选择题

① 要打开一个已存在的非空文件"file"用于修改，选择正确的语句是(　　)。

A. fp=fopen("file", "r");　　B. fp=fopen("file", "a+");

C. fp=fopen("file", "w");　　D. fp=fopen('file", "r+");

② fopen()函数打开文件时带回一个值，这个值正确的选项是(　　)。

A. 空 NULL　　B. 非空值

C. 空 NULL 或非空值　　D. 以上都不对

③ 当文件关闭时，以下正确的选项是(　　)。

A. 文件的指针变量指向文件的开头　　B. 文件的指针变量指向文件的结尾

C. 文件的指针变量与文件脱离　　D. 文件的指针变量指向文件的任意位置

④ 要打开一个已存在的非空文件用于写时，正确的选项是(　　)。

A. "w"　　B. "w+"　　C. "r+"　　D. "r"

12.3 读程序写出结果

①
```
#include <stdio.h>
main()
{  char s[20]=" ChinnaiJAPEN";
   int i=0;
   FILE * fp;
   fp=fopen("student","w");
   while(s[i]!='\0')
       fputc(s[i++],fp);
```

```
    fclose(fp);
}
```

运行后文件 studen 的内容为________。

②
```
#include <stdio.h>
main()
{   FILE * fp;
    charch;
    if((fp=fopen("out.dat","w"))==NULL)
            exit(0);
    while((ch=getchar())!='@')
        fputc(ch,fp);
    fclose(fp);
}
```

运行时输入：

```
I am a student!@↙
```

运行结果为________。

运行后文件 out.dat 的内容为________。

③ 文件 TENLINES.TXT 已经创建内容如下，程序段执行后结果如何？

TENLINES....
文件(F) 编辑(E) 格式(O)
查看(V) 帮助(H)
he is a student.
you are a student.

```
#include <stdio.h>
main()
{   FILE * fp1;
    char oneword[100];
    char c;
    fp1=fopen("TENLINES.TXT","r");
    if(fp1==NULL)
          printf("file not found!\n");
    else {
         do{  c=fscanf(fp1,"%s",oneword);        /* 输入一个字符 */
              if(c !=EOF)
                  printf("%s ",oneword);          /* 显示 */
         }while (c !=EOF);                        /* 重复直到 EOF */
         fclose(fp1);
    }
}
```

运行结果为________。

④
```
#include <string.h>
#include <stdio.h>
main()
{   FILE * fp;
    char stuff[25];
    int index;
    fp=fopen("TENLINES.TXT","w");        /* 为写打开文件 */
    strcpy(stuff,"This is an example line.");
```

```
    for (index=1;index<=10;index++)
        fprintf(fp,"%s Line number %d\n",stuff,index);
    fclose(fp);                              /* 结束前关闭 */
  }
```

运行后文件 TENLINES.TXT 的内容为________。

⑤ 文件 TENLINES.TXT 已经创建内容如下，程序段执行后结果如何？

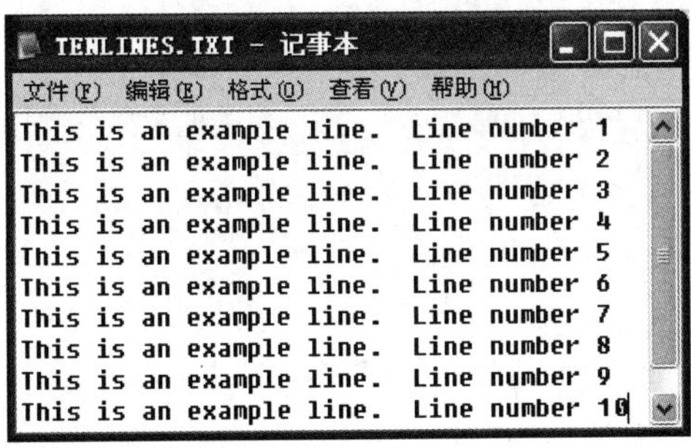


```
#include <stdio.h>
main()
{  FILE * funny, * printer;
   char c;
   funny=fopen("TENLINES.TXT","r");        /* 打开文本文件 */
   printer=fopen("PRN","w");               /* 开启打印机 */
   if(funny==NULL)                         /* 打开文本文件失败 */
   {  printf("file tenlins.txt not found!\n");
      exit(0);                             /* 退出程序 */
   }
   if(printer==NULL)                       /* 打印机开启失败 */
   {  printf("PRINTER not found!\n");
      exit(0);                             /* 退出程序 */
   }
   do{   c=getc(funny);                    /* 从文件中得到一个字符 */
         if(c !=EOF)
         {  putchar(c);                    /* 屏幕上显示字符 */
            putc(c,printer);               /*  打印机上打印字符 */
         }
     }while (c !=EOF);                     /* 重复直到 EOF(end of file) */
   fclose(funny);
   fclose(printer);                        /* 关闭打印机 */
}
```

运行结果为________。

打印机输出的内容为________。

⑥文件 TENLINES.TXT 已经创建内容如⑤题中文件，程序段执行后结果如何？

```
#include <stdio.h>
main()
```

```
{  FILE * fp1;
   charoneword[38];
   char * c;
   fp1=fopen("TENLINES.TXT","r");
   if(fp1!=NULL)
   {  do{
          c=fgets(oneword,38,fp1);        /*得到一行*/
          if(c !=NULL)
              printf("%s\n",oneword);      /*显示*/
        }while (c !=NULL);                /*重复直到NULL*/
      fclose(fp1);
   }
   else printf("file not found!\n");
}
```

运行结果为________。

12.4 编写程序实现,从键盘上输入若干行字符,输入后把它们存储到一磁盘文件中,再从文件中读入这些数据,将其中小写字母转换成大写字母;大写字母转换成小写字母后在屏幕上显示出来。

12.5 编写程序实现,从键盘输入10个整数,以二进制形式输出到文件中。

12.6 设计学生结构体包含属性有:学号、姓名、2门课程的成绩及每个学生的平均成绩、总成绩。编写程序从文件in输入学号、姓名、成绩1、成绩2,将结果保存在另一个文件out中,out中包含N个学生的学号、姓名、2门课程、平均成绩、总成绩。

12.7 编写程序实现,读入指定的源程序文件,从文件的单词中检索出六种C语言的关键字:if、char、int、else、while和return。统计并输出每种关键字在文件中出现的次数。规定:源程序文件中的单词是以一个空格、'\t'或'\n'结束的字符串。

源文件tt.txt如下:

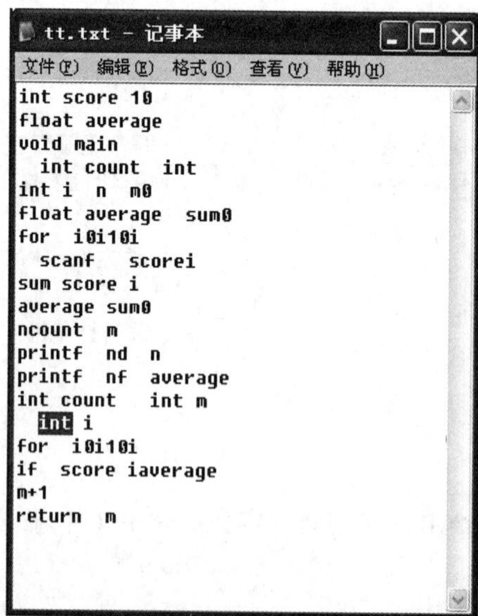

12.8 已知有一个存放数种仓库物资信息的文件，每个记录元素包含两方面内容：物资编号和库存量。编写程序检查库存量超过100的仓库物资，并输出。已知的库存文件内容如下：

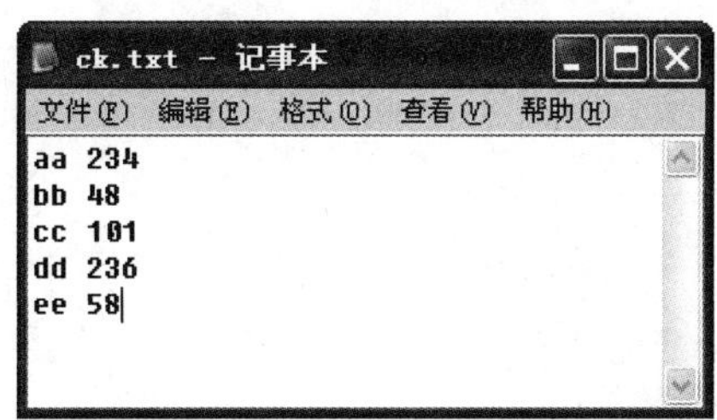

12.9 某班有N个学生，每个学生有两门课的成绩。从文件输入每个学生的学号、姓名和各门课的成绩，然后计算出每个同学各门课的总成绩和平均成绩，并将所有这些数据显示出来，并存放在磁盘文件"ABC"中。编程实现，要求自定义文件的结构。

12.10 编写程序实现，从键盘输入一文本文件，将该文本内容写入磁盘文件disk.txt中，并统计磁盘文件中字母、数字、空格和其他字符的个数，要求：

① 将统计结果显示到屏幕上；

② 将统计结果写入磁盘文件total.txt中。

12.11 已知一个学生的数据库包含如下信息：学号(6位字符)、姓名(20个字符)、年龄(2位整数)和住址(10个字符)，编写程序由键盘输入10个学生的数据，将其输出到磁盘文件中；然后再从该文件中读取这些数据并显示在屏幕上。

附录A　C语言中的关键字

auto	break	case	char	const
continue	default	do	double	else
enum	extern	float	for	goto
if	int	long	register	return
short	signed	sizeof	static	struct
switch	typedef	union	unsigned	void
volatile	while			

附录B　C语言的运算符及其优先级和结合性

优先级	运　算　符	含　　义	运算对象的个数	结合方向
1	() [] -> .	圆括号 下标运算标 指向结构体成员运算符 结构体成员运算符		自左至右
2	! ~ ++ -- - (类型) * & sizeof	逻辑非运算符 按位取反运算符 自增运算符 自减运算符 负号运算符 类型转换运算符 指针运算符 地址与运算符 长度运算符	1 (单目运算符)	自右至左
3	* / %	乘法运算符 除法运算符 求余运算符	2 (双目运算符)	自左至右
4	+ -	加法运算符 减法运算符	2 (双目运算符)	自左至右
5	≪ ≫	左移运算符 右移运算符	2 (双目运算符)	自左至右
6	< <= > >=	关系运算符	2 (双目运算符)	自左至右
7	== !=	等于运算符 不等于运算符	2 (双目运算符)	自左至右
8	&	按位与运算符	2 (双目运算符)	自左至右
9	∧	按位异或运算符	2 (双目运算符)	自左至右
10	|	按位或运算符	2 (双目运算符)	自左至右
11	&&	逻辑与运算符	2 (双目运算符)	自左至右
12	‖	逻辑或运算符	2 (双目运算符)	自左至右
13	? :	条件运算符	3 (三目运算符)	自右至左

续表

优先级	运　算　符	含　　义	运算对象的个数	结合方向
14	= += -= *= /= %= >>= <<= &= ∧= |=	赋值运算符	2 (双目运算符)	自右至左
15	,	逗号运算符(顺序求值运算符)	2 (双目运算符)	自左至右

使用说明：

(1) 表中的运算符优先级别由上到下依次递减,逗号运算符优先级最低。

(2) 同一优先级别的运算符没有优先次序,运算次序由其结合方向来决定。

(3) 不同的运算符要求有不同的运算对象个数,单目运算符要求运算对象只有一个;双目运算符要求运算对象为两个;三目运算符要求运算对象为三个。

(4) 对于初学者在使用运算符时,为了避免产生混乱,最好每一种运算式子的两侧加圆括号,以示区分。

附录C 常用字符与ASCII代码对照表

ASCII值	字符	控制字符	ASCII值	字符	控制字符	ASCII值	字符	ASCII值	字符	ASCII值	字符	ASCII值	字符	ASCII值	字符	ASCII值	字符
000	(null)	NUL	017	□	DC1	034	"	051	3	068	D	085	U	102	f	119	w
001	☺	SOH	018	↕	DC2	035	#	052	4	069	E	086	V	103	g	120	x
002	●	STX	019	!!	DC3	036	$	053	5	070	F	087	W	104	h	121	y
003	♥	ETX	020	¶	DC4	037	%	054	6	071	G	088	X	105	i	122	z
004	◆	EOT	021	§	NAK	038	&	055	7	072	H	089	Y	106	j	123	{
005	♣	END	022	—	SYN	039	'	056	8	073	I	090	Z	107	k	124	□
006	♣	ACK	023	↕	ETB	040	(	057	9	074	J	091	[	108	l	125	}
007	(beep)	BEL	024	↑	CAN	041	)	058	:	075	K	092	\	109	m	126	~
008	□	BS	025	↓	EM	042	*	059	□	076	L	093	]	110	n	127	⌂
009	(tab)	HT	026	□	SUB	043	+	060	<	077	M	094	∧	111	o	128	ç
010	(line feed)	LF	027	_	ESC	044	'	061	=	078	N	095	-	112	p	129	ü
011	(home)	VT	028	└	FS	045	-	062	>	079	O	096	'	113	q	130	e
012	(form feed)	FF	029	◆	GS	046	-	063	?	080	P	097	a	114	r	131	â
013	(carriage retum)	CR	030	▲	RS	047	/	064	@	081	Q	098	b	115	s	132	ä
014	□	SO	031	▼	US	048	0	065	A	082	R	099	c	116	t	133	à
015	☼	SI	032	(space)		049	1	066	B	083	S	100	d	117	u	134	å
016	□	DLE	033	!		050	2	067	C	084	T	101	e	118	v	135	C

续表

ASCII 值	字符	ASCII 值	字符	ASCII 值	字符	ASCII 值	字符	ASCII 值	字符	ASCII 值	字符	ASCII 值	字符	ASCII 值	字符
136	ê	151	ù	166	a̲	181	┤	196	─	211	╙	226	Γ	241	┌
137	ë	152	ÿ	167	o̲	182	┤	197	┼	212	╘	227	π	242	≥
138	è	153	Ö	168	¿	183	┐	198	╞	213	╒	228	Σ	243	≤
139	ï	154	Ü	169	□	184	┐	199	╟	214	╓	229	σ	244	│
140	î	155	⊄	170	¬	185	┤	200	╚	215	═	230	μ	245	│
141	ì	156	£	171	□	186	│	201	╔	216	╪	231	τ	246	÷
142	Ä	157	¥	172	□	187	┐	202	╩	217	┘	232	Φ	247	≈
143	Å	158	P_t	173	i	188	┘	203	╦	218	┌	233	θ	248	°
144	É	159	□	174	≪	189	┘	204	╠	219	█	234	Ω	249	•
145	æ	160	á	175	≫	190	│	205	═	220	▄	235	δ	250	·
146	Æ	161	i	176	░	191	┐	206	╬	221	▌	236	∞	251	√
147	ô	162	ó	177	▓	192	└	207	╧	222	▐	237	∮	252	n
148	ö	163	ú	178	▒	193	┴	208	╨	223	▀	238	∊	253	2
149	ò	164	ń	179	│	194	┬	209	╤	224	α	239	∩	254	■
150	û	165	ń	180	┤	195	├	210	╥	225	B	240	≡	255	(blank 'FF')

附录D　C 库 函 数

D1. 数学函数

在编程中使用数学函数时，应该在源程序文件前使用以下命令行，以便将所使用的函数定义包含到自己的源程序文件中。

```
#include<math.h>或#include"math.h"
```

函数名	函数与形参类型	功　能	返　回　值	说　明
abs	int abs (int x);	求整数 x 的绝对值	计算结果	
acos	double acos (double x);	计算 $\cos^{-1}(x)$的值	计算结果	x 应在－1～1 内
asin	double asin (double x);	计算 $\sin^{-1}(x)$的值	计算结果	x 应在－1～1 内
atan	double atan (double x);	计算 $\tan^{-1}(x)$的值	计算结果	
atan2	double atan2 (double x, double y);	计算 $\tan^{-1}(x/y)$的值	计算结果	
cos	double cos (double x);	计算 cos(x)的值	计算结果	x 的单位为弧度
cosh	double cosh (double x);	计算 x 的双曲余弦 cosh(x)的值	计算结果	
exp	double exp (double x);	求 e^x 的值	计算结果	
fabs	double fabs (double x);	求 x 的绝对值	计算结果	
floor	double floor (double x);	求出不大于 x 的最大整数	该整数的双精度实数	
fmod	double fmod (double x, double y);	求整除 x/y 的余数	返回余数的双精度数	
frexp	double frexp (double val, int* eptr);	把双精度数 val 分解成数字部分(尾数)x 和以 2 为底的指数 n，即 $val = x * 2^n$，n 存放在 eptr 指向的变量中	返回数字部分 x，$0.5 \leqslant x < 1$	
log	double log (double x);	求 lnx	计算结果	
log10	double log10 (double x);	求 lgx	计算结果	
modf	double modf (double val, double* iptr);	把双精度数 val 分解成数字部分和小数部分，把整数部分存放到 iptr 指向的单元	val 的小数部分	

续表

函数名	函数与形参类型	功　能	返　回　值	说　明
pow	double pow (double x, double y);	计算 x^y 的值	计算结果	
rand	int rand (void);	产生－90～32 767 的随机整数	随机整数	
sin	double sin (double x);	求 sin(x)的值	计算结果	x 的单位为弧度
sinh	double sinh (double x);	计算 x 的双曲正弦函数 sinh(x)的值	计算结果	
sqrt	double sqrt (double x);	计算 $\sqrt{x}$	计算结果	x≥0
tan	double tan (double x);	计算 tan(x)的值	计算结果	x 单位为弧度
tanh	double tanh (double x);	计算 x 的双曲正切函数 tanh(x)的值	计算结果	

D2. 字符函数和字符串函数

在编程中使用字符串函数时，应该在源程序文件前使用以下命令行，以便将所使用的函数定义包含到自己的源程序文件中。

```
#include<string.h>或#include"string.h"
```

有些 C 编译系统将字符串函数封装成其他文件名的头文件，在使用时要根据所使用的 C 编译系统的版本不同来确定。

函数名	函 数 原 型	功　能	返　回　值	包含文件
isalnum	int isalnum (int ch);	检查 ch 是否是字母(alpha)或数字(numeric)	是字母或数字返回 1;否则返回 0	ctype.h
isalpha	int isalpha (int ch);	检查 ch 是否是字母	是,返回 1;不是则返回 0	ctype.h
iscntrl	int iscntrl (int ch);	检查 ch 是否控制字符(其 ASCII 码为 0～0x1F)	是,返回 1;不是则返回 0	ctype.h
isdigit	int isdigit (int ch);	检查 ch 是否是数字(0～9)	是,返回 1;不是则返回 0	ctype.h
isgraph	int isgraph (int ch);	检查 ch 是否是可打印字符(其 ASCII 码为 0x21～0x7E),不包括空格	是,返回 1;不是则返回 0	ctype.h
islower	int islower (int ch);	检查 ch 是否是小写字母(a～z)	是,返回 1;不是则返回 0	ctype.h
isprint	int isprint (int ch);	检查 ch 是否是可打印字符(包括空格),其 ASCII 码为 0x21～0x7E	是,返回 1;不是则返回 0	ctype.h

续表

函数名	函数原型	功　能	返回值	包含文件
ispunct	int ispunct (int ch);	检查 ch 是否是标点字符（不包括空格），即除字母、数字和空格以外的所有可打印字符	是，返回 1；不是则返回 0	ctype.h
isspace	int isspace (int ch);	检查 ch 是否是空格、跳格符（制表符）或换行符	是，返回 1；不是则返回 0	ctype.h
isupper	int isupper (int ch);	检查 ch 是否是大写字母（A～Z）	是，返回 1；不是则返回 0	ctype.h
isxdigit	int isxdigit (int ch);	检查 ch 是否是一个十六进制数学字符（即 0～9，或 A～F，a～f）	是，返回 1；不是则返回 0	ctype.h
strcat	char * strcat (char * str1, char * str2);	把字符串 str2 接到 str1 后面，str1 最后面的'\0'被取消	str1	string.h
strchr	char * strchr (char * str, int ch);str;	找出 str 指向的字符串中第一次出现字符 ch 的位置	返回指向该位置的指针，如找不到，则返回空指针	string.h
strcmp	int strcmp (char * str1, char * str2);	比较两个字符串 str1 和 str2	str1<str2，返回负数；str1 = str2，返回 0；str1 > str2，返回正数	string.h
strcpy	char * strcpy (char * str1, char * str2);	把 str2 指向的字符串复制到 str1 中	返回 str1	string.h
strlen	unsigned int strlen (char * str);	统计字符串 str 中字符的个数（不包括终止符'\0'）	返回字符个数	string.h
strstr	char * strstr (char * str1, char * str2);	找出 str2 字符串在 str1 中第一次出现的位置（不包括 str2 的串结束符）	返回该位置的指针。如找不到，返回空指针	string.h
tolower	int tolower (int ch);	ch 字符转换为小写字母	返回 ch 所代表的字符的小写字母	ctype.h
toupper	int touupper (int ch);	将 ch 字符转换为大写字母	返回与 ch 对应的大写字母	

D3. 输入输出函数

在编程中使用输入输出函数时，应该在源程序文件前使用以下命令行，以便将所使用的函数定义包含到其源程序文件中。

```
#include<stdio.h>或#include"stdio.h"
```

函数名	函数原型	功能	返回值	说明
clearerr	void clearerr(FILE * fp);	清除文件指针错误。指示器	无	
close	int close(int fp);	关闭文件	关闭成功返回0;不成功返回-1	非ANSI标准
creat	int creat (char * filename, int mode);	以mode指定的方式建立文件	成功返回正数;否则返回-1	非ANSI标准
eof	int eof (int fp);	检查文件是否结束	遇文件结束返回1;否则返回0	非ANSI标准
fclose	int fclose (FILE * fp);	关闭fp所指的文件,释放文件缓冲区	有错则返回非0;否则返回0	
feof	int feof (FILE * fp);	检查文件是否结束	遇文件结束符返回非0;否则返回0	
fgetc	int fgetc (FILE * fp);	从fp所指定的文件中取得下一个字符	返回所得到的字符。若读入出错,返回EOF	
fgets	char * fgets (char * buf, int n, FILE * fp);	从fp指向的文件读取一个长度为(n-1)的字符串,存入起始地址为buf的空间	返回地址buf,若遇文件结束或出错则返回NULL	
fopen	FILE * fopen (char * filename, char * mode);	以mode指定的方式打开名为filename的文件	成功,返回一个文件指针(文件信息区的起始地址);否则返回0	
fprintf	int fprintf (FILE * fp, char * format, args,…);	把args的值以format指定的格式输出到fp所指的文件中	实际输出的字符数	
fputc	int fputc (char ch, FILE * fp);	将字符ch输出到fp所指的文件中	成功,则返回该字符;否则返回非0	
fputs	int fputs (char * str, FILE * fp);	将str指向的字符串输出到fp所指定的文件	成功则返回0;出错返回非0	
fread	int fread (char * pt, unsigned size, unsigned n, FILE * fp);	从fp所指定文件中读取长度为size的n个数据项,存到pt所指向的内存区	返回所读的数据项个数,如遇文件结束或出错返回0	

续表

函数名	函数原型	功能	返回值	说明
fscanf	int fscanf (FILE * fp, char format, args, …);	从fp指定的文件中按给定的format格式将输入的数据送到args所指向的内存单元(args是指针)	已输入的数据个数	
fseek	int fseek (FILE * fp, long offset, int base);	将fp指向的文件的位置指针移到base所指出的位置为基准、以offset为位移量的位置	返回当前位置;否则返回−1	
ftell	long ftell (FILE * fp);	返回fp所指向的文件中读写位置	返回fp所指向的文件中读写位置	
fwrite	int fwrite (char * ptr, unsigned size, unsigned n, FILE * fp);	把ptr所指向的n * size个字节输出到fp所指向的文件中	写到fp文件中的数据项的个数	
getc	int getc (FILE * fp);	从fp所指向的文件中读入一个字符	返回所读的字符,若文件出错或结束返回EOF	
getchar	int getchar (void);	从标准输入设备中读取下一个字符	所读字符,若文件出错或结束返回−1	
getw	int getw (FILE * fp);	从fp所指向的文件读取下一个字(整数)	输入的整数。如文件结束或出错,返回−1	非ANSI标准函数
open	int open (char * filename, int mode);	以mode指定的方式打开已存在的名为filename的文件	返回文件号(正数)。如打开失败,返回−1	非ANSI标准函数
printf	int printf (char * format, args, …);	按format指向的格式字符串所规定的格式,将输出列表args的值输出到标准输出设备	输出字符的个数;若出错返回负数	format可以是一个字符串,或字符数组的起始地址
putc	int putc (int ch, FILE * fp);	把一个字符ch输出到fp所指的文件中	输出的字符ch。若出错返回EOF	
putchar	int putchar (char ch);	把字符ch输出到标准输出设备	输出的字符ch。若出错返回EOF	

续表

函数名	函数原型	功能	返回值	说明
puts	int puts (char * str);	把str指向的字符串输出到标准输出设备,将'\0'转换为回车换行	返回换行符。若失败返回EOF	
putw	int putw (int w, FILE * fp);	将一个整数w(即一个字)写到fp指向的文件中	返回输出的整数。若出错返回EOF	非ANSI标准函数
read	int read (int fd, char * buf, unsigned count);	从文件号fd所指的文件中读count个字节到由buf指示的缓冲区中	返回真正读入的字节个数,如遇文件结束返回0,出错返回-1	非ANSI标准函数
rename	int rename (char * oldame, char * newname);	把由oldname所指的文件名,改为由newname所指的文件名	成功返回0,出错返回-1	
rewind	void rewind (FILE * fp);	将fp指示的文件中的位置指针置于文件开头位置,并清除文件结束标志和错误标志	无	
scanf	int scanf (char * format, args, …);	从标准输入设备按format指示的格式字符串所规定的格式,输入数据给args所指示的单元	读入并赋给args的数据个数。遇文件结束返回EOF;出错返回0	args为指针
write	int write (int fd, char * buf, unsigned count);	从buf指示的缓冲区输出count个字符到fd所标志的文件中	返回实际输出的字节数,如出错返回-1	非ANSI标准函数

D4. 动态存储分配函数

在编程中使用输入输出函数时,应该在源程序文件前使用以下命令行,以便将所使用的函数定义包含到自己的源程序文件中。

```
#include<stdlib.h>或#include"stdlib.h"
```

函数名	函数和形参类型	功能	返回值
calloc	void * calloc(unsigned n, unsigned size);	分配n个数据项的内存连续空间,每个数据项的大小为size	分配内存单元的起始地址。如不成功,返回0
free	void free(void * p);	释放p所指内存区	无
malloc	void * malloc(unsigned size);	分配size字节的存储区	所分配的内存区地址,如内存不够,返回0
realloc	void * reallod(void * p, unsigned size);	将p所指出的已分配内存区的大小改为size。size可以比原来分配的空间大或小	返回指向该内存区的指针

参 考 文 献

[1] 谭浩强. C 程序设计[M]. 2 版. 北京：清华大学出版社，2004.

[2] 钱能. C++ 程序设计教程[M]. 北京：清华大学出版社，2002.

[3] 郑莉，董渊，张瑞丰. C++ 语言程序设计[M]. 3 版. 北京：清华大学出版社，2007.

[4] 李春葆，张植民，肖忠付. C 语言程序设计题典[M]. 北京：清华大学出版社，2002.

[5] 田淑清，周海燕，张保森，等. C 语言程序设计辅导与习题集[M]. 北京：中国铁道出版社，2000.

[6] Waite，S Prata. 新编 C 语言大全[M]. 范植华，樊莹，译. 北京：清华大学出版社，1994.

[7] Herbert Schildt. C 语言大全[M]. 戴健鹏，译. 2 版. 北京：电子工业出版社，1994.

[8] 甘玲，刘达明，唐雁. 解析 C 程序设计[M]. 北京：清华大学出版社，2007.

[9] 徐士良. C 语言程序设计教程[M]. 北京：人民邮电出版社，2001.

[10] 高福成. C 语言程序设计教程[M]. 天津：天津大学出版社，1998.

[11] 张强华. C 语言程序设计[M]. 北京：人民邮电出版社，2001.

[12] 徐新华. C 语言程序设计教程[M]. 北京：中国水利水电出版社，2001.

[13] 徐建民. C 语言程序设计[M]. 北京：电子工业出版社，2002.

[14] 李大友. C 语言程序设计[M]. 北京：清华大学出版社，1999.

[15] 王明福，乌云高娃. C 语言程序设计教程[M]. 北京：高等教育出版社，2004.

[16] 克尼汉，里奇. C 程序设计语言[M]. 徐宝文，李志，译. 北京：机械工业出版社，2004.

[17] 斯特朗斯・特鲁普. C++ 程序设计语言[M]. 裘宗燕，译. 北京：机械工业出版社，2004.

[18] 克尼汉. C 程序设计语言[M]. 2 版. 北京：机械工业出版社，2006.

图书资源支持

感谢您一直以来对清华版图书的支持和爱护。为了配合本书的使用，本书提供配套的资源，有需求的读者请扫描下方的"书圈"微信公众号二维码，在图书专区下载，也可以拨打电话或发送电子邮件咨询。

如果您在使用本书的过程中遇到了什么问题，或者有相关图书出版计划，也请您发邮件告诉我们，以便我们更好地为您服务。

我们的联系方式：

地　　址：北京市海淀区双清路学研大厦 A 座 701

邮　　编：100084

电　　话：010-83470236　010-83470237

资源下载：http://www.tup.com.cn

客服邮箱：2301891038@qq.com

QQ：2301891038（请写明您的单位和姓名）

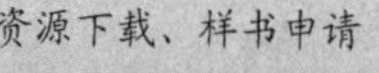

书圈

扫一扫，获取最新目录

课 程 直 播

用微信扫一扫右边的二维码，即可关注清华大学出版社公众号"书圈"。